항공보안개론

(Aviation Security)

고광남 · 장경태 · 소대섭

도서출판 **진 영 사**

항공보안개론

고광남 · 장경태 · 소대섭

2019년 02월 25일 초판 인쇄
2019년 02월 28일 초판 발행
발행인 박 진 영
발행처 도서출판 진영사
인천광역시 부평구 갈산동 185번지 풍진빌딩 303호
전화 : 032)505-4207
팩스 : 032)505-4206
E-mail : 0183734207@hanmail.net
등록 : 122-91-77317

ISBN 978-89-6541-421-6 93390
값 20,000원

머리말

우리나라는 환태평양을 넘어 세계 최고 수준의 항공강국 실현을 목표로 국제적인 항공허브로 도약하기 위해 취항도시 및 국제항공노선 확충 등 편리하고 안전한 환경교통 서비스를 제공하는데 최선의 노력을 다하고 있습니다.

항공강국이라는 목표 달성을 위해서는 반드시 항공보안이 뒷받침 되어져야 하므로 산업 현장에서 항공보안업무에 필수적인 실무지식을 제공하기 위해 지난 2006년 2월에 "항공보안론"이라는 책을 최초로 발간하여 항공보안종사자에게 많은 도움을 주었으나, 최근 저자와 동의없이 무단복제 또는 도용하거나 항공보안과 무관한 내용을 포함하여 발간하는 등 문제들이 발생하고 있습니다.

이러한 문제를 고려하여 기존에 발간된 "항공보안론" 에서 변경된 관련법규, 인천국제공항 제2터미널 개관, 인공지능 등을 적용한 최첨단 항공보안장비 개발·사용 등 선진화된 항공보안 환경개선 내용들을 추가하였고 항공사 보안실무 내용을 대폭 보완하였으며, 또한 항공보안 개요와 법규, 항공보안책임 및 역할, 보호구역 및 경비보안, 항공보안검색, 항공사 보안, 항공화물 및 기내식보안, 교육훈련, 우발계획 및 수준관리 등을 총망라하여 개정판이 아닌 "**항공보안개론**"이란 이름으로 새롭게 발간하게 되었습니다.

아무쪼록 공저의 바람은 '항공보안개론' 책자를 통해서 항공보안종사자 전문성 향상과 대한민국 항공보안 발전에 조금이나마 도움이 되었으면 합니다. 이 책을 출간하는데 많은 도움을 주신 (사)대한민국 항공보안협회 윤규식회장님, 진영사 박진영 대표님과 백두중부장님에게 진심으로 감사드립니다.

2019년 2월 저자올림

목 차

제 1 장

항공보안 개념

제1장 항공보안 개념

제1절 항공보안 개요

1. 항공보안 정의

(1) 정의

항공보안법에서 항공보안(Aviation Security)이란 "공항시설, 항행안전시설 및 항공기 내에서의 불법행위를 방지하고 민간항공의 보안을 확보하는 것" 이라고 정의하고 있으며, ICAO(국제민간항공기구) 부속서 17(Security) 제1장 용어정의에서 항공보안이란 "불법방해행위로부터 민간항공을 보호하기 위한 대책으로서 인적·물적 결합을 통해서 달성된다" 라고 명시하고 있다.

(2) 항공보안 목적

가. 항공보안법 제1조(목적)에서 " 「국제민간항공협약」 등 국제협약에 따라 공항시설, 항행안전시설 및 항공기 내에서의 불법행위를 방지하고 민간항공의 보안을 확보하기 위한 기준·절차 및 의무사항 등을 규정함을 목적으로 한다." 라고 규정하고 있다.

나. ICAO 부속서 17(Security) 제2장 2.1(목표)에서 "체약국은 민간항공에 대한 불법방해행위로부터 민간항공의 보호와 모든 사항에 있어서 승객, 승무원, 지상운영요원 및 일반인의 안전을 주요 목표로 삼아야 한다"라고 명시하고 있다.

다. 이를 위해 체약국은 항공기 운항 안전성, 정시성 및 효율성을 고려하여 불법행위로부터 민간항공을 보호하기 위한 규정, 관례, 절차를 수립하고 시행할 조직을 설립하여야 하며 항공보안 조직과 관련하여 규정, 관례 및 절차를 통해 다음과 같은 목적이 달성되도록 하여야 한다.

1) 민간항공에 대한 불법방해행위로부터 승객, 승무원, 지상근무자, 일반인의 안전을 확보
2) 민간항공에 대한 증가된 보안위협 상황발생시 신속한 대응

(3) 항공보안 적용

ICAO에서는 체약국은 국제민간항공 운영과 관련하여 ICAO 부속서 17(Security)에 규정된 표준지침(Standard)을 적용하여야 하고, 권고사항(Recommended Practices) 적용에도 노력하도록 규정하고 있다.

체약국은 국가기관에서 수행한 위협 평가에 근거하여 불법방해행위 대응을 위하여 수립된 보안대책을 실행 가능한 범위 내에서 국내선에도 적용되도록 하여야 한다.

(4) 불법방해행위

가. ICAO 부속서 17(Security) 제1장 용어정의에서 불법방해행위(Acts of Unlawful Interference)란 민간항공과 항공운송 안전을 위협하는 행위 또는 이를 시도하는 행위를 포함하고 있다.

1) 항공기 납치(불법억류)
2) 운항 중인 항공기 파괴
3) 기내 또는 공항에서 인질극
4) 항공기내, 공항 또는 항행시설에 대한 무단침입
5) 범죄를 저지를 목적으로 기내 또는 공항 내로 무기, 위험장치 또는 물품을 반입하는 행위
6) 사망 또는 중상에 이르게 하거나 재산 또는 환경에 심각한 피해를 입힐 목적으로 운항중인 항공기를 사용하는 행위
7) 지상 또는 운항중인 항공기, 승객, 승무원, 지상근무자, 일반인의 안전을 위협하는 거짓 정보를 제공하는 행위

나. 항공보안법 제2조 제8호에서 정한 "불법방해행위"란 항공기의 안전운항을 저해할 우려가 있거나 운항을 불가능하게 하는 행위로서 다음 각 호의 행위를 말한다.

1) 지상에 있거나 운항중인 항공기를 납치하거나 납치를 시도하는 행위
2) 항공기 또는 공항에서 사람을 인질로 삼는 행위
3) 항공기, 공항 및 항행안전시설을 파괴하거나 손상시키는 행위
4) 항공기, 항행안전시설 및 제12조에 따른 보호구역에 무단 침입하거나 운영을 방해하는 행위
5) 범죄의 목적으로 항공기 또는 보호구역 내로 제21조에 따른 무기 등 위해물품을 반입하는 행위
6) 지상에 있거나 운항중인 항공기의 안전을 위협하는 거짓 정보를 제공하는 행위 또는 공항 및 공항시설 내에 있는 승객, 승무원, 지상근무자 안전을 위협하는 거짓 정보를 제공하는 행위
7) 사람을 사상에 이르게 하거나 재산 또는 환경에 심각한 손상을 입힐 목적으로 항공기를 이용하는 행위
8) 그 밖에 이 법에 따라 처벌받는 행위

(5) 항공보안법에서 정한 국제협약 준수

항공보안법 제3조에서 민간항공의 보안을 위하여 이 법에서 규정하는 사항 외에는 다음 각 호의 국제협약에 따르도록 하고 있으며 국제협약 외에 항공보안에 관련된 다른 국제협약이 있는 경우에도 그 협약에 따르도록 규정하고 있다.

가.「항공기 내에서 범한 범죄 및 기타 행위에 관한 협약」
나.「항공기의 불법납치 억제를 위한 협약」
다.「민간항공의 안전에 대한 불법적 행위의 억제를 위한 협약」
라.「민간항공의 안전에 대한 불법적 행위의 억제를 위한 협약을 보충하는 국제민간항공에 사용되는 공항에서의 불법적 폭력행위의 억제를 위한 의정서」
마.「가소성 폭약의 탐지를 위한 식별조치에 관한 협약」

제2절 테러리즘

1. 테러 정의

“테러(Terror)”라는 용어는 라틴어로 “커다란 공포” 또는 “죽음의 심리적 상태”를 의미하는 라틴어 “Terrere”에서 유래[1]한 것으로 온갖 폭력을 써서 남을 위협하거나 공포에 빠뜨리게 하는 행위를 말한다. 2016. 3월에 제정 · 시행된 “국민보호와 공공안전을 위한 테러방지법” 제2조 용어정의에서 “테러”란 국가 · 지방자치단체 또는 외국 정부의 권한행사를 방해하거나 의무없는 일을 하게 할 목적 또는 공중을 협박할 목적으로 하는 다음 각 목의 행위를 명시하고 있다.

가. 사람을 살해하거나 사람의 신체를 상해하여 생명에 대한 위험을 발생하게 하는 행위 또는 사람을 체포 · 감금 · 약취 · 유인하거나 인질로 삼는 행위

나. 항공기와 관련된 다음 각각의 어느 하나에 해당하는 행위

1) 운항중인 항공기를 추락시키거나 전복 · 파괴하는 행위, 그 밖에 운항중인 항공기의 안전을 해칠 만한 손괴를 가하는 행위
2) 폭행이나 협박, 그 밖의 방법으로 운항중인 항공기를 강탈하거나 항공기의 운항을 강제하는 행위
3) 항공기의 운항과 관련된 항공시설을 손괴하거나 조작을 방해하여 항공기의 안전운항에 위해를 가하는 행위

다. 선박 또는 해상구조물과 관련된 다음 각각의 어느 하나에 해당하는 행위

1) 운항 중인 선박 또는 해상구조물을 파괴하거나, 그 안전을 위태롭게 할 만한 정도의 손상을 가하는 행위
2) 폭행이나 협박, 그 밖의 방법으로 운항 중인 선박 또는 해상구조물을 강탈하거나 선박의 운항을 강제하는 행위
3) 운항 중인 선박의 안전을 위태롭게 하기 위하여 그 선박 운항과 관련된 기기 · 시설을 파괴하거나 중대한 손상을 가하거나 기능장애 상태를 야기하는 행위

---

1) 이상원, 범죄예방론 (대명출판사 2005)

라. 사망 · 중상해 또는 중대한 물적 손상을 유발하도록 제작되거나 그러한 위력을 가진 생화학 · 폭발성 · 소이성 무기나 장치를 다음 각각의 어느 하나에 해당하는 차량 또는 시설에 배치하거나 폭발시키거나 그 밖의 방법으로 이를 사용하는 행위

1) 기차 · 전차 · 자동차 등 사람 또는 물건의 운송에 이용되는 차량으로서 공중이 이용하는 차량
2) 1)에 해당하는 차량의 운행을 위하여 이용되는 시설 또는 도로, 공원, 역, 그 밖에 공중이 이용하는 시설
3) 전기나 가스를 공급하기 위한 시설, 공중의 음용수를 공급하는 수도, 전기통신을 이용하기 위한 시설 및 그 밖의 시설로서 공용으로 제공되거나 공중이 이용하는 시설
4) 석유, 가연성 가스, 석탄, 그 밖의 연료 등의 원료가 되는 물질을 제조 또는 정제하거나 연료로 만들기 위하여 처리 · 수송 또는 저장하는 시설
5) 공중이 출입할 수 있는 건조물 · 항공기 · 선박으로서 1)부터 4)까지에 해당하는 것을 제외한 시설

마. 핵물질, 방사성물질 또는 원자력시설과 관련된 다음 각각의 어느 하나에 해당하는 행위

1) 원자로를 파괴하여 사람의 생명 · 신체 또는 재산을 해하거나 그 밖에 공공의 안전을 위태롭게 하는 행위
2) 방사성물질 등과 원자로 및 관계시설, 핵연료주기시설 또는 방사선발생장치를 부당하게 조작하여 사람의 생명이나 신체에 위험을 가하는 행위
3) 핵물질을 수수 · 소지 · 소유 · 보관 · 사용 · 운반 · 개조 · 처분 또는 분산하는 행위
4) 핵물질이나 원자력시설을 파괴 · 손상 또는 그 원인을 제공하거나 원자력시설의 정상적인 운전을 방해하여 방사성물질을 배출하거나 방사선을 노출하는 행위

2. 테러리즘 정의

"테러리즘(Terrorism) "이란 용어는 1789년 프랑스 혁명 당시 혁명정부의 주역이었던 J.마라, G.J.당통, 로베스피에르 등이 공화파 집권정부의 혁명과업 수행을 위하여 왕권복귀를 꾀하던 왕당파를 무자비하게 암살, 고문, 처형하는 등 공포정치를 자행하였던 역사에서 유래하였다고 알려지고 있다.

2001년 911테러

"테러리즘"은 강제와 위압의 수단으로 테러를 체계적으로 활용하는 것으로 혁명기구나 정치적, 이데올로기적 목적을 달성하기 위하여 개인이나 사회 혹은 정부를 협박하거나 혼란스럽게 하여 자유민주주의의 파괴를 목적으로 하는 불법적인 정치적 극단주의의 한 형태이다.

테러라는 용어는 우리 사회에서 일반적으로 통용되고 있으나 그 정의는 학자들 간에도 이견이 있으며 시대와 나라에 따라 다른 정의가 내려지기도 하는데, 이를 정리해 보면 "테러리즘이란 국가 혹은 특정단체 등이 정치적, 사회적, 종교적, 민족적인 목표달성을 위하여 조직적이고 지속적인 폭력사용 또는 폭력사용에 대한 협박과 강요로 광범위한 공포분위기를 조성함으로써 특정 개인, 단체, 사회, 그리고 정부의 인식변화와 정책변화 등을 유도하려는 상징적이고 심리적인 폭력행위의 총칭"으로 규정지을 수 있을 것이다.

테러의 요건으로는 미리 계획된 고의적인 폭력행위, 정치적 동기에서 유발된 폭력행위, 민간인을 공격목표로 하는 폭력행위, 국가의 정규군대가 아닌 조직이나 단체에 의해 수행되는 폭력행위 등으로 나누기도 한다.

미국 연방수사국은 테러리즘의 개념으로 "정치적 혹은 사회적 목적을 추구하는 과정에서 정부, 시민 또는 특정집단들에 대해 협박하거나 강요하기 위해 사람들 또는 재산에 대해 불법으로 압력 또는 폭력을 행사하는 것"이라고 규정하기도 한다. 1937년 국제연맹에서 개최된 "테러리즘 방지와 처벌에 관한 회의"에서 테러리즘을 "한 국가에 대하여 직접적인 범죄행위를 가하거나, 일반인이나 군중들의 마음속에 공포심을 일으키는 것"이라고 규정하고, 국가원수의 배우자에 대한 살상, 공공시설 파괴 등을 테러리즘에 포함시켰다.

3. 최근 테러 특성

과거의 테러는 테러리스트 자신들의 요구나 목적을 달성하기 위하여 자신들의 존재를 공개적으로 알리는 "존재확인"에 목적을 두고 있었으나, 최근에는 "기존 질서를 파괴하고 새로운 질서의 구축을 목표로 하는 "뉴테러리즘"으로 변화하였다. 뉴테러리즘은 생화학무기, 사이버테러 등의 신종 무기, 핵·방사선물질, 재래식 무기와 같은 대량살상무기를 결합하여 테러의 수단으로 사용하는 새로운 형태의 테러기법을 형성하고 있다.

과거의 테러가 극단적 수단을 동원한 의사소통 행위였다면 뉴테러리즘은 자신들의 전쟁을 수행하는 것으로 여기며 승리이외에 요구조건이 있을 수 없으며 상대방에게 최대한 타격을 입히는 것이 목표라고 볼 수 있다. 따라서 테러는 저강도 전쟁이며 그 효과는 정치적으로 크기 때문에 언제나 이용될 수 있는 범죄이다. 최근에는 뉴테러리즘에 대해 초국적화, 초대형화, 무차별화 되고 있는 현대 테러리즘을 슈퍼 테러리즘이라고 부르기도 한다.

약자의 무기(weapons of the weak)로 불리는 테러의 양상이 21세기에 들어서 정보통신기술과 결합하여 더욱 첨단화, 고도화하고 있다.[2] 뉴테러리즘은 세계화와 국제화의 진전에 따라서 체계적 조직도 없는 무차별적 파괴주의로 변질되고 있으며 목적, 수단, 테러범의 신분, 테러 대상자의 무차별성, 테러의 무제한성 등에서 과거의 전통적 테러와 뚜렷이 구별되고 있는 것이다. 이와 같이 뉴테러리즘의 특징은 불특정 다수를 노리고 있으며, 누가 왜 범죄를 저질렀는지도 알 수 없고 뉴테러리스트들은 누가 얼마나 희생되는 것에 개의치 않는다. 테러는 수단이 아니라 최종 목적으로 간주되고 있는 것이다. 이러한 뉴테러리즘은 과거의 테러와는 다른 새로운 특징을 가지고 있는데 이러한 특

2) 제성호, 미국의 반테러법 실천과 한국의 입법적 대응방향 (한국공안행정학회, 2003)

징을 살펴보면 다음과 같다.[3)]

첫째, 요구조건·공격주체의 불명을 추적이 곤란하다. 테러집단 자신과 비호세력을 보호하고 공포효과를 극대화하기 위해 요구조건 제시도 없고 정체도 밝히지 않아 테러집단을 색출하거나 근절이 곤란하다는 것이다.

둘째, 전쟁수준의 무차별공격으로 피해가 상상을 초월한다. 무차별적인 인명살상으로 상대방에게 최대한 타격을 가하려는 전쟁의 한 형태로써 자행되어 피해가 상상을 초월한다.

셋째, 그물망 조직으로 무력화가 곤란하다. 여러 국가·지역에 걸쳐 그물망 조직으로 연결되어 하나의 중심을 제거해도 다른 중심이 그 역할을 대신하여 조직의 무력화가 어렵다는 것이다.

넷째, 테러의 긴박성으로 대처시간이 부족하다. 미 9.11테러사건의 경우 초대형 여객기를 납치하여 세계무역센터 등에 자살테러를 하기까지 40-50분만에 상황이 종료된 것처럼 대처시간이 부족하다는 것이다.

다섯째, 테러장비가 따로 없어 방어가 곤란하다. 폭발물 등 재래식 테러무기는 어느 정도 색출이 가능했으나 미 9.11테러사건에서 보았듯이 우리 생활 주변의 모든 문명의 이기들이 그 지배권만 탈취되면 모든 테러장비가 될 수 있기 때문에 방어·색출이 어려운 실정이다.

여섯째, 대량 살상무기 사용으로 새로운 대처방식이 필요하다. 미 9.11테러사건 이후 세균무기(탄저균)가 등장하는 등 인명피해의 극대화를 위한 신종 대량 살상무기가 테러에 이용되고 있다.

일곱째, 언론매체의 발달로 테러리즘에 따른 일반 대중의 공포 확산이 용이하다. 현대는 'Global Communication' 시대로써 지구촌의 어느 한쪽에서 발생한 사건도 지구 반대편에 실시간(Ream-Time)으로 전파되는 것이다.

여덟째, 사건의 대형화로 국가안보 부담이 증대된다. 테러사건이 국가적 재난으로 인식될 만큼 대형화됨에 따라 국가안보차원에서 대비해야 될 경우가 많아져 국가의 부담이 증대되고 있다.

---

3) 주재진, 전게논문

제3절 항공테러와 테러유형

1. 항공테러

항공기와 항공시설을 대상으로 한 테러행위는 항공기 안전운항과 국제평화 유지에 위협을 주고 있다. 1931년 1월 21일 세계 최초의 항공기 납치사건이 벌어진 이후 오늘날까지 세계적으로 발생한 항공기 테러사건은 1,500건 이상이며 이로 인한 막대한 경제적 손실과 수천 명의 귀중한 생명이 희생되었다. 수백 명이 이용하는 항공기에 대한 공격은 테러리즘의 유형중 가장 심각한 양상을 띠고 있다.

국제화의 가속화에 따라 한 울타리 속의 지구촌에 살고 있는 인류는 나날이 심화되어 가고 있는 국가 상호간의 의존성이 확대되고 있고, 정치. 경제. 문화의 교류도 빈번해지고 있다. 이에 따라 빈번한 항공기 이용이 필수 불가결한 수단으로 등장했다. 국제 항공노선의 경우 국적이 다른 수많은 이용객을 수송한다. 따라서 비행기가 납치되거나, 승객들이 인질로 억류되거나, 폭파되는 경우 정치적, 경제적으로 그 파급효과는 막대한 실정이다.

팬암 103항공기 공중폭파테러

항공기에 대한 테러리즘은 크게 항공기 납치(Aircraft Hijacking), 공중폭파(Sabotage Bombing of Airborne Aircraft) 그리고 공항시설과 항공기 이용객에 대한 공격(Attacks against Airline Facilities and Their Users), 미사일을 이용한 항공기 피격, 미국 911테러와 같은 항공기 자살테러 등 갈수록 항공기테러 기법이 교묘해 지고 대형화되고 있다. 1931년 페루의 혁명분자들이 그들의 혁명 강령을 살포하기 위해 팬암 항공기를 납치한 이래 지금까지 900여회 항공기 납치테러가 발생했으며, 100여 차례의 항공기 공중폭파테러로 2,000여명 이상의 탑승객이 희생되기도 했다.

항공테러 테러리즘은 초창기에 주로 동구 공산권 국가에서 서방 자유국가로

탈출하여 정치적 망명을 하기 위한 수단으로 사용되었다. 제2차 세계대전 이후 동서진영으로 나누어져 공산권 국가들과 심각한 이데올로기 대결을 벌였던 서방국가들은 자유민주주의 체제의 우월성을 과시하기 위해 공산주의 국가에서 서방자유진영국가로 항공기를 납치하는 하이제커(Hijacker)에 대해 대부분 아무런 처벌 없이 정치적 망명을 허락하거나 심지어는 이들 하이제커들을 영웅시하는 경향을 보이기도 했으며, 이러한 경향은 항공기 납치를 촉진시키는 요소로 작용하기도 했다. 테러범들은 팬암 103기와 대한항공 858기 폭파사건, 911 항공기 자살테러사건과 같이 수 많은 불특정 다수의 생명을 테러의 목표로 삼고 있다.

2. 항공테러 유형

(1) 항공기 납치(Aircraft Hi-jacking)

1931년 1월 21일 페루혁명분자가 혁명행동강령을 살포하기 위해 팬암 우편물 수송기를 납치한 세계 최초의 항공기 납치사건이 발생했다. 이때 납치된 리카드스 조종사는 30년 후인 1961년 8월 3일 컨티넨탈 항공기가 납치됨으로서 역사상 2번 납치된 조종사로 기록되고 있다.

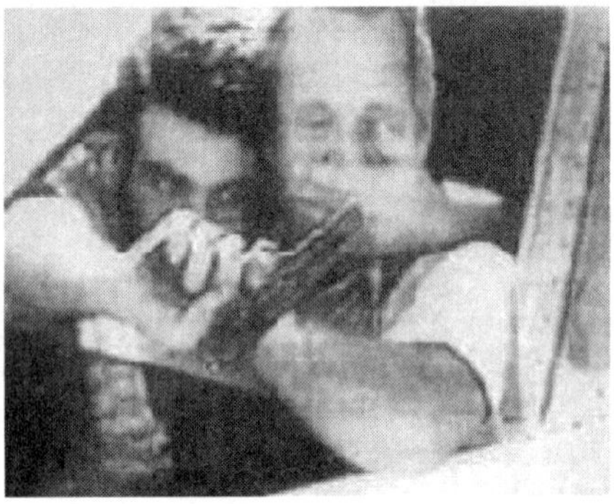

항공기 납치테러

1960년 중반이후 점차 테러리스트 단체들이 항공기 납치를 통해 그들의 정치적 목적을 달성하기 위한 수단으로 이용함으로써 항공기 납치는 심각한 문제로 등장하였다. 1968과 1972년 사이에 절정을 이룬 항공기 납치는 1969년 한 해만 해도 85건이 발생하여 매주 2번 납치가 발생한 것으로 나타났다. 항공 테러중 항공기 납치가 수적으로 많은 이유는 테러리스트들이 그들의 정치적 목적을 주장하는데 적은 인력과 비용으로 짧은 시간에 최대한의 효과를 발휘할 수 있는 방법이 항공기 납치임을 알고 있기 때문이다. 특히 국제교류의 증대로 인해 항공기 이용객은 다양한 국적의 국민들로 항공기 납치가 발생하면 국제적인 이목을 모을 수 있고, 통신체계의 발달로 전 세계 구석구석까지 TV 등을 통해 테러목적과 테러범 주장을 손쉽게 알릴 수 있다는 이점을 가지고 있다.

또한 항공기 이용객을 인질로 삼아 공격목표 대상 국가를 위협할 수 있다는 것이 항공기 납치 증가의 원인이기도 하다. 현재까지 900여회 항공기 납치테러가 발생했으며 항공테러의 가장 큰 위협이 되고 있다.

(2) 항공기 공중폭파

팬암 103 항공기 폭파잔해

1949년 5월 7일 필리핀 PAL(DC-3)항공기가 세계 최초로 공중폭파하여 탑승자 13명이 모두 사망하는 사건이 발생했다. 이 사건은 거액의 보험금을 타낼 목석으로 남편을 살해하기 위해 저지른 사건이었으며 현재까지 100회가 넘게 항공기 공중폭파가 발생하고 있다.

세계 최대의 항공기 공중폭파사건은 1988년 12월 21에 일어난 팬암 103(B747) 항공기로 런던을 출발하여 뉴욕으로 운항하던 중 영국 로커비 상공에서 공중폭발(일명 로커비 사건)하여 탑승자 259명과 기체 폭파잔해가 떨어진 로커비 마을주민 11명 등 총 270명이 사망한 사건이었다. 사건 조사결과 리비아 정보원인 압델 알 메그라히가 카세트 녹음기속에 SEMTEX 플라스틱 폭발물을 장착하여 몰타공항에서 보안검색이 허술한 위탁수하물로 탁송하여 폭발시킨 것으로 밝혀졌다.

영국정부의 테러범 인도요청에 리비아 최고지도자 카다피의 거부로 인해 서방국가로부터 경제 재제조치를 당하게 되었으며 이로 인한 오랜 국제사회의 봉쇄에 따른 정치적, 경제적 한계상황으로 인해 1999년 4월 리비아는 범인인 알 메그라히와 피마 등 2명의 신병을 인도하였으며 스코틀랜드 재판부는 2001년 1월31일 선고공판에서 압델 바세트 알리 알 메그라히(48)에게 종신형을 선고했으며 라멘 할리파 피마(44)는 무죄를 판결했다.

2003년 3월 리비아는 팬암항공기 폭파사건에 대한 배상을 약속하고 테러범을 인도하는 등 서방국가와의 관계개선을 추진하여 그 대가로 같은해 9월에는 유엔의 경제제재 조치를 해제하였으며 리비아 정부는 1988년 영국 로커비 상공에서 발생한 팬암기 폭파사건의 책임을 인정하고 희생자 270명의 가족들에게 각각 1,000만달러씩 모두 27억달러(약 3조2000억원)의 배상금을 보상하였다.

항공기 공중폭파는 항공기 납치사건과 비교할 수 없을 정도로 적게 발생되지만 공중에서 발생하기 때문에 다른 테러사건보다 엄청난 피해가 발생된다. 또한 테러범들이 자행한 항공기 공중폭파가 성공한 후에는 범인 스스로 범죄 행위를 밝히지 않는 이상 배후인물은 물론 모든 것이 흔적없이 감추어지는 장점이 있다.

테러범들은 주로 플라스틱폭탄인 C4 또는 SEMTEX를 사용하며 모양이나 색상을 자유자재로 변형이 가능하여 항공기 어느 곳이든 부착이 가능하다. 플라스틱 폭약을 테러범이 휴대하여 항공기에 탑승하지 않고 승객의 수하물에 숨기거나 탑승자 중 가방을 휴대한 어린이에게 접근하여 폭약을 은밀하게 놓고 빠져나오는 행동을 한다는 것이다.

(3) 공항 및 공항시설공격

1968년 12월 26일 자동소총과 수류탄으로 무장한 PDFL[4] 테러리스트 2명이 뉴욕을 향해 이륙하기 위해 그리스 공항에 대기하고 있는 엘알 항공기를 향해 무차별 사격과 수류탄을 투척하는 무장공격으로 승객 1명이 사망하고 항공기가 심하게 파손되는 사건이 발생하였다.

1972년 5월 30일 이스라엘의 로드 공항터미널에서 에어프랑스 항공편으로 입국하는 승객을 향해 고조 오카모토를 포함한 3명의 일본 적군파[5] 테러리

---

4) 팔레스타인 해방인민전선(PDFL : Popular Democratic Front for the Liberation of Palestine) 아랍 민족주의운동(Arab Nationalist Movement/ANM)의 일환으로서 G. 하바시에 의해 창설됨

브뤼셀공항 폭탄테러 (2016. 3.22)

스트들이 수류탄과 자동소총을 난사하는 무차별 무장공격으로 28명이 사망하고 70여명이 부상을 당하는 사건이 발생했다. 테러리스트 2명은 이스라엘 보안요원의 반격으로 사살되었고, 나머지 한명인 고조 오까모토는 생포되었다.

2003년 3월 4일에는 필리핀공항 다바오국제공항 여객터미널 승객대기실에 방치된 가방이 폭발하여 미국인 1명을 포함하여 20명이 사망하고 146명이 부상을 당하는 사건이 발생했다. 이렇듯 공항시설공격은 항공기납치 또는 항공기 폭파기술 등이 어려움이 없고 특히 폭발물이 장착된 가방을 여객터미널 지역에 방치하여 폭파시킴으로서 많은 불특정 다수에게 피해를 입히고 테러범 색출이 어렵다는 점에서 최근 증가추세에 있다.

(4) 항공기 미사일 공격

1952년 4월 29일 에어 프랑스 소속 민간 항공기가 승객 12명과 승무원 5명을 싣고 독일의 베를린을 비행하던 중 소련 전투기의 미사일 공격을 받고 두명의 승객과 한명의 승무원이 부상당했으며 베를린에 비상착륙한 사건이 발생하였으며 이는 민간 항공기에 대한 최초의 미사일 공격으로 기록되고 있다.

1975년 1월 13일에는 2명의 테러리스트들이 136명의 승객과 9명의 승무원이 탑승하고 몬트리올을 향해 파리 오를리공항을 이륙하기 직전에 있는 엘 알 항공사 소속의 여객기를 향해 소련제 RPG-7 대전차 미사일을 발사하였으나 미사일은 엘 알 여객기를 빗나가 대신에 자그레브를 향해 비행할 예정이였던 유고슬로비아의 여객기 연료탱크에 적중하였으며 목표물에 대한 미사일

5) 일본 적군파(JRA : Japanese Red Army) 1969년 2개의 극좌파가 연합하여 이루어진 일본의 테러리스트 단체로서 1970. 3.31 JAL기(요도호) 공중납치사건, 여러 대사관 점거테러 등을 저지른 테러단체

견착식미사일 발사장면

공격이 실패하자, 테러리스트들은 추가로 한발의 미사일을 공항건물을 향해 발사하였다.

1998년 10월 10일에는 아프리카 콩고에서 반정부군에 의해 발사된 지대공 미사일에 민간인 긴급대피를 위해 운항 중이던 항공기가 맞아 추락하여 40명 전원이 사망하였다. 미사일공격은 최근 휴대용 견착식 미사일을 손쉽게 구입할 수 있어 민간항공의 가장 위협적인 테러형태 중에 하나이다.

(5) 항공기 자살테러

911 미국 항공기자살테러

2001년 9월 11일 미국에서 항공기 4대를 동시에 납치하여 조종사와 승무원 등을 살해하고 납치범들이 항공기를 직접 조종하여 세계무역센터 건물에 충돌시켜 폭파하고 미국 국방성 펜타곤 건물에도 충돌시켜 폭파하였으며, 펜실베니아주 피츠버그지역에 추락하는 동시 다발적인 자살테러사건이 발생하였다.

이 사건은 특히 항공보안이 상대적으로 허술한 미국 내 국내선 항공기를 납치하였고 사전에 치밀한 계획과 납치범들이 직접 항공조종훈련을 받아 감행한 사건으로 오사마 빈 라덴의 지시로 알카에다 테러범에 의해 저질러진 사상 최대의 항공테러사건으로 기록되고 있다. 9.11 테러사태는 사상유래가 없는 비국가적 행위자에 의한 테러행위였으며, 최초로 미국본토에서 자행된 대량테러공격이었다.

경제패권의 상징인 세계무역센터와 군사패권의 상징인 국방성을 공격함으로써 미국이 주도해온 세계경제체제와 국제안보체제에 도전한 것이다. 그런 의미에서 이것은 미국 패권주의와 미국의 세계전략에 대한 도전이었다. 또한 9.11사태는 6,000여명의 무고한 살상을 초래함으로써 인류 보편적 가치인 인간존엄에 대한 도전이었다. 이에 대한 전 인류적 규탄과 범세계적 반테러 공조는 너무나 당연한 것이다.

구분	탑승객사망	일반인사망	실종	재산피해금액
피해규모	265명	2,656명	3,000명	약 2,000억$

9.11 테러사태 이후 부시 정부는「새로운 전쟁」을 선포하고 테러참사 후 26일 만인 10월 7일 테러주모자로 지목된 오사마 빈 라덴과 탈레반 정권하의 아프가니스탄에 대한 무력공격을 개시하였다. 이 전쟁은 160여 개국이 테러리즘 규탄에 동참하고 40여 개국이 직간접적으로 지원하였다.

화염에 휩싸인 세계무역센터 빌딩

오사마 빈 라덴과 탈레반 정권에 대한 공격이 계속되는 가운데 미국에서 탄저병 우편물이 의회, 국무부, 대법원, 중앙정보부, 언론사, 백악관 심지어 이제 일반인에게까지 전달됨으로써 탄저병 환자가 잇달아 발생하면서 미국 사회전체가 심리적 공포 속에 빠져들었으며, 9.11 사태는 미국뿐만 아니라 전 세계적 차원에서 21세기 안보 위협에 대한 새로운 인식을 갖게 하였다.

첫째는, 동시다발적·복합적 위협에 대한 인식이 고조되고 있다는 점이다. 21세기 국제사회는 도처에서 국제테러, 국제범죄, 사이버 전쟁 및 자원 확보 전쟁이 더욱 확산될 가능성이며, 분리·독립을 추구하는 분쟁위협들이, 종족 갈등이, 민족분규 위협이, 내전·내란·붕괴위협이, 기타 지역분쟁위협이 존재하고 있다.

911테러에서 파괴된 펜타곤건물

둘째는, 대량살상무기 확산으로 위협이 증폭되어가고 있다는 점이다. 핵탄두와 생화학무기와 같은 대량살상무기의 확산으로부터의 위협과 탄도미사일과 순항미사일과 같은 대량 파괴무기 전달 수단의 확산으로부터 위협 인식이 더욱 고조되고 있는 것이다. 이러한 다양한 위협이 불특정 테러집단이나 범지구적 범죄조직과 같은 비 국가행위자에 의해서 행하여질 수도 있다는 위협인식이 증대되고 있다.

911테러 주모자인 오사마 빈 라덴은 작전명 "오퍼레이션 넵튠 스피어(Operation Neptune Spear)"로 알려진 2011년 5월 2일에 실행된 미국의 오사마 빈라덴 사살 작전에서 미 해군의 최정예 대테러 특수부대인 DEVGRU(미 해군 특수전 개발단. 구 SEAL 6팀) 대원 25명이 블랙호크 헬리콥터 4대에 탑승해 작전에 참여했으며 파키스탄 정보기관 아보타바드 안가에 은신 중이던 빈 라덴을 DEVGRU가 현장에서 사살했다. 미국 정부는 40여분 간의 교전 끝에 빈 라덴을 사살했으며 항공모함 칼빈슨 호로 시신을 옮겨와 사망 9시간 만에 추에 매달아 바다에 수장해서 누구도 시신을 찾을 수 없을 것이라고 밝혔다. 미국 의회조사국 보고서에 따르면 미국은 2001년 911 테러 이후 빈 라덴을 잡기 위해 10년간 430조 원을 썼으며 간접비용을 포함하면 1000조 원을 넘게 썼다고 한다.

3. 항공테러 발생현황

(1) 1970년 ~ 1992년 항공테러 발생현황[6)]

연도	파괴	납치	납치시도	기내공격	공항시설	기타	합계
1970	13	49	38	–	–	–	100
1971	3	38	20				61
1972	13	43	36				92
1973	12	17	12				41
1974	20	13	14				47
1975	24	12	11				47
1976	28	13	13				54
1977	31	18	16				65
1978	11	13	13				37
1979	11	16	10				37
1980	8	29	17				54
1981	15	24	14				53
1982	6	19	11				36
1983	7	21	17				45
1984	13	21	7				41
1985	13	20	7				40
1986	3	5	6				14
1987	3	4	6				13
1988	2	7	3				12
1989	2	8	4				14
1990	–	13	8	1	1	–	23
1991	–	7	5	2	1	–	15
계	238	410	288	3	2	0	941

6) ICAO Annual Report 자료참조

(2) 1992년 ~ 2016년 항공테러 발생현황[7)]

연도	합계	납치건수		시설파괴		사보타지	기타	피해인원	
		납치	납치 시도	파괴	파괴 시도			부상자	사망자
1992	10	6	2	1	–	–	1	123	10
1993	48	30	7	3	–	–	8	38	112
1994	43	22	5	4	–	2	10	57	51
1995	17	9	3	2	–	–	3	5	2
1996	22	3	12	4	–	–	3	159	134
1997	15	6	5	2	–	1	1	2	4
1998	17	11	2	1	–	–	3	1	41
1999	14	11	2	–	–	–	1	3	4
2000	30	12	8	1	–	–	9	50	58
2001	24	7	2	7	4	1	3	3,217	3,525
2002	40	2	8	24	2	2	2	14	186
2003	35	3	5	10	–	5	12	77	20
2004	16	1	4	2	2	4	3	8	91
2005	6	2	–	2	–	–	2	60	3
2006	17	1	3	4	–	1	83	27	2
2007	22	4	2	2	3	–	11	33	18
2008	23	1	6	3	–	–	133	31	11
2009	23	5	3	1	–	–	143	4	3
2010	14	–	1	1	–	–	113	13	6
2011	6	–	2	–	–	1	33	152	35
2012	10	1	2	2	–	–	53	44	20
2013	8	1	–	3	–	1	23	1	7
2014	21	2	2	9	–	1	73	334	44
2015	13	2	2	2	2	4	1	403	6
2016	9	2	–	5	–	2	–	336	58
합계	503	144	88	95	13	25	727	5,192	4,451

주 : 기타는 비행 및 시설공격 포함

7) 2018 포켓 항공현황 참조(한국항공협회)

제4절 국내 항공테러

1. 국내 항공보안 사고현황

국내에서 발생한 항공보안 사고는 항공기납치 3건, 항공기폭파 1건, 미사일공격 2건, 공항공격 1건 등 총 7건('58~'87년, 390명 사망, 30명 부상)이 발생하였으며 1987년 이후 항공보안 사고는 발생하지 않고 있다.

국내 항공보안사고 발생현황[8]은 다음 표와 같다.

일자	사고 개요	비 고
'58. 2.16	KNA(대한국민항공)소속 창랑호가 부산을 출발하여 서울로 비행하던 중 평택상공에서 7명의 납치범에 의해 북한으로 납치	승무원 등 8명 억류, 18명만 송환
'69.12.11	대한항공 YS-11항공기가 승객 47명을 태우고 강릉을 출발해 서울로 향하던 중 이륙 11분 만에 북한 고정간첩에 의해 납치	승무원 등 8명 억류, 39명만 송환
'71. 1.23	대한항공 F-27항공기가 승객 60명을 태우고 속초를 출발하여 서울로 향하던 중 수류탄을 소지한 1명의 괴한에 납치되었으나, 기내보안승무원과 격투과정에서 수류탄이 폭발하였으며, 훈련조종사가 완파된 항공기를 강릉모래사장에 비상 불시착시킴	2명 사망
'78. 4.21	대한항공 B707항공기가 승객 97명을 태우고 파리에서 앵커리지를 중간 기착후 서울로 향하던 중에 항법실수로 소련 영공으로 진입, 소련 전투기 2대의 미사일 요격을 당하여 무르만스크의 얼어있는 강에 비상 착륙	2명 사망 13명 부상
'83. 8. 1	대한항공 B747항공기가 승객/승무원 269명을 태우고 뉴욕을 출발 앵커리지를 경유하여 서울로 향하던 중 소련영공을 진입하여 소련 전투기 6대에 의해 요격을 당한 후 2대의 미그 전투기가 발사한 미사일에 의해 격추	269명 사망
'86. 9.14	서울올림픽경기대회 방해 목적으로 김포국제공항 청사(현 국내선 청사) 출입문(5~6번)사이 쓰레기통 폭발	5명 사망 32명 부상
'87.11.29	대한항공 소속의 B707항공기가 미얀마 상공에서 북한 공작원이 설치한 폭발물(C-4)에 의해 공중폭발	115명 사망

8) 국토교통부 항공보안 기본계획(2011~2016) 자료참조

2. 국내 민간항공 테러사건

(1) 국내 최초의 항공기 납치사건

대한국민항공사(KNA) 광고자료

1958년 2월 16일 11:45분 부산 수영공항을 출발해 서울로 비행중이던 대한국민항공사(KNA) 소속 쌍발여객기 DC-3 창랑호가 평택상공에서 북한의 조종을 받던 김형외 6명에 의해 공중 납치되어 승객 28명과 승무원 3명이 피랍되어 평양 순안비행장에 강제 착륙된 사건이 발생하였으며 국내 최초의 항공테러 사건으로 기록되었다. 사건이후 국제사회의 비난 여론이 거세어지자 북한은 납치범과 가족 등 8명을 제외한 승객들은 송환하고 항공기는 억류하였다.

(2) KAL 항공기 납치사건

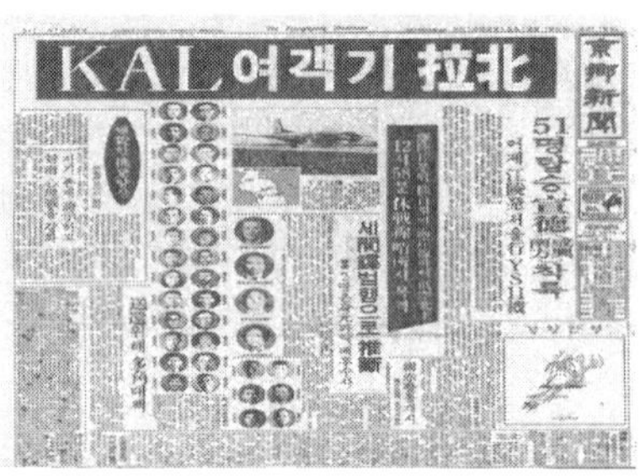
KAL여객기 拉北

京鄕新聞

항공기 피납보도 (경향신문)

1969년 12월 11일 12시 25분 강릉공항 출발 서울행 대한항공 소속 YS-11 여객기가 승객 47명과 승무원 4명 등 총 51명을 태운 채 이륙후 대관령 상공을 비행하던 중 고정 간첩 조영희 등에 의해 북한으로 납치되어 북한 선덕비행장에 강제 착륙되었으며 북한은 최초 자진 월북이라고 사실을 날조했으나, 국제사회의 비난 여론이 비등해지자 사건 발생 65일만인 1970년 2월 14일에 탑승자 51명중 39명만을 판문점을 통해 송환하고 12명과 항공기는 억류하였다.

(3) KAL 항공기 납치 미수사건

1971년 1월 23일 대한항공 소속 F-27 항공기가 승객 60명을 태우고 속초를 출발하여 서울로 향하던 중에 홍천 상공에서 수류탄을 소지한 김상태(22)에 의해 납치되었으며, 기내보안승무원과 격투과정에서 김상태가 갖고 있던 폭탄이 폭발하였고 이 과정에서 납치범과 전명세 수습 조종사 2명은 사망하였고 16명이 부상을 입었다. 납치범 사망이후 이강흔 기장은 기체를 급강하해 이륙한지 1시간 11분이 지난 오후 2시 18분 고성군 현내면 초도리 바닷가에 불시착하였다.

초도리해변에 불시착한 항공기

(4) 항공기 미사일 피격사건

1983년 9월 1일 새벽 3시 26분 사할린 인접 해역 1만m 상공에서 소련 전투기 SU-15가 발사한 2발의 공대공 미사일이 대한항공 소속 007 점보 여객기를 격추시켜 269명의 인명을 몰살시킨 참사가 발생했다.

KAL機 蘇사할린부근서 失踪

탑승자269명 生死몰라

항공기 실종보도 (동아일보)

KAL 007편은 8월 31일 0시 5분 뉴욕 케네디공항을 이륙하여 31일 오후 8시 37분 앵커리지공항에 착륙하여 9시 59분 다시 이륙하여 알래스카 남단 캄차카 반도의 남쪽, 일본의 혼슈 상공을 넘어 강릉 · 서울로 이어지는 R-20 항로를 통해 운항하던중 KAL기를 첩보기로 오인한 소련 전투기가 미사일 공격을 가하여 KAL기는 격추되고 탑승객 246명과 승무원 23명 등 총 269명이 사망하는 참사가 빚어졌다. 사건발생 직후 정부는 소련을 격렬히 규탄하는 등 사건해결을 위해 노력하였으나 소련의 거부로 현재까지 사건경위 및 소련당국의 사과와 피해보상이 전혀 이루어지지 않고 있는 실정이다.

(5) 김포공항 폭파사건

김포공항 폭파사건

1986년 아시아경기대회를 1주일정도 앞두고 김포국제공항 폭파사건으로 86년 9월 14일 오후 3시경 국제선 1여객청사 1층 5번과 6번 출입문 사이 쓰레기통에서 강력한 폭탄이 폭발하여 5명이 사망하고 32명이 중경상을 당하는 사건이 발생했다. 이 폭발물은 C4에 전기뇌관을 부착한 시한폭탄으로 86년 아시안게임의 개최를 방해할 목적으로 자행된 폭탄테러로 추정된다.

(6) 국내 최초의 항공기 폭파사건

京鄕新聞

號外

115명탑승 KAL機 失踪

바그다드發 서울行 버마랑군上空서

현대건설 中東근로자 56명

姜錫在 駐이라크 總領事도

항공기 실종보도 (경향신문 호외)

국내로 압송중인 테러범 김현희

1987년 11월 29일 바그다드에서 승객 95명과 승무원 20명 등 총115명을 태우고 서울로 향하던 대한항공 소속 858편에 북한공작원 2명이 중간 기착지인 아부다비공항에서 객실에 두고 내린 고성능 폭탄에 의해 미얀마 안다만 해역 상공에서 공중폭파되었다. 조사결과 북한에서 1988년 서울올림픽 게임을 방해하기 위해 저지른 것으로 사고발생 후 테러리스트중 1명인 김승일은 자살했고 레바논에서 체포된 김현희는 한국으로 인도되어 재판에 회부되어 사형선고를 받았으나 정치적 고려에 의해 사면되면서 종료된 사건이나 현재까지 KAL기 폭파사건에 대해 많은 의혹을 제기하며 전면적인 재조사를 요구하는 목소리가 나오고 있는 실정이다.

제 2 장

항공보안 법규

제1절 항공보안법
제2절 항공관련 국제기구
제3절 국제민간항공협약
제4절 항공보안관련 국제협약
제5절 ICAO 부속서 17(Security)

제2장 항공보안 법규

제1절 항공보안법

1. 항공법 제정

항공법은 1919년에 파리에서 체결된 국제항공조약에 근거를 둔 것으로 항공 산업계의 발전과 제2차 세계대전을 통하여 급격히 발달한 항공정세에 부합하기 위해 1961.3.7일 제정되어 같은 해 6.8일 시행되었다. 1944년에 시카고에서 국제민간항공조약을 체결[1]함으로써 정부에서는 1960.11.19일 항공법을 제안하였으며 국제민간항공조약과 외국항공법 등을 참고로 하여 이 법을 제정하였다.

제정 당시 안전비행을 위하여 폭발물 운송을 금지하는 조항을 포함하였는데 폭발성 또는 연소성 높은 물품, 기타 타인에게 위해를 주거나 손상할 우려가 있는 물건은 항공기 운송이 금지되며 항공운송사업자는 금지물품을 확인하기 위해 점검하도록 의무화하였다.

다음 표는 1961년에 제정된 항공법에서 항공보안과 관련한 조항이며, 2002년 항공기운항안전법을 전문 개정하여 "항공안전 및 보안에 관한 법률"으로 개정되기 전까지 폭발물 탑재금지 및 보안검색을 하는 법적근거로 적용되었다.

---

1) 국제민간항공협약은 1944년 시카고 국제민간항공회의에서 채택된 협약으로서 1947년 4월 4일 세계 민간항공의 평화적이고 건전한 발전을 도모할 목적으로 유엔 경제사회이사회 산하 전문기구로 편제되어 ICAO(국제민간항공기구, International Civil Aviation Organization)가 설립하게 되었으며, 대한민국은 1952년에 가입하였다.

【항공법】 제66조(폭발물 등의 수송 또는 휴대의 금지)
① 폭발성 또는 연소성이 높은 물건 기타 타인에게 위해를 주거나 다른 물건을 손상할 우려가 있는 물건으로서 교통부령으로 정하는 것은 이를 항공기로 운송하지 못한다.
② 항공운송업자는 수송품 중에 전항에 해당하는 물건의 유무를 확인하기 위하여 그 지정한 직원으로 하여금 그 수송을 기탁하기 전에 이를 점검하게 하여야 한다.
③ 누구든지 무기 또는 제1항의 물건을 항공기내에 가지고 들어가서는 아니된다. 단, 교통부령의 정하는 바에 의하여 특정한 직무를 행하기 위한 때에는 예외로 한다.
④ 전항 단서규정에 의하여 무기를 휴대하려는 자는 탑승 전에 이를 당해항공기의 기장에게 보관시키고 목적지에 착륙한 후 이를 반환받아야 한다.
⑤ 비행장에 파견된 경찰관은 여객 중에 전항의 물건을 가지고 타는 여부를 확인하기 위하여 그 신체 또는 물건을 검색 또는 점검할 수 있다.

2. 항공기운항안전법 제정

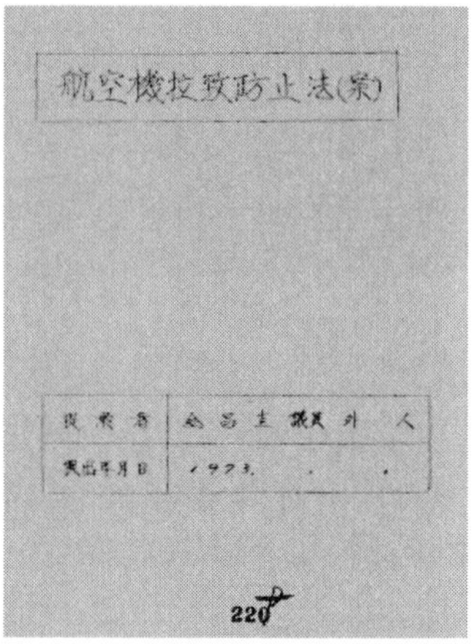
航空機拉致防止法(案)

항공기납치방지법(안)

1973.12.3일 김창규의원 외 30명이 항공기에 대한 범죄, 특히 운항 중 납치사건이 빈번하게 발생함에 따라 각국에서 국제협약을 받아들여 자국내 입법하고 있는 추세에 감안하여 우리나라도 입법을 추진하였다. 각국의 입법경향을 분석하여 항공기의 안전운항 기준과 대형화하는 항공기의 발달에 따른 범죄양태 구성요건과 형량을 규정할 수 있도록 하기 위해 도교협약[2]을 기초로 '항공기납치방지법'으로 입법 발의되었다.

입법과정에서 항공기운항안전법으로 법률제명이 수정되어 1974.12.26일 제정·시행되었으며 주요내용은 다음 표와 같다.

2) 1963년에 제정된 "항공기내에서 범한 범죄 및 기타행위에 관한 협약"으로 우리나라는 1971년에 비준하였음

【항공기운항안전법】 주요내용

1. '항공기납치방지법'을 '항공기운항안전법'으로 변경함
2. 항공기에는 무기, 도검류, 폭발물, 독물, 연소성이 높은 물건을 휴대탑승하거나 탑재할 수 없도록 함(제4조 금지사항)
3. 운송업자는 항공기탑승 및 탑재 전에 여객의 몸을 검색하거나 휴대품 및 화물을 개봉검색 할 수 있게 함(제5조 검문검색)
4. 기장은 운항중인 항공기의 안전과 인명재산의 보호를 위하여 법이 정하는 바에 따라 사법경찰관리의 직무를 수행할 수 있게 하며 항공기내에서 기장의 요청이 있을 때에는 협조토록 함(제6조 기장의 권한)
5. 항공기 운항중 범죄를 범한 범인을 인도할 때에는 기장이 직접 또는 관계공무원을 통하여 경찰관에게 인도함(제7조 범인의 인도·인수)
6. 벌칙을 다음과 같이 규정함.
   가. 항공기 납치범…무기 또는 7년 이상 징역
   나. 항공기 납치 치사범…사형 또는 무기징역
   다. 항공기 납치 예비음모…5년 이상의 징역
   라. 항공기운항저해범…1년 이상 10년 이하의 징역
   마. 항공기 위험물건 탑재죄…2년 이상 5년 이하의 징역

3. 항공안전 및 보안에 관한 법률 전문개정

항공기운항안전법이 제정되고 27년이 지난 2001.8.23일에 조한천의원 등 31인으로부터 1차 개정안이 제출되어 2002.1.26일에 개정되었으나 2002.7.26일에 시행되기 전에 2002.2.7일 조한천의원 등 31인으로부터 전문개정 법률안이 발의되었다.

발의배경은 2001.9.11 미국에서 발생한 항공기 테러사건 이후 국제민간항공기구(ICAO)와 미연방항공청(FAA)은 공항에서의 항공보안을 강화[3]하기 위한 조치를 취하였다.

특히 미국은 "항공 및 교통안전법"(Aviation and Transportation Security Act)을

3) 국제민간항공기구(ICAO) 2001년 제33차 총회(01. 9.25~10. 5)에서 모든 체약국들은 '항공보안감사 프로그램'을 제정하여 보안점검을 실시할 것을 결의하였으며, 제12차 항공보안 패널회의(01.11. 5~9)에서 '보안감사 프로그램'을 제정하여 회원국에 대한 감사가 의무화되어야 한다는데 의견이 일치됨

2001.11.18일 제정하여 조종실 안전 및 검색업무 강화 등 항공보안을 강화하고 있고 2001.12.20일에 국회에서 비준된 '가소성 폭약의 탐지용 식별에 관한 협약[4]'을 비롯한 보안관련 국제협약을 개정 법률안에 포함하기 위한 것이다. 다음 표는 항공보안법 개정연혁을 정리한 것이다.

구 분	주요내용	개정일자	비고
항공기 납치방지법	입법 발의 (김창규의원외 30인)	1973. 12.3 발의	발의
항공기 운항안전법	법률 제명을 수정	1974.12.26. 제정시행	제정
	개정법률안 발의 (조한천의원 등 31인)	2002. 1.26 개정 (2002. 7.27 시행)	1차 개정
항공안전 및 보안에관한법률	개정법률안 발의 조한천의원 등 31인	2002. 8.26 개정 (2002.11.27 시행)	전부 개정
항공보안법	개정법률안 발의 (정부제출)	2013. 4. 5 개정 (2014. 4. 6 시행)	제명 변경

항공보안법 개정연혁

우리나라는 미국 연방항공청(FAA)의 외국공항 보안평가 프로그램(Foreign Airport Assessment Program)에 따라 미 국적기가 취항하고 있는 인천국제공항에 대한 항공보안감사가 미연방항공청에 의해 2001년에 실시될 예정으로 평가결과에 따라 국제기준에 미달할 경우 미국적 항공사의 국내공항 취항금지 등의 조치가 취해질 수도 있는 급박한 상황이었다.

이에 대비하여 항공보안 법령과 제도, 항공보안 실행체계 등 근본적인 개선이 시급한 실정임을 감안하고 향후 국제민간항공기구 및 미연방항공청 등의 항공보안점검에 능동적으로 대응하고 항공안전 및 보안능력을 향상시키기 위하여 기존의 미비하였던 항공보안과 관련된 법령 및 제도를 전반적으로 재정비

4) 식별이 어려운 가소성 폭발물을 사용하거나 변형하는 것을 방지하기 위하여 제조시 폭발물 식별과 보안검색이 용이하도록 하여 가소성폭발물이 자국영토에 반입되거나 반출되지 않도록 폭발물의 소지 통제 및 이동 통제를 위한 대책 수립을 위한 협약

하고자 "항공기안전운항법"을 "항공안전 및 보안에 관한 법률"로 법률제명 및 전문이 2002.8.26일 개정되어 2002.11.27일 시행되었다.

4. 항공안전 및 보안에 관한 법률 개정연혁

개정	주요 개정 내용	시행일
제1차 개정 2003.12.31	• 제17조 통과 또는 환승승객에 대한 보안검색의 주체를 공항운영자로 명확히 규정하고 벌칙규정을 개정하여 보안검색에 대한 주체와 책임을 일원화하고자 함(제17조, 제50조제1항제2호 및 제2항제2호)	2004.4.1
제2차 개정 2005.3.31	• 운항중인 항공기 안에서 승객의 안전유지를 위한 준수사항을 위반한 자에 대한 벌금을 종전 1백만원 이하에서 5백만원 이하로 상향조정 함(제50조 제2항)	2005.7.1
제3차 개정 2005.11.8	• 항공기로 운송되는 위험물의 취급기준 마련(제59조 내지 제61조) - 항공기로 위험물을 운송하는 경우 국제적 기준과 절차에 따라 위험물을 취급하도록 함으로써 항공기 안전운항을 확보하려는 것임 - 항공기로 운송되는 위험물의 취급 절차 및 방법, 위험물 취급을 하는 자에 대한 교육, 위험물 포장용기에 대한 검사 등에 관한 사항을 정함	2006.7.9
제4차 개정 2006.3.24	• 행정의 투명성과 객관성 확보를 위하여 국토교통부장관이 필요시 실시하도록 한 관계 기관 합동현장점검을 국토교통부령에 구체적으로 정하여 시행히도록 함(제33조제2항) • 관계기관과 합동으로 보안현장점검을 실시하고자 하는 경우에는 점검일시, 이유 및 점검내용 등 점검계획을 7일 전까지 피조사자에게 통보하도록 함(제33조제3항 신설). • 관계기관과 합동으로 현장점검을 실시하는 공무원은 그 권한을 표시하는 증표를 관계인에게 제시하도록 함(제33조제4항 신설)	2006.6.25

제5차 개정 2006.12.28	• 항공운송사업자는 알콜성 음료서비스 제한 등 항공기 안전조치를 취해야 함(제14조제3항) • 항공운송사업자는 알콜성 음료서비스 제한에 따른 규제로 인하여 승객이 받는 불편이 감소되도록 필요한 방안을 강구해야 함(제23조제5항) • 항공운송사업자는 음주로 인하여 소란행위를 하거나 할 우려가 있는 자 등 항공기 안전운항을 해할 우려가 있는 자에 대하여 탑승을 거절할 수 있도록 함(제23조제7항)	2007.3.29
제6차 개정 2008.3.28	• 기존 항공기 납치 또는 기내질서를 어지럽힌 자에 대한 처벌을 운항 중인 경우로 제한하였으나, 앞으로는 공항에 계류 중인 경우에도 처벌하도록 함으로써 항공기에 대한 안전을 강화하고 그 밖에 현행 제도의 운영상 나타난 일부 미비점을 개선·보완하려는 것임	2008.6.29
제7차 개정 2009.6.9	• 통과 또는 환승 승객에 대한 보안검색에 소요되는 비용을 공항운영자가 부담함으로써 보안검색의 실시에 따른 비용부담의 주체를 일원화하고, 공항운영자가 보안검색에 소요되는 비용을 충당할 수 있는 근거를 마련함(제17조 제3항~제5항) • 항공운송사업자는 항공안전 및 보안에 관한 업무를 담당하는 국내외 국가기관 또는 국제기구 등으로부터 항공기 안전운항을 해할 우려가 있어 탑승거절이 요청 또는 통보된 자에 대하여 탑승거절할 수 있도록 함(제23조제7항). • 경미한 법 위반에 대하여 종전에는 1천만원 이하의 벌금에 처하던 것을 1천만원 이하의 과태료 부과로 전환함(제50조, 안 제51조 신설)	2009.6.9

제8차 개정 2010.3.22	• 국가항공보안계획의 수립(안 제10조) - 국토교통부장관이 수립·시행하는 '국가항공보안계획'의 근거를 마련하고 그 계획에 따라 공항운영자 등이 자체 보안계획을 수립하도록 함 • 항공기 내 액체, 분무, 겔(gel)류 등 반입통제(제14조제5항 신설) - 액체 등의 항공기 내 반입을 규제하는 국제기준에 따라 이를 이행하기 위한 법적 근거를 마련 - 공항운영자 및 항공운송사업자에 대하여 국토교통부장관이 정하여 고시하는 액체 등의 항공기 내 반입을 통제하도록 함 • 화물터미널 보안검색 책임주체(제16조제2항 신설) - 항공운송사업자 또는 화물터미널운영자에게 보호구역으로 지정된 화물터미널로 들어가는 사람 및 물품에 대한 보안검색의 권한을 부여하여 보안관리 책임주체를 명확히 함 - 보호구역인 화물터미널에서의 보안검색 책임주체를 명확히 함 • 상용화주 지정 및 지정취소기준 등(제17조의2 및 제17조의3 신설) - 국토교통부장관이 항공화물 등에 대한 보안검색을 실시할 수 있는 자를 지정하는 상용화주제도의 근거 규정과 상용화주가 자체적으로 보안검색을 한 화물에 대해 공항에서 보안검색을 면제하기 위한 근거마련 • 항공기내 무기반입(제21조제2항, 제4항 및 제5항 신설) - 범죄인 호송업무 등 특정한 직무를 수행하기 위하여 필요한 경우 항공기 내에 무기 등을 반입할 수 있도록 근거마련	2010.9.23

제9차 개정 2012.1.26	• 환각물질 사용자의 항공업무 종사금지 및 주류등 사용에 대한 벌칙 강화(제47조, 제161조의3 신설) - 음주·마약류 외에 환각물질을 사용한 자도 항공업무에 종사하는 것을 금지하고, 이를 위반한 경우에 대한 벌칙규정을 강화 • 항공종사자 및 객실승무원의 음주단속기준 강화(제47조제5항) - 항공종사자의 안전의식을 제고하기 위하여 음주의 영향으로 항공업무 또는 객실승무원의 업무를 정상적으로 수행할 수 없는 혈중알콜농도의 기준을 0.04퍼센트 이상에서 0.03퍼센트 이상으로 강화	2012.7.27

5. 항공보안법 개정연혁

개정	주요 개정 내용	시행일
일부개정 2013.4.5	• 이 법의 제명을 「항공보안법」으로 변경 • 국가항공보안 우발계획 등의 수립근거 마련(제31조제1항 및 제2항) - 국토교통부장관은 국가항공보안 우발계획을 수립·시행, 공항운영자 등은 국가항공보안 우발계획에 따라 자체 우발계획을 수립·시행하여 민간항공의 불법방해행위에 대하여 적정한 항공보안이 확보·유지될 수 있도록 함 • 항공보안 자율신고제도 도입(제33조의2 신설) - 민간항공의 보안을 해치거나 해칠 우려가 있는 사실에 대한 항공보안 자율신고를 도입하고, 신고내용의 처리기준, 자율신고자에 대한 불이익조치의 금지, 자율신고 처리업무의 위탁근거 등을 마련 • 벌칙 및 과태료의 합리적 정비(제45조, 제47조, 제48조, 제50조 및 제51조, 제50조의2 신설) - 공항운영 방해죄 등에 대한 벌칙을 상향조정, 자체 보안계획의 미승인 행위 등에 대한 벌칙을 하향조정, 일부 벌칙에 대한 양벌규정을 별도 신설, 보안조치 불이행 행위 등에 대한 벌칙을 과태료로 전환, 항공기에 보안요원을 탑승시키지 아니한 행위 등에 대한 과태료를 신설하는 등 벌칙 및 과태료 규정을 합리적으로 정비·개선함	2014.4.6

제1차 개정 2013.7.16	• 항공기 내에서 승객이 난동을 부리며 승무원의 업무를 방해하는 행위에 대한 제재를 신설하여 항공안전을 확보(제23조제1항제7호 신설)	2014.4.6
제2차 개정 2014.1.14	• 공항을 통과 또는 환승하거나 국내에서 출발하는 승객의 성명, 국적 및 여권번호 등 운송정보를 항공운송사업자가 공항운영자에게 제공하도록 법률근거 마련을 통해 본인여부 확인에 만전을 기하여 항공보안체계를 강화(제15조제5항 신설 및 제17조제4항)	2014.4.6
제3치 개정 2016.1.19	• 기장 등은 항공기 내에서 이 법에 따른 죄를 범한 범인을 해당 공항을 관할하는 국가경찰관서에 통보한 후 인도하고, 위반시 1천만원 이하의 과태료를 부과(제25조제1항 및 제51조제1항제12호) • 기장 등의 업무를 위계 또는 위력으로 방해한 사람은 벌칙을 상향하여 5년 이하의 징역 또는 5천만원 이하의 벌금에 처하도록 함(제49조제2항 신설) • 운항 중인 항공기 내에서 제23조제1항제1호 및 제3호에 따른 폭언 등 소란행위, 술을 마시거나 약물을 복용하고 다른 사람에게 위해를 주는 행위를 한 사람은 1천만원 이하의 벌금에 처함(제50조제1항제3호 신설) • 운항 중인 항공기 내에서 제23조제1항제1호, 제4호 및 제5호에 따른 흡연, 다른 사람에게 성적 수치심을 일으키는 행위, 전자기기를 사용하는 행위를 한 사람은 500만원 이하의 벌금에 처함(제50조제2항제3호) • 계류 중인 항공기 내에서 제23조제1항제1호부터 제5호까지에 따른 위반행위를 한 사람은 200만원 이하의 벌금에 처함(제50조제3항)	2016.1.19
제5차 개정 2016.3.29	• 1961년 제정된 「항공법」을 항공관련 법규체계와 내용을 알기 쉽도록 하기 위하여 「항공사업법」, 「항공안전법」, 「공항시설법」으로 분법 • 「항공사업법」에서 항공운송사업 등 항공사업에 관한 분야와 「항공운송사업 진흥법」을 통합하고, 경량항공기서비스업을 도입하며, 각 항공사업별로 과징금의 상한을 합리적으로 조정하고, 항공요금을 유류할증료 등을 포함한 총액요금으로 표시하도록 하는 등 현행 제도상 일부 미비점을 개선·보완	2017.3.30

제4차 개정 2017.3.21	• 승객의 협조의무에 항공기내 폭행금지를 추가하고 이를 위반한 경우 5년 이하의 징역에 처하고, 항공기의 보안이나 운항을 저해하는 폭행 등의 경우에는 10년 이하의 징역에 처하도록 함(제23조 및 제46조) • 기장 등의 업무를 위계 등으로 방해한 경우에는 10년 이하의 징역 또는 1억원 이하의 벌금형으로, 조종실 출입을 기도하거나 기장 등의 지시에 따르지 아니하는 경우에는 3년 이하의 징역 또는 3천만원 이하의 벌금형으로 상향 조정함(제49조) • 보안검색요원의 업무를 방해하는 경우 등에는 5년 이하의 징역 또는 5천만원 이하의 벌금형으로, 운항중인 항공기 내에서 소란행위를 하거나 술 또는 약물을 복용하고 다른 사람에게 위해를 주는 경우에는 3년 이하의 징역 또는 3천만원 이하의 징역으로 상향 조정하는 등 전반적인 벌칙을 강화함(제50조)	2017.3.21
제6차 개정 2017.8.9	• 상용화주 화물은 예외적인 경우를 제외하고는 이중 보안검색 없이 항공기에 탑재하도록 함으로써 상용화주의 보안검색 책임을 명확히 하고, 항공보안 정보화체계 구축·운영의 법적근거를 마련 • 항공기 이륙 전에 승객의 협조의무를 영상물 상영 또는 방송 등을 통하여 안내하도록 하고, 위해물품을 항공기에 휴대 또는 탑재하는 사람 등에 대한 형벌의 종류에 2년 이상 5년 이하의 징역형 외에 2천만원 이상 5천만원 이하의 벌금형을 추가하도록 하여 항공기 내에서의 불법행위를 방지하고 위반행위의 양태에 따른 적절한 처벌을 하려는 것임	2018.2.10
제7차 개정 2017.10.24	• 항공보안장비 성능인증제를 도입하여 국가인증을 의무화하고, 항공보안장비의 종류·운영·유지관리 등에 관한 기준을 국토교통부장관이 고시토록 하며, 항공보안장비 인증기관과 시험기관을 분리 운영하되, 인증 · 시험기관을 국토교통부장관이 지도 · 감독할 수 있도록 함 • 불법성에 상응하는 처벌이 되도록 법정형 편차를 조정하기 위하여 항공기 운항과 관련된 항공시설을 파손하거나 조작을 방해함으로써 항공기의 안전운항을 해친 사람에 대한 법정형을 10년 이하의 징역으로 하되, 사람을 사상에 이르게 한 사람은 사형, 무기징역 또는 7년 이상의 징역으로 함	2018.10.25

6. 항공보안 정부조직

2002년 이전에는 운항과에서 항공보안업무를 수행하고 있었으나 2002.8.26.일 개정되어 2002.11.27일 시행된 항공안전 및 보안에 관한 법률 제6조에 따라 건설교통부장관은 이 법 또는 항공법에서 정한 항공안전 및 기술 등에 관한 업무를 전담하는 항공안전조직을 대통령령이 정하는 바에 의하여 중앙행정기관의 조직과 달리 설치·운영할 수 있도록 규정함에 따라 항공안전본부를 설치하고 "항공보안과"를 신설하였다. 현재 대한민국 항공보안을 총괄하는 정부조직은 국토교통부 항공정책실 항공정책관 산하에 "항공보안과"에서 수행하고 있으며 조직도와 주요 업무는 다음 표와 같다.

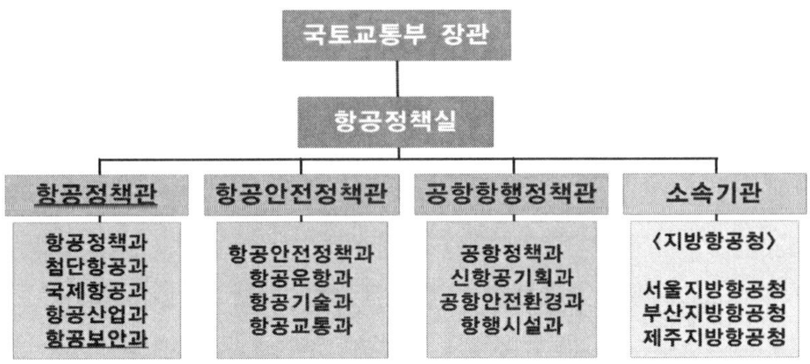

국토교통부 항공보안과 및 지방항공청 조직도

(1) 항공보안정책 및 항공보안 기본계획 수립
(2) 항공보안 교육훈련 제도 및 운영
(3) 항공보안 국제기준 및 ICAO 등 국제기구 협력관련 사항
(4) 승객 및 수하물 보안검색 정책수립 및 개발
(5) 항공보안 감독, 보호구역 출입통제, 항공기내 보안, 기내식 통제업무
(6) 국가항공보안계획 개정 및 항공보안협의회 운영
(7) 항공보안 수준관리(점검, 평가 등) 제도 및 운영
(8) 상용화주, 항공기내 보안요원, 행동탐지요원에 관한 사항
(9) 항공보안장비 연구개발, 성능 인증 및 평가
(10) ICAO / TSA 항공보안평가 대응 및 항공분야 대테러업무 등

7. 항공보안법 법규체계

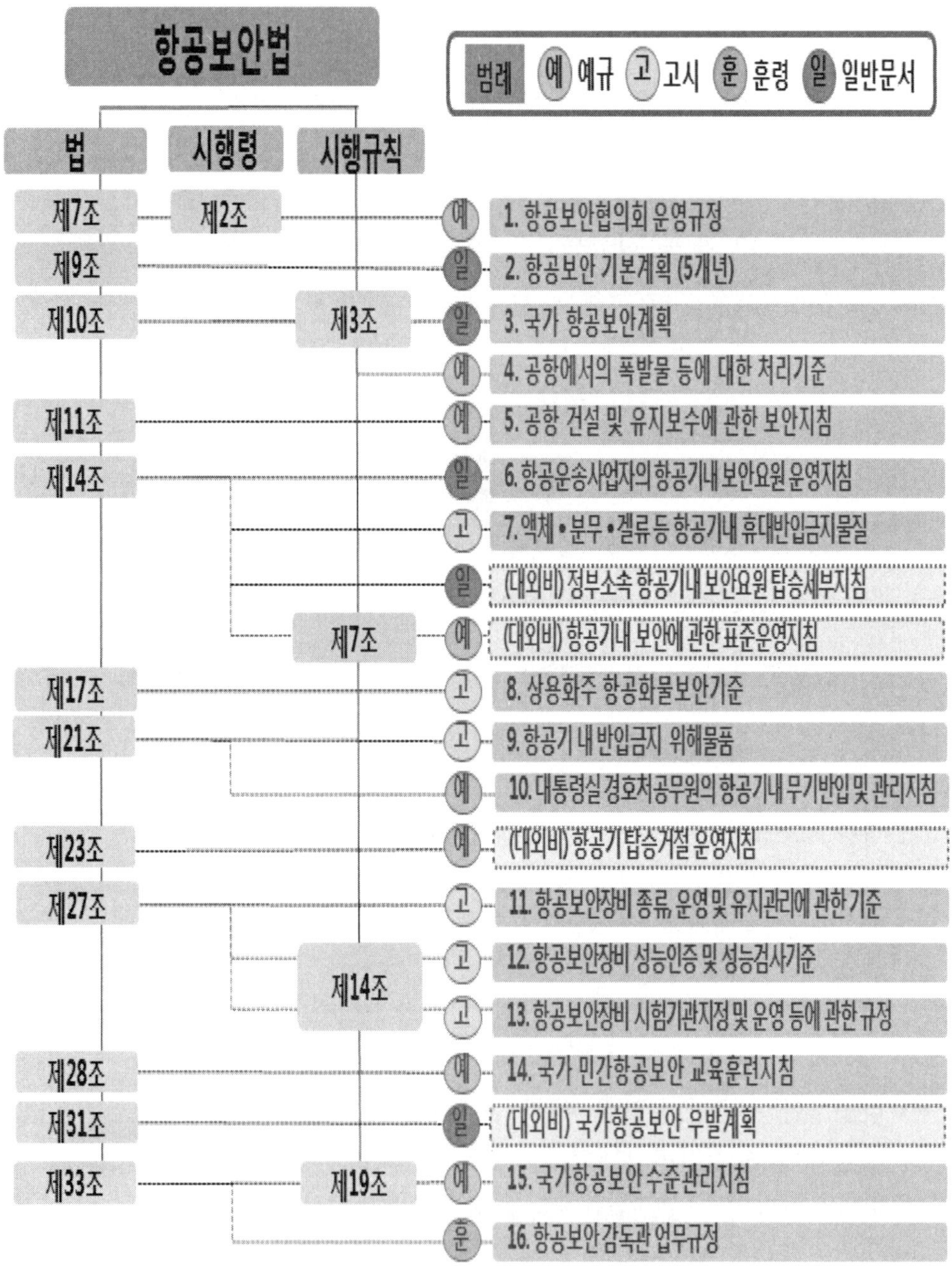
항공보안법
범례 예 예규 고 고시 훈 훈령 일 일반문서
법
시행령
시행규칙
제7조
제2조
제9조
제10조
제3조
제11조
제14조
제7조
제17조
제21조
제23조
제27조
제14조
제28조
제31조
제33조
제19조
예 1. 항공보안협의회 운영규정
일 2. 항공보안 기본계획 (5개년)
일 3. 국가 항공보안계획
예 4. 공항에서의 폭발물 등에 대한 처리기준
예 5. 공항 건설 및 유지보수에 관한 보안지침
일 6. 항공운송사업자의 항공기내 보안요원 운영지침
고 7. 액체•분무•겔류 등 항공기내 휴대반입금지물질
일 (대외비) 정부소속 항공기내 보안요원 탑승세부지침
예 (대외비) 항공기내 보안에 관한 표준운영지침
고 8. 상용화주 항공화물보안기준
고 9. 항공기 내 반입금지 위해물품
예 10. 대통령실 경호처공무원의 항공기내 무기반입 및 관리지침
예 (대외비) 항공기 탑승거절 운영지침
고 11. 항공보안장비 종류, 운영 및 유지관리에 관한 기준
고 12. 항공보안장비 성능인증 및 성능검사기준
고 13. 항공보안장비 시험기관지정 및 운영 등에 관한 규정
예 14. 국가 민간항공보안 교육훈련지침
일 (대외비) 국가항공보안 우발계획
예 15. 국가항공보안 수준관리지침
훈 16. 항공보안감독관 업무규정

제2절 항공관련 국제기구

1. 국제민간항공기구(ICAO)

(1) ICAO 설립

국제민간항공기구(International Civil Aviation Organization)는 제2차 세계대전 중에 각국은 국제민간항공의 수송체계 및 질서를 확립하기 위한 국제기구가 필요하다는데 인식을 같이 하게 되었으며 이에 관심을 가진 52개국이 처음으로 모인 1944년 11월 1일 시카고에서 "국제민간항공협약(Convention on International Civil Aviation)"을 제정하고 민간항공 업무를 전담할 상설기구로서 국제연합(UN) 산하에 국제민간항공기구(ICAO)를 설치하는 데는 합의하였으며 시카고 협약이라고 한다.

(2) ICAO 설립목적

국제민간항공기구(ICAO)는 시카고 협약(1944년)의 설립 헌장에 따라 1947년 4월 4일에 창설되었으며 같은 해 10월에 「세계 민간항공의 평화적이고 건전한 발전을 도모」할 목적으로 유엔 경제사회 이사회 산하 전문기구로 편제되었으며 현재 192개국이 가입되어 있다.

국제민간항공기구는 국제민간항공의 안전하고 질서있는 발전을 목적으로 설립되었고 그 활동도 국제 항공의 안전 확보, 보안대책 강화, 환경보전대책, 사고발생시 여객이나 관련 피해자에 대한 배상책임 등의 법적문제, 기타 경제적 측면에 관한 기준을 만들고 각 체약국의 민간항공 안전감시체제에 대한 감사업무, 기술협력 등 다방면에 걸쳐 있다.

주요 활동사항으로는 공항시설 및 운영, 항공기, 승무원, 통신, 항로 및 항법, 기술, 안전, 환경 등 모든 분야에서 국제표준화와 통일성을 기하고 있으며 공항 및 항공과 관련한 각종 기준이나 지침, 권고, 업무지침서는 전 세계에 걸쳐 거의 헌법적이고 교과서적인 존재로 자리매김하고 있다.

(3) ICAO 조직

국제민간항공기구(ICAO) 주요기관으로는 총회, 이사회, 사무국이 있고 이사회 산하 주요 보조기관으로 3개 위원회가 있다.

ICAO 홈페이지 화면 (www.icao.int)

항공기술 측면의 이론과 실제에 대한 정보의 수집 및 체약국에 통지할 내용을 이사회에 조언하는 항공항행위원회(Air Navigation Commission), 항공수송의 경제적인 부문과 통계를 담당하는 항공운송위원회(Air Transport Commission), 국제항공 수송의 법률적 측면을 담당하여 협약 초안의 심의, 이사회에 대한 법률적 문제조언, 항공에 대한 국제법상의 문제에 대한 국제기관과의 협력을 다루는 법률위원회 등이다.

사무국은 본부를 캐나다 몬트리올에 두고 있으며 항공항행국, 항공운송국, 기술지원국, 행정업무국, 법률국 등의 5개국으로 분리 운영되고 있다.

지역사무소로는 아시아 · 태평양지역이 Bangkok에 있고 중동지역은 Cairo, 서부 및 중앙아프리카지역 Dakar, 남미지역 Lima, 북미 · 중미 · 카리브지역 Mexico, 동부 및 남부아프리카지역 Nairobi, 유럽지역 사무소는 Paris에 있다. ICAO에서는 회원국을 국가라 부르지 않고 체약국(Contracting States)라고 부르고 있는 것이 특징이다. 총회는 통상 3년마다 개최되는 최고회의이며, 이사회는 3년임기로 총회에서 뽑힌 33개국 대표로 구성되어 있다.

우리나라는 1952년에 가입하였으며 2001년 10월 캐나다 몬트리올에서 개최된 제 33차 총회에서 숙원이던 상임이사국에 진출한 이후 지금까지 상임이사국으로 활동하고 있으며, 몬트리올 총영사관을 몬트리올 총영사관 겸 ICAO대표부로 승격시켜 특명전권대사가 ICAO 한국 대표자로 되어있다.

2. 국제항공운송협회(IATA)

(1) IATA 설립목적

정부간 항공협의체인 국제민간항공기구(ICAO)와는 별도로 또 하나의 세계 유수 항공기구로 국제항공운송협회(IATA : International Air Transport Association)가 있다. 국제항공운송협회는 시카고 회의가 국제 민간 항공의 경제적 측면에 대한 어떠한 합의에도 도달하지 못하자 이로 인한 무질서를 우려한 민간 항공업체가 상호 협의에 의하여 경제적 문제를 통일적으로 규율할 것을 목적으로 1919년 헤이그에서 설립된 국제항공수송협회를 계승하여 1945년 4월 쿠바 하바나에서 세계 32개국의 61개 항공사가 회의를 개최하여 설립하게 되었다.

초기에는 주로 유럽지역에서 활동했다. 기술이 급속도로 발전하고 대형 항공기가 개발되는 등 여러 조건의 개선에 힘입어 항공 운송 수요가 늘어남에 따라 성장을 거듭했다. 1955년까지는 독극물, 가연성 물질, 부식성 물질은 항공운항이 불가능했으나 IATA에서 위험물질규정을 만들었고 연간 컨테이너를 500만 개 이상 운송하고 있다. 1965년에는 동물도 항공운송할 수 있는 규정을 만들었으며 1979년 10월 조직을 무역과 운임으로 나누었다.

무역 부문에서는 기술, 법률, 재정, 교통 서비스, 기관업무 등을 다루고, 운임 부문에서는 여객운임, 화물운임, 위탁업무 등을 담당하고 있다. 항공운송협회는 국가가 회원으로 되어있는 ICAO와는 달리 순수한 항공사들로 구성된 비정부 조직으로 안전하고 정기적이며 경제적인 항공운송을 도모하며 항공운송 기업들 간에 협력할 수 있는 수단을 제공하기 위하여 표준 운송약관, 항공권, 화물 운송장, 대리점과의 표준계약 등의 항공사간에 통일적으로 사용해야 할 각종표준 방식을 설정하는 것을 주목적으로 하고 있다.

(2) IATA 조직과 운영

IATA조직에는 총회 · 집행위원회 이외에 재정 · 기술 · 법무 · 운수 · 보건 등 5개 상설위원회가 있고 해마다 연차 총회가 열린다. 항공운송 발전과 제반 문제 연구, 안전하고 경제적인 항공운송, 회원 업체 사이의 우호 증진 등을 목적으로 하며 국제민간항공기구(ICAO) 등 관련기관과 상호협력하고 있다. 주로 국제항공운임을 결정하고 항공기 양식통일, 연대운임 청산, 일정한 서비스 제공 등의 활동을 한다.

처음에는 유럽과 북아메리카에서 31개국 57개 회원으로 시작했으나 현재 290개 항공사와 470개 Strategic partners가 회원으로 가입하고 있으며 IATA 본부는 캐나다 몬트리올에 있다. 국제항공운송협회의 가장 중요한 역할은 국제 항공요금 책정기능을 행사하는 것으로 양국 간 항공 협정이 복잡한 국제 항공 요금 체제를 정하는 데 있어 IATA의 요금책정을 참조하기 때문에 이러한 IATA의 요금 책정 기능은 1945년 이래 계속 강화되어 왔다.

3. 국제공항협의회 (ACI)

(1) ACI 설립

국제공항협의회(Airports Council international, ACI)는 공항 관리 및 운영에 관한 공항의 공동 이익을 달성하고, 우수성을 홍보하기 위해 설립된 비영리 단체이다. 1991.1.1일 국제공항운영협의회(AOCI)와 공항협의조정위원회(AACC), 국제민간공항협회(ICAA) 등 공항 관련 3개 단체를 통합해 설립됐다.

ACI는 전세계 회원 공항들의 대변인 격으로 공항의 안전과 효율성, 재정적 자립 및 환경정책에 기여하고, 공항 상호간 협력 및 상호지원, 정보교환 등 협력체제를 유지하기 위한 활동을 주로 한다. 세계 각국의 공항 정책에 대해 한 목소리를 내는 압력단체의 역할도 수행한다. 조직은 총회와 이사회, 집행위원회, 사무국,

전문상임위원회 등으로 구성됐다.

본부는 캐나다 몬트리올에 있으며, 미국(워싱턴D.C.) 아시아·태평양(홍콩) 유럽(브뤼셀) 남미(에콰도르 키토) 아프리카(카사블랑카) 등 5곳에 지역사무소를 두고 있다. 국제민간항공기구(International Civil Aviation Organization · ICAO), 세계세관기구(the World Customs Organization · WCO) 등과 긴밀한 협력관계를 유지하고 있다.

(2) ACI 조직 및 운영

ACI의 조직은 총회, 이사회, 집행위원회, 사무국, 5개 전문상임위원회인 경제위원회, 환경위원회, 출입국 간소화 및 공상 서비스 위원회, 보안위원회, 기술, 안전 위원회 등으로 이루어졌다. 주요업무는 항공관련 국제기구와의 업무협조 및 회원공항의 안전 · 효율성 · 재정자립, 공항 상호간의 협력과 상호지원 등을 목적으로 하며 회원공항에 국내외 공항개발에 대한 정보와 분석자료를 제공한다.

매년 총회를 개최하여 공항 상호간의 협력을 강화하고 개발도상국 공항에 대해서는 공항시설, 공항기술, 공항운영 등에 대한 지원을 한다. 워크숍 · 세미나 등 공항간의 공동연구 활동을 비롯하여 미래 공항산업의 변화에 대처하기 위한 조사 연구도 진행하고 있다.

인천공항 ASQ 12년연속 1위

ACI는 매년 전세계 주요 공항에서 승객을 대상으로 청결도, 체크인 효율성, 직원의 친절도 등을 조사해 우수 공항 순위를 매긴다. 인천공항은 2005년부터 12년 연속 1위로 '세계 최우수 공항상'을 받았으며 세계공항서비스 수준 향상에 크게 기여하였다. 인천공항은 ASQ 10연패를 하며 명예의 전당에 오른 이후 2014년 출구 전략을 시도했다가 ACI 만류로 계속 평가를 받아 오다 3년 만인 2017년 명예로운 은퇴에 종지부를 찍었다. ACI는 유일무이한 성적을 기록하며 세계 공항 서비스 수준 향상에 기여한 인천공항의 공로를 인정해 '특별공로상'을 수여했다.

제3절 국제민간항공협약

1. 협약 전문

국제민간항공의 장래의 발달은 세계의 각국과 각 국민 간에 있어서의 우호와 이해를 창조하고 유지하는 것을 크게 조정할 수 있으나 그 남용은 일반적 안전에 대한 위협이 될 수 있으므로 각국과 각 국민 간에 있어서의 마찰을 피하고 세계평화의 기초인 각국 민간의 협력을 촉진하는 것을 희망하였다.

서명한 국가는 국제민간항공이 안전하고 질서정연하게 발달하도록 국제항공사업체가 기회균등주의를 기초로 하여 확립되어서 건전하고 경제적으로 운영되도록 하게 하기 위하여 일정한 원칙과 작정에 대한 의견이 일치하여 이에 본 협약을 결정한다.

2. 본문구성 (4부 22장 96개 조항)

가. 제1부(항공)에는 협약의 일반원칙과 적용, 체약국 영역 상공의 비행, 항공기의 국적, 운항을 용이하게 하는 조치, 항공기에 관하여 이행시킬 요건, 국제표준과 권고관행으로 구성되어 있다.

나. 제2부(국제민간항공기구)에는 기구, 총회, 이사회, 항공위원회, 직원, 재정, 기타 국제약정으로 구성되어 있다.

다. 제3부(국제항공운송)에는 정보와 보고, 항행안전시설, 공동운영조직과 공동계산업무로 구성되어 있다.

라. 제4부(최종규정)에는 타 항공협정의 항공약정, 분쟁과 위약, 전쟁, 부속서, 비준 · 가입 · 개정과 폐기, 정의로 구성되어 있다.

3. ICAO ANNEX(부속서) 구성

국제민간항공협약(시카고 협약) 제37조(국제표준 및 절차의 채택), 제54조(이사회의 임무), 제90조(부속서의 채택 및 개정)를 근거로 하여 이사회에서 채택한 ICAO 표준 및 권고사항으로 기술된 부속서(Annex)는 총 19권으로지 구성되어 있으며 다음 표와 같다.

부속서	제 목
Annex 1	Personnel Licensing (항공종사자의 면허)
Annex 2	Rules of The Air (항공교통 규칙)
Annex 3	Meteorology (항공기상)
Annex 4	Aeronautical Charts (항공지도)
Annex 5	Units of Measurement to be Used in Air and Ground Operations (공지통신에 사용되는 단위)
Annex 6	Operation of Aircraft (항공기 운항)
Annex 7	Aircraft Nationality and Registration Marks (항공기의 국적 및 등록부호)
Annex 8	Airworthiness of Aircraft (항공기 감항성)
Annex 9	Facilitation (출입국 간소화)
Annex 10	Aeronautical Telecommunications (항공통신)
Annex 11	Air Traffic Services (항공교통업무)
Annex 12	Search and Rescue (수색 및 구조)
Annex 13	Aircraft Accident and Incident Investigation (항공기 사고조사)
Annex 14	Aerodromes (비행장)
Annex 15	Aeronautical Information Services (항공정보업무)
Annex 16	Environmental Protection (환경보호)
Annex 17	**Security (항공보안)**
Annex 18	The Safe Transport of Dangerous Goods by Air (항공 위험물 수송)
Annex 19	Safety Management (안전관리)

ICAO ANNEX (부속서) 현황

부속서에는 표준(Standards) 및 권고사항(Recommended Practices)으로 구분하여 기술하고 있으며 표준(Standards)은 규칙에 따라 안전한 국제항공을 위해 체약국이 지켜야 할 사항으로 체약국 표준이 ICAO 표준과 다를 경우에는 협약 제 38조에 의거하여 당해 체약국은 상이한 내용을 이사회에 통보하여야 한다.
권고사항은 규칙에 따라 효율적으로 안전한 국제항공을 위해 체약국이 가능한 실시하기를 권고하는 실행 절차이다. 체약국의 실행절차가 ICAO의 실행절차와 차이가 있는 경우 통보할 의무는 없다. 표준(Standards) 및 권고사항(Recommended Practices)은 부속서(Annex)의 주요내용이며 기타 사항으로 부록(Appendices), 정의(Definitions), 도표(Table and Figures) 등으로 구성되어 있다.

제4절 항공보안관련 국제협약

1. 목적

국제민간항공보안의 주목적은 지상이나 공중에서 일어나는 불법방해 행위로부터 국제공항의 승객, 승무원, 지상요원, 일반대중 및 시설 등을 보호하기 위함이다. 인적 및 물적 요소의 결합과 보안대책절차 등을 통하여 가능하며 보안정책의 시행은 각 분야에 수립된 보안프로그램에 기초가 된다.

승객, 승무원, 지상요원, 여행객의 안전이 불법행위로부터 민간항공보호를 위한 모든 문제 중에서 최우선적으로 다루어야 함으로 국가는 불법행위 대상 항공기가 정상운항할 때까지의 승객 및 승무원 안전을 위하여 적절한 조치를 취하여야 한다.

2. 국제협약

1944년 시카고 협정에 의해 수립된 부속서 17은 불법방해 행위로부터 국제민간항공을 보호하기 위한 표준절차와 권고안 등을 포함한다. 시카고 협약의 37

절과 38절은 각국이 이런 표준을 자국의 법령에 통합함으로서 준수해야 할 개념의 보안업무를 규정하고 있다.
불법방해행위에 대한 국제협약은 그 협약에 가입하면 자동적으로 그 규정을 지켜야 하며 항공보안협정에 있는 조항들을 실행하기 위하여 각국 법령도 개정하여야 한다. 국제협약에 가입한 국가들은 이런 여러 협약들의 관련 조항이 자국내에 유효하게 적용되기 위해서는 별도의 특정 법규가 필요하다.

3. 항공보안관련 국제협약 체계

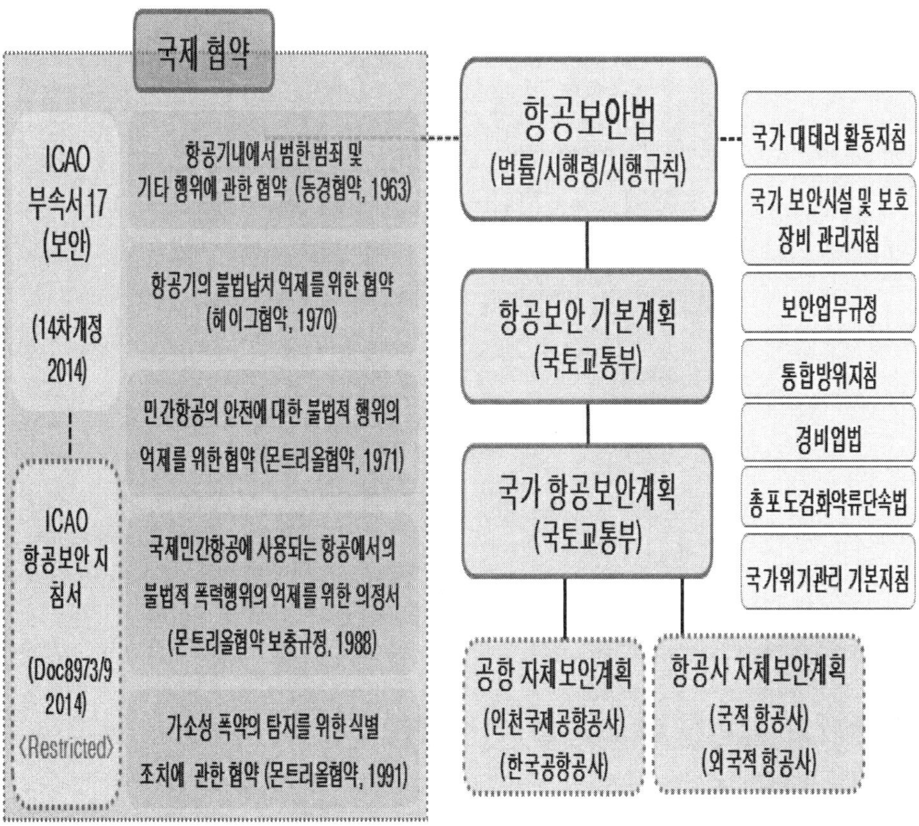

국제협약과 항공보안법 체계

4. 항공기내에서 범한 범죄 및 기타 행위에 관한 협약

(Convention on Offences and Certain Other Acts Committed on Board Aircraft)

(1) 1959년과 1962년까지 초안 작성(ICAO 법률위원회)

(2) 1963. 9.14 : ICAO 정부대표자 회의에서 협약안 채택

(3) 1969.12. 4 : 협약 발효(전문 7장 26조 및 부칙)

(4) 1971. 5.20 : 우리나라 가입(조약 385호)

(5) 주요내용

가. 협약의 적용 범위는 ① 형사법에 위반하는 범죄, ② 범죄의 구성여부를 불문하고 항공기와 기내의 인명 및 재산의 안전을 위태롭게 할 수 있거나 하는 행위 또는 기내의 질서 및 규율을 위협하는 행위이다.

나. 체약국에 등록된 항공기가 비행중이거나 공해 수면상에 있거나 또는 어느 국가의 영토에도 속하지 않는 지역의 표면에 있을 때에 동 항공기에 탑승한 자가 범한 범죄 또는 행위에 관하여 적용된다.(제3장 규정은 제외)

다. 본 협약의 적용상 항공기는 이륙의 목적을 위하여 시동이 된 순간부터 착륙 활주가 끝난 순간까지를 비행중인 것으로 간주한다.

라. 본 협약은 군용, 세관용, 경찰용 업무에 사용되는 항공기에는 적용되지 아니한다.

마. 항공기와 기내의 인명 및 재산의 안전이 요청하는 경우를 제외하고는 본 협약의 어떠한 규정도 형사법에 위반하는 정치적 성격의 범죄나 또는 인종 및 종교적 차별에 기인하는 범죄에 관하여 어떠한 조치를 허용하거나 요구하는 것으로 해석되지 아니한다.

5. 항공기의 불법납치 억제를 위한 협약

(Convention for the Suppression of Unlawful Seizure of Aircraft)

(1) 1970.12.16 : ICAO 주최 항공법 외교회의(헤이그)에서 채택(전문 14조 및 부칙)

(2) 1971.12.31 : 협약 발효(비준서 기탁후 30일)

(3) 1973. 2.17 : 우리나라 가입(조약 제460호)

(4) 주요내용

가. 운항중인 항공기 탑승자, 폭력 또는 그 위협에 의하여 또는 그 밖의 어떠한 다른 형태의 협박에 의하여 불법적으로 항공기를 납치 또는 점거하거나 또는 그와 같은 행위를 하고자 시도하는 경우, 또는 이와 같은 행위를 하거나 하고자 시도하는 자의 공범자인 경우에는 범죄를 범한 것으로 한다.

나. 체약국은 범죄를 엄중한 형벌로 처벌할 수 있도록 할 의무를 진다.

6. 민간항공의 안전에 대한 불법적 행위의 억제를 위한 협약

(Convention for the Suppression of Unlawful Acts Against the Safety of Civil Aviation)

(1) 1971. 9.23 : ICAO 항공법에 관한 국제회의(몬트리올) 협약안 채택(전문 16조 및 부칙)

(2) 1971.10.10 : 서명을 위해 개방(기탁일로부터 30일 이후 효력 발생)

(3) 1973. 9. 1 : 우리나라 가입(조약 제484호)

(4) 주요내용

가. 어느 누구도 불법적이고 고의적으로 다음과 같이 할 경우에는 범죄를 범한 것으로 본다.

1) 비행중인 항공기에 탑승한자에 대하여 폭력 행위를 행하고 그 행위가 그 항공기의 안전에 위해를 가할 가능성이 있는 경우

2) 운항중인 항공기를 파괴하는 경우 또는 그러한 비행기를 훼손하여 비행을 불가능하게 하거나 또는 비행의 안전에 위해를 줄 가능성이 있는 경우

3) 어떤 방법으로도 운항중인 항공기상에 그 항공기를 파괴할 가능성이 있거나 또는 그 항공기를 훼손하여 비행을 불가능하게 할 가능성이 있거나 또는 그 항공기를 훼손하여 비행의 안전에 위해를 줄 가능성

이 있는 장치나 물질을 설치하거나 또는 설치되도록 하는 경우

4) 항공시설을 파괴 혹은 손상하거나 또는 그 운용을 방해하고 그러한 행위가 비행중인 항공기의 안전에 위해를 줄 가능성이 있는 경우

5) 허위정보를 제공하여 비행중인 항공기의 안전에 위해를 주는 경우

나. 어떠한 자도 범죄를 범하려고 시도한 경우, 범죄를 범하거나 또는 범하려고 시도하는 자의 공범자인 경우에도 범죄를 범한 것으로 한다.

7. 국제 민간항공에 사용되는 항공에서의 불법적 폭력행위의 억제를 위한 의정서

(Protocol for the Suppression of Unlawful Acts of Violence at Airports Serving International Civil Aviation)

(1) 1988. 2.24 : 항공법에 관한 국제회의(몬트리올)에서 채택(전문 9조 및 부칙)

(2) 1989. 2.24 : 협약안 작성 시행(협약 효력)

(3) 1999. 7.27 : 우리나라 가입(조약 1012호)

(4) 주요내용

가. 이 의정서는 1971년 9월 23일 몬트리올에서 채택된 민간항공의 안전에 대한 불법적 행위억제를 위한 협약을 보충하고, 당사국간에는 협약과 함께 단일문서로 취급되고 해석된다.

나. 협약 제1조에서 아래 규정이 제1-1항으로 추가된다. "제1-1항, 어떤 사람도 어떤 장치, 물질 또는 무기를 사용하여 불법적이고 의도적으로 아래의 행위를 하는 경우에는 범죄를 행한 것으로 간주된다.

1) 국제민간항공을 운영하는 공항에서 중대한 상해나 사망을 야기하거나 야기할 가능성이 있는 폭력행위를 행한 경우

2) 국제민간항공을 운영하는 공항시설 또는 공항에 주기하고 있는 항공기를 파괴하거나 중대한 손상을 입히는 경우 또는 공항 운영을 방해하는 경우이며, 다만 그러한 행위가 공항 안전을 위협하거나 위협할 가능성이 있는 경우에 한한다.

8. 가소성폭약의 탐지를 위한 식별조치에 관한 협약

(Convention on the Marking of Plastic Explosives for the Purpose of Detection)

(1) 1991. 3. 1 : ICAO 항공법에 관한 국제회의(몬트리올)에서 채택

(2) 1998. 6.21 : 발효(전문 15조 기술부속서(2부))

(3) 2002. 3. 3 : 우리나라 가입(조약 제1584호)

(4) 대한민국은 이 협약 제11조 제1항의 귀속을 받지 않는다. 폭약생산국임을 선언한다. 가소성 폭약에 의한 불법적 행위를 억제하기 위하여 가소성폭약에 적정하게 식별조치하는 것을 보장하기 위한 적절한 조치를 채택하도록 각국에 의무부과

(5) 주요내용

가. 체약국은 비식별조치 폭약이 자국 내에서 제조되는 것을 금지·방지하기 위하여 필요한 효과적인 조치를 하여야 한다.

나. 체약국은 비식별조치 폭약이 자국내 또는 국외로 이동되는 것을 금지·방지하기 위하여 필요한 효과적인 조치를 하여야 한다.

다. 군사적·치안적 임무를 수행하는 정부가 통제하에 있는 비식별조치 폭약을 이동하는 경우에는 협약의 목적에 위배되지 아니하는 한 이를 적용하지 아니한다.

라. 체약국은 이 협약에 위배되는 목적으로 폭약이 전환·이용되는 것을 방지하기 위하여 이 협약이 자국에서 발효하기 이전에 자국 영토안에서 제조되거나 자국 내로 반입된 비식별조치 폭약 소유 및 그 이전에 대하여 엄격하고 효과적인 통제를 시행하기 위하여 필요한 조치를 하여야 한다.

마. 체약국은 군사적·치안을 목적이 아닌 폭약에 대해여는 이 협약이 자국에 대하여 발효한 후 3년 이내에 당해 폭약의 모든 재고가 폐기되거나 이 협약에 위배되지 아니하는 목적으로 소비되거나 식별조치되거나 영구히 무력화되도록 보장하기 위하여 필요한 조치를 하여야 한다.

바. 체약국은 군사적·치안을 목적으로 하는 폭약은 보유하되, 정당하게 허가받은 군수품이 아닌 폭약에 대해서는 이 협약이 자국에 대하여 발효

한 후 15년 이내에 당해 폭약을 폐기되거나 이 협약에 위배되지 아니하는 목적으로 소비되거나 식별조치되거나 영구히 무력화되도록 보장하기 위하여 필요한 조치를 하여야 한다.

사. 체약국은 자국의 군사적·치안을 목적으로 하는 군수품이 아닌 비식별조치 폭약을 제외한 폭약으로서, 자국 내에서 발견되는 비식별조치 폭약에 대해는 가능한 신속히 자국 내서 폐기되도록 필요한 조치를 하여야 한다.

아. 체약국이 협약에 위배되는 목적으로 비식별조치 폭약이 전환·이용되는 것을 방지하기 위하여 폭약의 소유나 그 이전을 엄격하고 효과적으로 통제하기 위하여 필요한 조치를 하여야 한다.

자. 체약국은 협약이 자국에서 발효한 이후에 제조된 폭약으로서 비식별조치 폭약에 대해서는 가능한 신속히 자국의 내에서 폐기되도록 필요한 조치를 하여야 한다.

9. 외교관계에 관한 비엔나 협약

(Vienna Convention on Diplomatic Relations)

(1) 협약 체결 : 1961. 4.18.

(2) 협약 발효 : 1964. 4.24

(3) 주요내용

가. 체약국은 공용을 위한 공관의 자유로운 통신을 허용하며 보호하여야 한다. 공관은 자국 정부 및 소재여하를 불문한 기타의 자국 공관이나 영사관과 통신을 함에 있어서, 외교신서사 및 암호 또는 부호로 된 통신문을 포함한 모든 적절한 방법을 사용할 수 있다. 다만, 공관은 접수국 동의를 얻어야만 무선송신기를 설치하고 사용할 수 있다.

나. 공관의 공용 통신문은 불가침이다. 공용 통신문이라 함은 공관 및 그 직무에 관련된 모든 통신문을 의미한다.

다. 외교행낭은 개봉되거나 유치되지 아니한다.

라. 외교행낭을 구성하는 포장물은 그 특성을 외부에서 식별할 수 있는 표지를 달아야 하며 공용을 목적으로 한 외교문서나 물품만을 넣을 수 있다.

마. 외교신서사는 그의 신분 및 외교행낭을 구성하는 포장물의 수를 표시하는 공문서를 소지하여야 하며, 그의 직무를 수행함에 있어서 접수국의 보호를 받는다. 외교신서사는 신체의 불가침을 향유하며 어떠한 형태의 체포나 구금도 당하지 아니한다.

바. 파견국 또는 공관은 임시 외교신서사를 지정할 수 있다. 다만, 동신서사가 자신의 책임하에 있는 외교행낭을 수취인에게 인도하였을 때에는 규정된 면제가 적용되지 아니한다.

사. 외교행낭은 공인된 입국하는 공항에 착륙하게 되어 있는 상업용 항공기의 기장에게 위탁할 수 있다. 동 기장은 행낭을 구성하는 포장물의 수를 표시하는 공문서를 소지하여야 하나 외교신서사로 간주되지는 아니한다. 공관은 항공기 기장으로부터 직접으로 또는 자유롭게 외교행낭을 수령하기 위하여 공관직원을 파견할 수 있다.

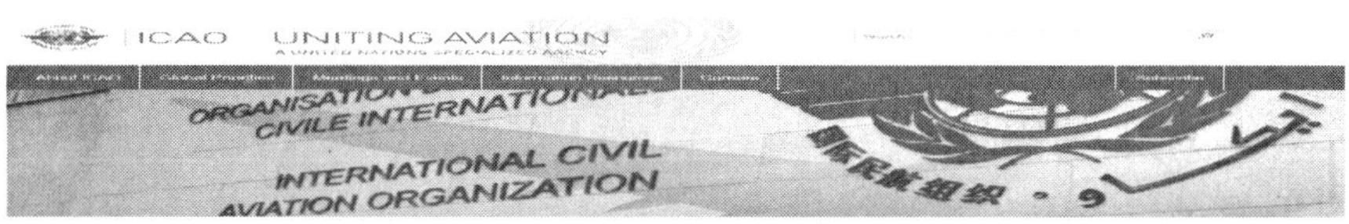

제5절 ICAO 부속서 17(Security)

1. 부속서 17

ICAO 부속서 17(Security)은 국제민간항공에서의 폭력 범죄가 지속적으로 증가되자 항공기납치와 같은 불법방해 행위에 관한 문제를 규징하기 위하여 1970년 6월 ICAO총회 특별회의에서 결의안을 채택하였다.

1974년 시카고에서 보안관련 표준 및 실행권고(SARPs : Standards and Recommended Practices)를 채택하여 부속서17로 지정하였으며 항공보안업무를 세부적으로 정한 항공보안지침서(Doc. 8973)가 있다.

ICAO 부속서 17에 포함되어 있는 국제적인 표준지침 및 실행권고사항에 대하여 준수방법을 기술하여 각 국가의 특성에 맞게 국제공항보안프로그램, 항공사보안프로그램 및 교육훈련프로그램을 작성 운영하도록 하고 있다.

2. ICAO 부속서 17(Security) 주요내용

ICAO 부속서 17(Security)

(1) 제1장(용어정의) : 불법방해행위, 에어사이드, 보안검색, 항공기내보안요원, 항공기 보안점검, 보안통제구역 등
(2) 제2장(일반원칙) : 목적, 적용, 보안 및 출입국간소화, 국제협력, 장비연구개발
(3) 제3장(조직) : 국가조직, 공항운영, 항공사, 수준관리 등
(4) 제4장(사전보안대책) : 목표, 출입통제대책, 항공기관련 대책, 승객 및 휴대물품관련 대책, 위탁수하물관련 대책, 화물, 우편물, 특별승객관련대책, 랜드사이드 대책 등
(5) 제5장(불법방해행위 대응에 대한 관리) : 예방, 대응, 정보교환 및 보고
(6) 부록 : 부속서 17 첨부

가. 부속서2(항공 규칙)로부터 발췌
나. 부속서6(항공기 운항)로부터 발췌
다. 부속서8(항공기 감항성)로부터 발췌
라. 부속서9(간소화)로부터 발췌
마. 부속서10(항공통신 -10권- 항공통신 IV권 (감시레이더 및 충돌방지 시스템)로부터 발췌

○ 2.1 2차 감시레이더(SSR) 2.1.4 Mode A 응답코스
2.1.4.2.1 코드 7700은 비상상황 하에 있는 항공기를 나타내기 위하여 사용한다.
2.1.4.2.3 코드 7500은 불법방해행위 하에 있는 항공기를 나타내기 위하여 사용된다.
2.1.4.3 Mode A 코드 7500(공중납치), 7600(통신두절) 및 7700(비상상태) 상황을 즉각적으로 인지할 수 있도록 지상코드 해독장비가 제공되어야 한다.

바. 부속서11(항공 교통 관제소)로부터 발췌
사. 부속서13(항공기 사고 조사)로부터 발췌

아. 부속서14(비행장 - 1권 비행장 설계 및 운영)로부터 발췌
자. 부속서18(위험물 항공안전운송)로부터 발췌
차. 문서9284(위험물 항공안전운송 관련 기술지침)로부터 발췌
카. 문서4444(항공 및 항공교통관제 업무규칙)로부터 발췌
타. 문서8168(항공기 운항 -1권- 비행절차)로부터 발췌

3. 부속서 17 주요 개정내용

개정	주요 개정 내용	적용시기
1	• 불법간섭행위 하에 있는 항공기와 관련한 정보의 편집 및 배포	1976.12.30
2	• 부속서9의 제9장에 있는 구체규정의 이전부속서 17의 출입국 간소화규정(제7차)의 환승 및 통과여객과 수하물을 통제하기 위하여 취해진 조치와 관련하여 제5장 새로운 조항 신설 - 공항의 특별한 지역 미 허가자의 접근을 방지하기 위한 조치와 절차	1978. 8.10
3	• 상세한 규정 추가 - 국가에 의한 위협의 수준 - 훈련프로그램 개발 - 보안검색을 거친 승객의 격리 - 은폐된 무기 또는 다른 위험물을 찾기 위한 항공기에 대한 수색 - 불법적으로 방향을 회항한 항공기의 승객과 승무원 안전을 위한 조치의 채택 • 구체조항 보완 - 중간 기착 시 항공기 격리 및 특별한 보호 등 표준화	1979.11.29

4 (제2차 개정판)	• 억류중인 사람의 운송에 관한 구체조항추가 • 임대 · 전세 · 교체된 항공기에 대한 조항 개정 • 항공기 승객 및 승무원 안전관련조항 변경 • 제1장의 적용가능성 삭제	1981.11.26
5	• 제1장의 정의에 대한 주(註)가 생략 • 법이나 다른 권한이 있는 자에 의해 탑재중인 무기운송에 필요한 절차를 정한 구체조항 수정 • 무기의 운반에 관한 구체조항 추가 • 승무원 없는 항공기 보호를 위한 규정 명확	1985.11.21
6 (제3차 개정판)	• 11개의 새로운 구체조항이 부속서에 신설 • 19개의 조항은 표준으로 채택	1989. 5.19
7 (제4차 개정판)	• 조직, 예방보안조치, 대응관리의 목표, 의무, 필요조치 합리화를 위한 부속서 구성의 변경	1990.11.16
8 (제5차 개정판)	• 검색된 위탁수하물의 안전 확인, 속달화물, 우편물 등의 안전통제, 보안계획에 관련된 제반 절차, 국제선 항공기의 사전 보안점검 등의 통일된 시행을 위한 공항설계에 관련한 조치	1993. 4. 1
9 (제6차 개정판)	• 보안통제 및 수하물 확인 등의 업무에 종사하는 보안요원의 임용전 신원조회 및 능력유지 • 기내식 물품, 항공사 비품 및 보급품 등에 대한 권한 및 적용되어야 할 대책 수립 • 보안프로그램의 효율성 및 불법 억류된 항공기의 알려진 또는 예상 목적지에 대하여 해당국가에 통지하는 등의 사항을 포함	1997. 8. 1
10	• 규정의 적용범위를 국내 항공운송으로 확대적용 • 공인된 보안요원에 한하여 보안검색업무를 수행 • 조종실 보호를 위한 보안대책 수립 - 운항 중 조종실 출입문 시건 장치 의무화 • 위탁수하물 100% 검색 시행(2006.1.1부터) • 기내식 및 기내 저장품에 대한 보안통제를 강화 • 항공협정 체결시 양국이 만족하는 항공보안시스템이 추진될 수 있도록 제도강화를 권고	2002. 7. 1

4. ICAO Doc8973 "불법방해 행위로부터 민간항공 보호를 위한 보안지침서"

(Security Manual for Safeguarding Civil Aviation Against of Unlawful Interference)

ICAO Security Menual

제1장. 용어정의

제2장. 일반적 원칙

- 주목적, 국가보안프로그램, 기밀정보, 보안 및 간소화, 적용범위

제3장. 법률관련 사항

- 국제법률, 불법방해행위, 책임, 범인송환 혹은 기소, 국제협력, 항공기기장의 권한, 플라스틱 폭발물 발견에 대한 표시 협약, 기내난동승객 혹은 불량승객, 사법 또는 행정절차하에 있는 승객

제4장. 국제협력

- 국가프로그램 관련 정보 교환, 보안평가 정보공유, 위협정보 공유, 불법방해행위에 대한 대응, 보고, 검토 분석

제5장. 조직과 감독

- 관계당국 항공보안감독, 항공보안 부서, 국가민간항공, 정보와 시설

제6장. 국가민간항공보안프로그램

- 개요, 예방조치, 위기관리와 불법방해행위에 대한 대응, 교육과 수준관리 프로그램, NCASP 견본

제7장. 수준관리

- 일반 원칙, 자격취득 및 비밀유지, 시정조치, 국가민간항공보안 수준관리 프로그램, 감독 활동, 시정조치와 강제조치

제8장. 모집, 선발 그리고 교육

- 국가민간항공보안교육프로그램(NCASTP), 항공보안운영에서의 인적요소, 보안요원 채용 및 교육,

제9장. 보안 관리시스템

- 체계, 위험관리, 보안문화 촉진, 인적요인, SeMS 실행의 핵심영향, 타 시스템과의 통합

제10장. 공항조직 및 프로그램

- 공항보안당국, 공항보안관리자 임무와 책임, 공항보안위원회, 기타 공항당국 및 기관, 공항보안프로그램, 위험관리

제11장. 공항보안

- 일반 원칙, 공항보호 및 접근통제, 공항 외곽지역 보호, 에어사이드와 보안제한구역, 신원조사, 승객과 휴대물품, 폭발물흔적탐지를 위한 검색, 검색완료 승객과 미완료 승객의 분류, 환승 및 통과승객, 위험물품, 위탁수하물 검색, 원스톱(ONE-STOP) 보안

제12장. 특별 범주 승객 및 무기류 운반

- 외교관 및 VIP 승객, 사법소송이나 행정소송 하에 있는 승객, 항공기내보안요원

제13장. 화물과 우편

- 위협평가, 여객기로 운송되는 항공화물, 화물검색, 우편

제14장. 기내식업체, 청소업체 및 공항 상주업체

- 기내 공급물품, 면세점과 기타 소매업, 공항상주업체

제15장. 항공기 보안

- 항공사 보안 프로그램, 항공기 보안, 항공기 보안검사 및 검색, 일반항공과 항공기 사용 사업

제16장. 기내 난동 및 불량 승객

- 위협수준, 기내 난동/불량 승객에 대한 정책, 승무원 교육, 사고보고, 체크인 절차, 탑승라운지나 게이트 절차 , 사고 후 절차, 이륙 전 절차, 승무원 대응

제17장. 위기관리 및 불법방해행위에 대한 대응

- 정보수집과 전달, 항공교통관제, 국가 및 공항우발계획, 위협평가 및 위험관리, 우발계획 훈련, 위기관리조직, 비상상황 운영센터, 통신, 언론과 미디어, 위협대응

제18장. 중요한 항공정보와 통신기술시스템의 사이버위협

- 항공정보와 통신기술시스템의 보호, 기반시설에 대한 보안조치, 하드웨어 및 소프트웨어의 공급망 보안, 사이버위협

제 3 장

항공보안 책임 및 역할

제3장 항공보안 책임 및 역할

제1절 항공보안 관련기관 및 업체 책임

1. 항공보안법에서 정한 국가의 책무

항공보안법 제4조(국가의 책무)에 따라 국토교통부장관은 민간항공의 보안에 관한 계획 수립, 관계 행정기관 간 업무 협조체제 유지, 공항운영자 · 항공운송사업자 · 항공기취급업체 · 항공기정비업체 · 공항상주업체 및 항공여객 · 화물터미널 운영자 등의 자체 보안계획에 대한 승인 및 실행점검, 항공보안 교육훈련계획의 개발 등의 업무를 수행하여야 한다.

국제민간항공기구(ICAO)의 권고사항에 따라 민간항공의 안전 및 보안에 대한 계획수립 및 시행의 책임기관을 명확히 하기 위해 민간항공보안 업무에 대한 책임기관을 '국토교통부장관'으로 지정하고 하고 있다.

이는 항공보안을 담당하고 있는 관련기관(국토교통부, 국가정보원, 경찰청, 관세청, 법무부, 국방부, 공항운영자 및 항공운송사업자 등)간 업무 분장의 불명확성을 해결하고, 민간항공보안에 대한 책임소재를 명확히 한 것이다.

2. ICAO 부속서에서 정한 국가의 책무

ICAO 부속서17 제3장 3.1 국가조직에서 정한 각 체약국의 책무는 다음과 같다.

(1) 항공기 안전성, 정시성 및 효율성을 고려한 규정, 관례, 절차를 통하여 불법행위로부터 민간항공을 보호하기 위한 문서로 된 국가항공보안프로그램을 수립, 시행하여야 한다.

(2) 자국 국가민간항공 보안계획의 수립, 시행, 유지할 책임이 있는 적정기관

을 지정하여 ICAO에 통보하여야 한다.

(3) 해당기관의 위협분석에 근거하여 자국 내의 민간항공에 대한 위협수준을 항시 점검해야하며, 국가민간항공보안프로그램[1]을 적용할 정책과 절차를 마련하고 적용하여야 한다.

(4) 해당기관이 국가민간항공보안프로그램의 여러 가지 요소의 이행을 책임지거나 관련된 부서, 기관 및 국가내 다른 조직, 공항 및 항공기 운영자, 항공교통서비스 제공자 및 기타 조직 간 업무를 정의, 배분 및 조정하도록 규정[2]해야 한다.

(5) 국가민간항공보안프로그램의 여러 가지 요소의 이행을 책임지거나 관련된 부서, 기관 및 국가내 다른 조직, 공항 및 항공기 운영자 , 항공교통서비스 제공자 및 기타 조직 간 보안활동을 조정하기 위한 국가항공보안위원회[3] 또는 이와 유사한 조직을 수립해야 한다.

(6) 관계기관으로 하여금 국가항공교육프로그램을 작성하여 적용토록 하여야 한다. 이 프로그램은 효율성을 보장하도록 수립되어야 하며, 국가 민간항공교육훈련프로그램[4]을 적용받는 모든 주체를 대상으로 포함시켜야 한다.

(7) 2013년 7월 1일부터 국가민간항공보안프로그램에 따라 강사인증시스템 및 교육훈련프로그램의 개발과 이행을 보장해야 한다.

(8) 민간항공서비스를 제공하는 공항에 해당책임 기관으로 하여금 공항 보안업무 수행 조직이 필요로 하는 자원 및 시설을 설치, 확보하도록 하여야 한다.

(9) 자국 영토내의 공항 및 항공기 운영자, 항공교통서비스 제공자가 국가항공보안프로그램의 요건을 준수하도록 문서로 된 국가항공보안프로그램, 관련 정보 또는 지침의 해당 부분을 그들이 이용할 수 있도록 해야 한다.

---

1) 국가민간항공프로그램을 국토교통부에서는 항공보안법 제10조 따라서 "국가항공보안계획"을 세부적으로 수립하여 시행하고 있음
2) 국가항공보안계획 제4장에서 항공보안관련기관 및 업체의 책무를 명시하고 있음
3) 항공보안법 제7조에 따라 "항공보안협의회"을 구성하여 운영하고 있음
4) 항공보안법 제28조에 따라 "(국토교통부 예규) 국가민간항공보안 교육훈련지침"을 수립하여 시행하고 있음

3. 협조의무

항공보안법 제5조(공항운영자 등의 협조의무)에서 공항운영자, 항공운송사업자, 항공기취급업체, 항공기정비업체, 공항상주업체, 항공여객·화물터미널운영자, 공항이용자, 그 밖에 국토교통부령으로 정하는 자는 항공보안을 위한 국가의 시책에 협조하도록 하고 있다.

항공보안법 제10조 및 시행규칙 제3조의2에서 국토교통부에서는 민간항공에 대한 불법방해행위로 부터 승객·승무원·항공기 및 공항시설 등을 보호하기 위한 대책을 수립함으로써 대한민국 안에서 민간항공의 안전성·정시성 및 효율성을 확보하는 등 항공보안을 유지하기 위하여 국가항공보안계획을 수립하여 시행하고 있다.

공항운영자, 항공운송사업자, 항공기취급업체, 항공기정비업체, 공항상주업체(보호구역내 업체에 한함), 항공여객터미널운영자, 항공화물터미널운영자, 도심공항터미널경영자 등은 국가항공보안계획에 따라 자체보안계획을 수립하여 국토교통부장관의 승인을 받도록 하고 있으며, 만약 승인된 자제보안계획을 불이행할 경우에는 1천만원이하의 과태료 처분을 받도록 규정하고 있다.

4. 기관 및 업체 항공보안 책임

(1) 국토교통부

가. 국가항공보안계획의 제정 및 개정
나. 국가항공보안계획의 내용 개발·조정 및 시행
다. 국가항공보안계획에 따른 공항운영자등의 자체 보안계획 검토 및 승인
라. 불법방해행위 발생시 국가항공보안계획 재검토 및 재발방지대책 강구
마. 항공보안을 위한 국제공항 시설에 대한 국제기준의 적용 확인

(2) 공항운영자 책임

가. 국가항공보안계획의 요구사항과 공항의 독립적인 보안조치를 구체적으

로 명시한 자체 보안계획의 수립 및 시행

나. 자체 보안계획 시행을 총괄하는 공항보안책임자 임명

다. 공항보안에 필요한 사항을 공항시설의 개조와 새로운 시설의 설계 및 공사에 반영

공항 통합운영센터

(3) 항공운송사업자 책임

가. 자체 보안계획 실행을 총괄하는 항공사보안책임자 임명

나. 불법방해행위로 부터 승객 · 휴대물품 · 위탁수하물 · 기내식 및 항공화물 등에 대한 보호대책 수립 및 시행

다. 항공기의 비행전 보안점검

라. 재판 및 행정절차의 대상인 승객에 대한 처리

마. 조종석 및 항공기 화물칸으로 운송되는 무기에 대한 보안대책

바. 주기되어 있는 항공기 보안 및 통제절차

사. 타 국가로 운항할 경우 해당 국가의 항공보안요건 준수

아. 공중납치 · 폭탄테러 위협 및 위험지대 비행 등에 대한 보안조치 및 절차 등 우발사고 계획

(4) 기타 정부기관 및 업체 책임

가. 국가정보원은 불법방해행위 등 항공보안에 관한 국내외 정보를 수집·작성하여 배포하고 항공분야 대테러 업무를 기획·조정하며, 공항과 항공기 등에 대해 테러사건이 발생하거나 발생할 우려가 현저한 때에는 관계기관 합동으로 조사반을 편성·운영한다.

나. 외교부는 민간항공에 대한 대테러 협력을 위한 국제조약 체결 및 국제기구 가입에 관한 업무를 지원한다.

다. 법무부는 위·변조 여권에 대한 식별기법과 불법방해행위와 연계된 혐의자의 출·입국 관리에 대한 업무를 지원한다.

라. 국방부는 공항 외곽(해안선 포함)의 경계 및 방호 업무를 담당하고, 공항에서 군 폭발물이 발견되거나 생화학 테러가 발생한 경우 군 폭발물 처리반이나 생화학 부대를 지원 및 협조한다.

마. 농림축산식품부는 수출입 동·식물 검역 장소의 지정 및 관리와 검역정보를 제공한다.

바. 보건복지부는 항공기·승객·승무원 및 화물에 대한 검역 사항과 세균학적 검사 업무를 지원한다.

사. 관세청은 출·입국자 및 화물에 대한 통관심사와 총기류·폭발물 등 위해물품의 반입 저지에 대한 업무를 지원한다.

아. 경찰청은 민간항공을 위협하는 범죄를 예방하며, 항공기의 납치·파괴행위와 폭탄테러, 그 밖의 위협 등 불법방해행위가 발생한 경우 이를 진압하고 사법 처리한다.

자. 해양경찰청은 공항 인접 해상에서의 항공기에 대한 불법방해행위를 예방·진압하고 사법 처리한다.

차. 항공교통관제기관은 비행정보구역의 항공기 관제와 항공로의 비행정보 제공 등에 관한 업무를 지원한다.

카. 항공기취급업체·항공기정비업체·공항상주업체·항공여객(화물)터미널운영자 등은 국가항공보안계획에 따라 자체 보안계획을 수립·시행하여야 하며, 공항운영자의 자체 보안계획을 준수하여 자체 시설에 대한 출입 및 보안 통제에 책임을 가진다.

5. 홍보 및 협력

(1) 언론홍보

국토교통부 항공보안과장은 항공보안 관련 언론홍보 업무를 담당한다. 다만, 항공기 테러와 관련된 홍보는 항공테러 위기대응 실무매뉴얼에 의한다. 공항운영자 및 항공운송사업자는 항공보안 관련 언론홍보 담당을 지정·운영하여야 하며, 공항 또는 항공사의 보안관련 내용을 홍보할 경우 사전에 국토교통부와 협의하여야 한다.

(2) ICAO와 협력

국토교통부장관은 대한민국의 항공보안 관련 책임기관을 국제민간항공기구에 통보하여야 한다. 만약 책임기관이 변경될 경우 신속하게 그 사실을 국제민간항공기구에 통보하여야 하며 국제민간항공협약 체약국의 요청으로 항공보안평가 결과 및 조치사항을 체약국에 제공할 경우 국제민간항공기구에 통보하여야 한다.

(3) 타 국가와 협력

가. 국토교통부장관은 체약국으로부터 국가항공보안계획의 제공을 문서로 요청받은 경우 이를 제공할 수 있으며 국제 항공보안을 향상시키고, 항공보안 관련 국가간의 유대관계를 지속적으로 유지하여야 하며, 국가항공보안계획을 적용함에 있어 체약국과 협조하여야 한다.

나. 국토교통부장관은 체약국으로부터 특정 항공편에 대해 특별한 보안대책을 문서로 요구받은 경우 공항운영자등에게 다음 사항을 협조하도록 지시할 수 있다.

1) 항공기 경비 강화
2) 위험성이 높을 경우 다른 항공기와 격리하여 주기
3) 위협분석에 따라 승객·수하물에 대한 정밀 보안점검 실시

4) 위험성이 높은 승객이 있는 경우에 별도 출입지역으로 통과

다. 국토교통부장관은 체약국이 특별 보안대책을 요구한 사항에 대하여 조치 가능 여부와 조치내용 등을 관련 체약국에 통보하여야 하며 민간항공의 위협정보를 수집·분석하는 과정에서 체약국의 위협정보를 수집하였을 경우 관련 체약국에 그 내용을 제공하여야 한다.

라. 국토교통부장관은 체약국 등으로부터 수집한 위협정보를 공항운영자등에게 통보하여야 하며, 공항운영자등과 협의하여 대책을 수립하여야 한다.

마. 국토교통부장관은 체약국에 보안정보를 제공하기 전에 체약국의 보안관리에 대한 대책을 파악하여 적절한 경우 해당 보안자료를 제공하며 체약국과 보안정보를 교환하는 경우 「보안업무규정」에 따른 조치를 하여야 한다.

바. 국토교통부장관은 체약국으로부터 민간항공 위협정보를 제공받은 경우 정보를 제공한 체약국에서 요구하는 수준으로 보호하여야 하며, 국가항공보안 프로그램, 수준관리 프로그램 및 교육훈련 프로그램을 개발하거나 관련 정보를 공유할 필요가 있는 경우 체약국과 협력하여야 한다.

사. 국토교통부장관은 체약국으로부터 국제민간항공기구의 항공보안평가 결과 및 조치사항 제공을 문서로 요청받은 경우 적절한 수준에서 제공할 수 있으며 체약국과 항공운송 양해각서를 체결할 경우 항공보안에 관한 사항을 포함하여야 한다. 이 경우 국제민간항공기구의 기준을 참고하여야 한다.

아. 공항운영자등은 특별한 보안대책 실행에 따라 추가 발생한 비용을 관련 체약국에 요청할 수 있다.

제2절 항공보안협의회

1. 관련규정

(1) 항공보안법 제7조(항공보안협의회)에서 항공보안에 관련되는 항공보안에 관한 계획의 협의, 관계 행정기관 간 업무 협조, 자체 보안계획의 승인을 위한 협의, 그 밖에 항공보안을 위하여 항공보안협의회의 장이 필요하다고 인정하는 사항(국가정보원법 제3조에 따른 대테러에 관한 사항은 제외)을 협의하기 위하여 국토교통부에 항공보안협의회를 설치해야 한다.

(2) 항공보안법 시행령 제2조에서는 항공보안협의회의 구성, 운영 및 자체 보안계획 승인의 대상 등에 관하여 필요한 사항을 정하고 있는데 항공보안협의회는 위원장 1명을 포함한 20명 이내의 위원으로 구성하며 위원장은 국토교통부 항공정책실장이 되고, 위원은 다음 각 호의 사람으로 한다.

가. 외교부 · 법무부 · 국방부 · 문화체육관광부 · 농림축산식품부 · 보건복지부 · 국토교통부 · 국가정보원 · 관세청 · 경찰청 및 해양경찰청의 고위공무원단 또는 이에 상당하는 직급의 공무원 중 소속 기관의 장이 지명하는 사람 각 1명

나. 항공보안에 관한 학식과 경험이 풍부한 사람 · 공항운영자 또는 항공운송사업자를 대표하는 사람 중 국토교통부장관이 위촉하는 사람 (위촉위원의 임기는 2년)

다. 위원장은 협의회를 대표하고 업무를 총괄하며 협의회의 회의를 소집하며 협의회의 사무를 처리하기 위하여 국토교통부장관이 소속 공무원 중에서 간사를 임명한다.

2. 협의대상 및 운영규정

(1) 항공보안협의회의 협의대상은 항공보안에 관한 계획의 협의, 관계행정기관 간 업무 협조, 자체 보안계획의 승인을 위한 협의(공항운영자 및 항공운송사업자(국내항공운송사업자 및 국제항공운송사업자만 해당) 자체 보

안계획의 수립 및 변경), 그 밖에 항공보안을 위하여 항공보안협의회의 장이 필요하다고 인정하는 사항(단, 국가정보원법 제3조에 따른 대테러에 관한 사항은 제외)은 협의회의 의결을 거쳐 위원장이 정한다.

(2) 항공보안협의회의 회의는 재적위원 1/3이상이 요구하거나 위원장이 필요하다고 인정하는 때에 위원장이 소집하고 위원장이 그 의장이 되며, 회의는 재적위원 과반수의 참석으로 개의하고 참석위원 과반수의 찬성으로 의결하며, 가부동수인 경우에는 부결된 것으로 본다. 이 경우 당연직인 위원은 소속 기관의 공무원을 대리 출석하게 할 수 있으며, 대리 출석한 공무원은 의결권을 가진다.

(3) 협의회 간사는 회의일시 및 장소, 회의안건 및 내용, 참석위원 서명, 그 밖의 토의사항을 기록한 회의록을 작성하여 위원장에게 보고한 후 보존하여야 한다.

(4) 위원장은 필요하다고 인정되면 당연직인 위원이 소속된 기관의 관계공무원 또는 항공보안 분야에 관한 학식과 경험이 풍부한 전문가 등을 협의회에 참석하게 하여 의견을 청취하거나 관계 기관 및 단체 등에 항공보안 관련 자료를 요청하는 등 필요한 협조를 요청할 수 있다.

(5) 협의회 위원은 협의회의 회의 등에서 알게 된 정보, 그 밖의 직무수행 과정에서 알게 된 사항 등을 다른 사람에게 누설하거나 자신의 이익을 위하여 이용하여서는 아니 되며 공무원이 아닌 위원이 위원으로 위촉된 때에는 별지 서약서를 제출하여야 한다.

3. 지방항공보안협의회

(1) 항공보안법 제8조에서 지방항공청장은 관할 공항별로 항공보안에 관한 사항을 협의하기 위하여 지방항공보안협의회를 두며 시행령 제3조에서 지방항공보안협의회는 위원장 1명을 포함한 20명 이내의 위원으로 구성하며 지방항공보안협의회의 위원은 다음 각 호의 사람으로 한다.

가. 해당 공항에 상주하는 정부기관의 소속 직원 각 1명

나. 해당 공항운영자가 추천하는 소속 직원 1명

다. 해당 공항에 상주하는 항공운송사업자가 추천하는 소속 직원 각 1명

라. 위에서 규정한 사람 외에 항공보안을 위하여 위원장이 위촉하는 사람 (위촉위원의 임기는 2년으로 한다)

(2) 위원장은 해당 공항을 관할하는 지방항공청장 또는 지방항공청장이 소속 공무원 중에서 지명하는 사람이 되며 위원장은 지방항공보안협의회를 대표하며 그 업무를 총괄한다.

(3) 위원장은 협의회의 회의를 소집하고, 그 의장이 된다. 협의회의 사무를 처리하기 위하여 간사를 두며, 지방항공청장이 소속 공무원 중에서 임명한다. 협의회의 운영에 필요한 세부사항은 지방보안협의회의 의결을 거쳐 위원장이 정한다.

(4) 지방항공보안협의회의 협의대상은 자체 보안계획의 수립 및 변경에 관한 사항, 공항시설의 보안에 관한 사항, 항공기의 보안에 관한 사항, 자체 우발계획의 수립 · 시행에 관한 사항, 기타 공항 및 항공기의 보안에 관한 사항이며 위원장은 협의사항에 대해 국토교통부장관에게 보고하여야 한다.

제3절 항공보안 기본계획

1. 관련규정

(1) 항공보안법 제9조에서 국토교통부장관은 항공보안에 관한 기본계획을 5년마다 수립하고, 그 내용을 공항운영자, 항공운송사업자, 항공기취급업체, 항공기정비업체, 공항상주업체, 항공여객 · 화물터미널운영자, 그 밖에 국토교통부령으로 정하는 자(이하 "공항운영자등"이라 한다)에게 통보하여야 한다.

(2) 기본계획에는 항공보안에 관한 종합적 · 장기적인 추진방향 등 대통령령으로 정하는 사항이 포함되어야 하며 기본계획에 따라 항공보안 업무를 수행하기 위하여 매년 항공보안에 관한 시행계획을 수립 · 시행하여야 한다.

(3) 국토교통부장관은 기본계획을 수립하거나 변경하고자 하는 때에는 관계 행정기관과 미리 협의하여야 하며 기본계획 및 시행계획의 수립을 위하여 필요하다고 인정하는 경우에는 관계 기관, 단체 또는 전문가로부터 의견을 듣거나 필요한 자료의 제출을 요청할 수 있다.

(4) 시행령 제5조에서 항공보안에 관한 기본계획에는 다음 각 호의 내용이 포함되어야 하며 국토교통부장관은 기본계획을 수립하거나 변경하는 경우에는 보안협의회의 협의를 거쳐야 한다.

가. 국내외 항공보안 환경의 변화 및 전망

나. 국내 항공보안 현황 및 경쟁력 강화에 관한 사항

다. 국가 항공보안정책의 목표, 추진방향 및 단계별 추진계획

라. 항공보안 전문인력 양성 및 항공보안 기술개발에 관한 사항

마. 그 밖에 항공보안 발전을 위하여 필요한 사항

(5) 국토교통부장관은 기본계획을 수립하거나 변경한 경우에는 그 내용을 공항운영자 등에게 통보하여야 하며 시행령 제5조의2에 따라 기본계획에 포함된 단계별 추진계획에 따라 매년 항공보안에 관한 시행계획을 수립하여야 한다.

(6) 국토교통부장관은 시행계획을 수립하거나 변경하는 경우에는 보안협의회의 협의를 거쳐야 하며 그 내용을 공항운영자 등에게 통보하여야 한다.

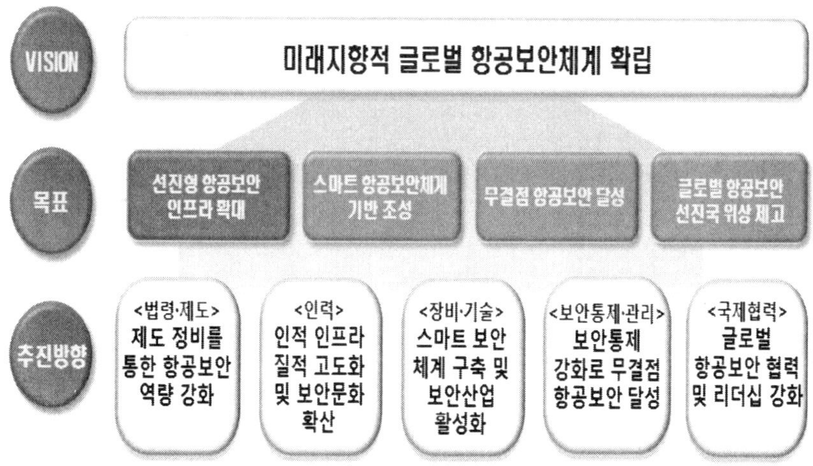

대한민국 항공보안 비전, 목표 및 추진방향 체계

2. 주요내용

(1) 항공보안 기본계획 (2017~2022)에서 정한 항공보안 비전은 “글로벌 항공보안을 선도하고 미래를 준비하는 국가 항공보안체계 확립을 위해 ‘미래지향적 글로벌 항공보안체계 확립’을 하는 것이다.

(2) 항공보안 4대 목표는 ① 선진형 항공보안 인프라 확대 ② 스마트 항공보안체계 기반 조성 ③ 무결점 항공보안 달성 ④ 글로벌 항공보안 선진국 위상 제고이며 주요추진방향은 법령 · 제도분야, 인력분야, 장비 · 기술분야, 무결점 항공보안 달성분야, 국제협력분야로 구분되어 추진되고 있다.

(3) 항공보안 중점 추진과제는 국내외 여건변화와 전망, 현황 및 문제점을 바탕으로 5가지 부문으로 나누고, 부문별 추진방향(16개) 및 추진과제(45개)를 도출하여 추진하고 있다.

3. 추진과제

추진방향	추진과제
1. (법령·제도) 제도 정비를 통한 항공보안 역량 강화	
1-1. 항공보안 조직 역량 제고	① ‘항공보안 자문단’ 도입 추진 ② 항공테러대응 전담조직 및 감독인력 확충 ③ 보안인력 운영조직 개편 방안 검토 ④ 항공분야 특별사법경찰권 도입 검토
1-2. 법 · 규정 정비 및 협의체 운영	⑤ 보안환경변화에 부합하는 법·규정의 내실화 ⑥ 법 · 규정의 지속적 정비를 위한 협의체 운영
1-3. 우편물 및 상용화주 화물 보안체계 제도 개선	⑦ 우편물 보안통제지침 마련 및 보안검색 주체 명확화 ⑧ 상용화주 항공화물 보안체계 정비
1-4. 기내식 보안관리 강화 제도개선	⑨ 표준화된 기내식 보안관리 지침 마련 ⑩ 기내식 제조업체 보안관리 강화 대책 마련

<table>
<tr><th colspan="2">2. (인력) 인적 인프라 질적 고도화 및 보안문화 확산</th></tr>
<tr><td>2-1. 보안인력 전문성 제고</td><td>⑪ 보안검색요원 평가 방식 재정립
⑫ 항공보안검색요원 자격제도 도입
⑬ 행동탐지요원(BDO) 제도화
⑭ 보안검색요원 인적관리 개선 방안 마련
⑮ 항공보안감독관 “전임제” 및 분야별 “전담제” 활성화</td></tr>
<tr><td>2-2. 교육훈련체계 개선 및 질적 향상</td><td>⑯ 항공보안 표준교재 개발 및 교육과정 개편
⑰ 항공보안교관 교육과정별 자격조건 세분화
⑱ 항공보안 민간 교육기관 활성화</td></tr>
<tr><td>2-3. 대국민 보안의식 제고 및 보안문화 확산</td><td>⑲ 보안의식 개선 캠페인 실시
⑳ 공항 보안시설 현장체험(견학) 프로그램 운영</td></tr>
<tr><th colspan="2">3. (장비 · 기술) 스마트 보안체계 구축 및 보안산업 활성화</th></tr>
<tr><td>3-1. 위험기반 보안체계 확립</td><td>㉑ 항공보안 위험 매트릭스(Risk matrix) 구축
㉒ 원스톱 보안(One-stop security) 확대 시행</td></tr>
<tr><td>3-2. 보안장비 첨단화 및 선진기술확보</td><td>㉓ 위탁수하물 셀프태깅(Self-tagging) 도입
㉔ 생체인식 기반 보안통제 인프라 확충
㉕ 미래형 보안검색장비 공항배치 로드맵 수립
㉖ 첨단기술을 활용한 항공보안검색장비 R&D추진
㉗ 폭발물탐지견 등 신 검색수단 도입 검토</td></tr>
<tr><td>3-3. 성능인증제 도입을 통한 보안장비 산업 육성</td><td>㉘ 국가 보안장비 성능인증제도 도입
㉙ 국가 간 보안장비 상호인증제도 추진
㉚ 국산장비 활용 및 해외수출 채널 확대</td></tr>
<tr><th colspan="2">4. (보안통제 · 관리) 보안통제강화로 무결점 항공보안 달성</th></tr>
<tr><td>4-1. 항공테러 대응역량 강화</td><td>㉛ 테러대비태세 확립
㉜ 공항 핵심업무 공사 직영 추진
㉝ 대테러 장비·인력 확충</td></tr>
<tr><td>4-2. 보호구역 효율적 보안통제 강화</td><td>㉞ 보호구역 및 일반지역 보안통제체계 재정비
㉟ 내부 상주직원 보안관리 강화방안 도입 검토</td></tr>
<tr><td>4-3. 항공기내 보안통제 강화</td><td>㊱ 국내선 액체류 보안통제 강화
㊲ 기내 불법방해행위에 대한 행정질서벌 도입검토</td></tr>
<tr><td>4-4. 항공보안 정보공유 및 관계기관 간 협업 활성화</td><td>㊳ 정보공유를 통한 협업 활성화
㊴ 항공보안자율신고제도 활성화 추진
㊵ 항공보안정보화시스템 정보수집 및 공유기능 강화</td></tr>
</table>

5. (국제협력) 글로벌 항공보안 협력 및 리더십 강화	
5-1. 항공보안 국제 협력체계 강화	㊶ 국가 간 항공보안협력체계 점진적 확대 ㊷ ICAO 글로벌 항공보안계획에 따른 국내 시행계획 마련 ㊸ 무인비행장치, 일반항공 등 보안지침 국제동향 검토
5-2. 개도국 역량 강화 지원 활동 추진	㊹ 아태지역 회원국 협력활동 강화 ㊺ 보안취약국가에 대한 역량강화 지원 확대

제4절 국가항공보안계획

1. 관련규정

(1) 항공보안법 제10조에 따라 국토교통부장관은 항공보안 업무를 수행하기 위하여 국가항공보안계획을 수립·시행하여야 한다.

(2) 공항운영자 등은 국가항공보안계획에 따라 자체 보안계획을 수립하거나 수립된 자체 보안계획을 변경하려는 경우에는 국토교통부장관의 승인을 받아야 한다. 다만, 국토교통부령으로 정하는 경미한 사항의 변경은 그러하지 아니하다.

(3) 시행규칙 제3조의2에 따라 국가항공보안계획에는 다음 각 호의 내용이 포함되어야 하며 국토교통부장관은 국가항공보안계획을 수립하는 경우에는 항공보안협의회의 협의를 거쳐야 한다.

가. 법 제9조제1항에 따른 공항운영자 등의 항공보안에 대한 임무

나. 법 제27조제1항에 따른 항공보안장비의 관리

다. 법 제28조제2항에 따른 교육훈련

라. 법 제31조제1항에 따른 국가항공보안 우발계획

마. 법 제33조제1항에 따른 점검업무 등

바. 항공보안에 관한 국제협력
사. 그 밖에 항공보안에 관하여 필요한 사항

2. 자체보안계획

(1) 자체보안계획 승인

항공보안법 시행규칙 제3조의3에 따라 국토교통부장관 또는 지방항공청장은 법 제10조제2항에 따라 자체 보안계획을 승인하려 할 때에는 국가항공보안계획과의 적합성, 국제협약 및 ICAO 부속서17 등과의 적합성을 고려하여 검토하여야 한다.

(2) 공항운영자의 자체보안계획

항공보안법 시행규칙 제3조의4에서 공항운영자가 수립하는 자체 보안계획에는 다음 각 호의 사항이 포함되어야 하며, 공항운영자는 자체 보안계획을 승인 받은 경우 관련기관, 항공운송사업자 등에게 관련 사항을 통보하여야 한다.

가. 항공보안업무 담당 조직의 구성 · 세부업무 및 보안책임자의 지정
나. 항공보안에 관한 교육훈련
다. 항공보안에 관한 정보의 전달 및 보고 절차
라. 공항시설의 경비대책
마. 보호구역 지정 및 출입통제
바. 승객 · 휴대물품 및 위탁수하물에 대한 보안검색
사. 통과 승객 · 환승 승객 및 그 휴대물품 · 위탁수하물에 대한 보안검색
아. 승객의 일치여부 확인 절차
자. 항공보안검색요원의 운영계획
차. 법 제12조에 따른 보호구역 밖에 있는 공항상주업체의 항공보안관리 대책
카. 항공보안장비의 관리 및 운용
타. 법 제19조제1항에 따른 보안검색 실패 등에 대한 대책 및 보고 · 전달체계

파. 법 제29조에 따른 보안검색 기록의 작성 · 유지

하. 공항별 특성에 따른 세부 보안기준

(3) 공항운영자 자체보안계획 목차 (견본)

제1장 목적 및 일반원칙

- 목적, 일반원칙, 적용대상, 자체 보안계획 관리

제2장 용어 정의

제3장 항공보안 법규

- 국내법령 및 규정, 국제협약 및 ICAO 부속서

제4장 항공보안 관련기관 업무

제5장 항공보안 조직체계

- 공항 보안책임자 및 보안감독자의 자격 · 업무, 공항보안조직 및 업무

제6장 공항보안협의체 활동

- 지방항공보안협의회 참여, 공항 테러대책협의회 참여

제7장 정보전달 및 연락체계

- 일반사항, 공항보안 정보전달 및 보고체계, 언론홍보

제8장 보호구역 출입통제 대책

- 보호구역 출입통제, 출입허가, 보호구역 출입증, 보호구역 위해물품 반입 및 관리대책, 보호구역 반입되는 액체류 및 면세품 보안통제 절차, 공항 외곽경비 보안대책, 보호구역 밖에 있는 공항 상주업체 보안대책, 보호구역이 아닌 항공기 정비시설 보안통제대책

제9장 승객 및 휴대물품 보안대책

- 일반사항, 승객 신분확인 및 보안검색대 운영, 승객 및 휴대물품 등 보안검색, 통과 · 환승 승객 및 휴대물품 등 보안검색, 승무원 및 공항직원 등 승객이 아닌 사람 및 물품 보안검색, 귀빈 등에 대한 보안검색, 장애인 및 환자 등에 대한 보안검색, 외교관 및 외교행낭 등에 대한 보안검색,

만취자 또는 약물중독자 등에 대한 보안검색, 호송되는 범죄인 등에 대한 보안검색, 항공기내 반입금지 물품 및 그 처리절차, 항공기내 무기 반입 절차, 보안검색의 기록 및 작성유지, 포기물품 및 안보위해물품 처리절차, 승객간 섞임 방지, 보안검색 실패 시 대책 및 보고절차

제10장 위탁수하물 보안대책

- 일반사항, 위탁수하물 접수 및 보호, 위탁수하물 보안검색, 통과·환승 위탁수하물 보안검색, 총기류 등의 위탁수하물 처리절차, 귀빈 경호용 무기류 등 보안검색, 미확인 및 잘못 처리된 위탁수하물 처리절차, 귀빈 등의 위탁수하물 처리절차, 위탁수하물 처리지역 보안대책, 폭발물 의심수하물 발견시 처리절차, 보안검색 실패시 대책 및 보고절차

제11장 항공보안장비 운용

- 항공보안장비 종류, 항공보안장비 테스트 및 점검, 항공보안 장비의 유지 및 보수

제12장 불법방해행위 대응

- 일반사항, 불법방해행위 정보접수 및 초동조치, 전문가 지원, 언론 대응, 불법방해행위 보고 및 조사, 항공기 격리주기장 설치 등, 모의훈련

제13장 보안요원 교육훈련

- 일반사항, 보안요원 선발기준, 항공보안 자체 교육훈련지침 수립, 항공보안 전문교육기관 운영, 항공보안검색요원 교육, 항공경비요원 교육, 폭발물처리요원 교육

제14장 자체 수준관리 활동

- 일반사항, 현장조사(Survey), 보안점검(Inspection)불시평가(Test)

(4) 항공운송사업자의 자체보안계획

항공보안법 시행규칙 제3조의5에서 항공운송사업자가 수립하는 자체 보안계획에는 다음 각 호의 사항이 포함되어야 하며, 외국국적 항공운송사업자가 수립하는 자체 보안계획은 영문 및 국문으로 작성되어야 한다.

가. 항공보안업무 담당 조직의 구성 · 세부업무 및 보안책임자의 지정
나. 항공보안에 관한 교육훈련
다. 항공보안에 관한 정보의 전달 및 보고 절차
라. 항공기 정비시설 등 항공운송사업자가 관리 · 운영하는 시설에 대한 보안대책
마. 항공기 보안에 관한 다음 각 목의 사항
1) 항공기에 대한 경비대책
2) 비행 전 · 후 항공기에 대한 보안점검
3) 계류항공기에 대한 탑승계단, 탑승교, 출입문, 경비요원 배치에 관한 보안 및 통제 절차
4) 항공기 운항중 보안대책
5) 법 제23조에 따른 승객의 협조의무를 위반한 사람에 대한 처리절차
6) 법 제24조에 따른 수감 중인 사람 등의 호송 절차
7) 법 제25조에 따른 범인의 인도 · 인수 절차
8) 항공기내보안요원의 운영 및 무기운용 절차
9) 국외취항 항공기에 대한 보안대책
10) 항공기에 대한 위협 증가 시 항공보안대책
11) 조종실 출입절차 및 조종실 출입문 보안강화대책
12) 기장의 권한 및 그 권한의 위임절차
13) 기내 보안장비 운용절차
바. 기내식 및 저장품에 대한 보안대책
사. 항공보안검색요원 운영계획
아. 법 제19조제1항에 따른 보안검색 실패 대책보고
자. 항공화물 보안검색 방법
차. 법 제29조에 따른 보안검색기록의 작성 · 유지
카. 항공보안장비의 관리 및 운용
타. 화물터미널 보안대책(화물터미널을 관리 운영하는 항공운송사업자만 해당)
파. 법 제17조제3항에 따른 운송정보의 제공 절차

하. 위해물품 탑재 및 운송절차
거. 보안검색이 완료된 위탁수하물에 대한 항공기에 탑재되기 전까지의 보호조치 절차
너. 승객 및 위탁수하물에 대한 일치여부 확인 절차
더. 승객 일치 확인을 위해 공항운영자에게 승객 정보제공
러. 법 제23조제7항에 따른 항공기 탑승 거절절차
머. 항공기이륙 전 항공기에서 내리는 탑승객 발생 시 처리절차
버. 비행서류의 보안관리 대책
서. 보호구역 출입증 관리대책
어. 그 밖에 항공보안에 관하여 필요한 사항

(5) 항공운송사업자의 자체보안계획 목차 (견본)

제1장 목적 및 일반원칙

- 목적, 일반원칙, 적용대상, 자체 보안계획 관리

제2장 용어 정의

제3장 항공보안 법규 및 국제협약

- 국내법령 및 규정, 국제협약 및 ICAO 부속서, 사내 항공보안 관련 규정 등

제4장 항공보안 관련기관 책임 및 임무

제5장 항공보안업무 담당조직 구성 및 업무

- 항공사 보안책임자 및 보안감독자 지정, 항공보안조직 및 업무분장

제6장 정보전달 및 연락체계

- 일반사항, 항공보안 정보전달 및 보고체계, 언론홍보, 승객에 대한 운송정보제공

제7장 항공기 보안

- 기장권한 및 그 권한의 위임, 항공기에 대한 경비대책, 비행 전·후 항공기 보안점검, 계류중인 항공기에 대한 보안통제대책, 운항중인 항공기에

대한 보안대책, 보안유지 협조의무 위반자에 대한 처리절차, 수감 중인 사람등의 호송절차, 입국 거부승객 및 강제 출국자 처리절차, 기내에서 죄를 범한 범인의 인도 · 인수절차, 항공기내보안요원의 운영 및 보안장비 운용절차, 국외 취항 항공기에 대한 보안대책, 항공기에 대한 위협 증가 시 보안대책, 조종실 출입절차 및 조종실 출입문 보안대책, 항공기 이륙 전 하기승객 발생 시 처리절차, 항공기 내 물품반입 및 탑승 거절절차

제8장 기내식 및 저장품에 대한 보안대책

- 기내식 시설 등의 보안대책, 기내식 등의 운송 및 탑승 시 보안대책

제9장 액체 · 분무 · 겔류에 대한 보안대책

- 적용범위, 항공기내 반입금지물질 및 반입허용 조건, 액체 · 분무 · 겔류 보안통제 대책, 액체류(LAGS) 물품 상용공급자 지정 및 책무

제10장 항공화물 보안대책

- 화물터미널 보안대책, 항공화물 접수 및 보안검색 절차, 보안검색의 기록 및 작성유지, 항공보안장비의 관리 및 운용, 대형 항공화물 보안검색, 보안검색 실패 시 대책 및 보고절차

제11장 승객 및 수하물 보안대책

- 승객에 대한 보안대책, 휴대물품 보안대책, 위탁수하물 접수절차 및 보안대책, 비행서류의 보안관리 대책, 항공기내 무기반입, 외교행낭 및 우편물(상업서류 송달포함) 등 보안검색

제12장 항공기 정비시설 등 보안대책

- 정비시설 보안책임 및 기능, 보호구역 설정, 정비시설 보안, 정비시설 보안서류

제13장 보안인력 선발 및 교육훈련

- 일반사항, 보안요원 선발기준, 항공보안 교육훈련지침 수립

제14장 항공사 보안 수준관리

- 일반사항, 현장조사(Survey), 보안점검(Inspection), 불시평가(Test), 모의훈련, 항공보안 자율신고

(6) 항공기 취급업체 등의 자체보안계획

항공보안법 시행규칙 제3조의6에서 항공기취급업체·항공기정비업체·공항상주업체(보호구역 안에 있는 업체만 해당), 항공여객·화물터미널 운영자, 도심공항터미널을 경영하는 자가 수립하는 자체 보안계획에는 다음 각 호의 사항이 포함되어야 한다.

가. 항공보안업무 담당 조직의 구성·세부업무 및 보안책임자의 지정
나. 항공보안에 관한 교육훈련
다. 항공보안에 관한 정보의 전달 및 보고 절차
라. 보호구역 출입증 관리 대책
마. 해당 시설 경비보안 및 보안검색 대책
바. 항공보안장비 관리 및 운용
사. 그 밖에 항공보안에 관한 사항

(7) 자체보안계획 수립 및 변경 등

항공보안법 시행규칙 제3조의7에서 공항운영자 등은 국가항공보안계획에 따라 자체 보안계획을 수립하거나 수립된 자체 보안계획을 변경하려는 경우에는 국토교통부장관의 승인을 받아야 한다. 다만, 국토교통부령으로 정하는 경미한 사항의 변경은 그러하지 아니하다. “국토교통부령으로 정하는 경미한 사항”이란 다음 각 호의 사항을 말하며, 공항운영자 등은 자체 보안계획을 변경한 경우에는 국토교통부장관 또는 지방항공청장에게 그 사실을 즉시 통보하여야 한다.

가. 기관 운영에 관한 일반현황의 변경
나. 기관 및 부서의 명칭 변경
다. 항공보안에 관한 법령, 고시 및 지침 등의 변경사항 반영

제 4 장

보호구역 지정 및 경비보안

제1절 국가보안시설 보호 및 관리
제2절 공항시설 보안
제3절 보호구역 출입증발급
제4절 공항 경비보안 대책
제5절 물리적 방호 및 경비보안시스템

제4장 보호구역 지정 및 경비보안

제1절 국가보안시설 보호 및 관리

1. 국가보안시설 및 국가중요시설

(1) 국가보안시설 및 보호장비

가. "국가보안시설 및 보호장비"란 적 또는 불순분자에 의하여 점령, 파괴, 기능 마비 시 국가안보와 국민생활에 지대한 영향을 미치는 시설, 공공기관, 공항, 항만, 주요 산업 시설, 항공기 등을 말한다.

나. 통합방위법 제2조 용어정의에서 "국가중요시설"이란 공공기관, 공항·항만, 주요 산업시설 등 적에 의하여 점령 또는 파괴되거나 기능이 마비될 경우 국가안보와 국민생활에 심각한 영향을 주게 되는 시설을 말하며 "방호"란 적의 각종 도발과 위협으로부터 인원·시설 및 장비의 피해를 방지하고 모든 기능을 정상적으로 유지할 수 있도록 보호하는 작전활동을 말한다.

(2) 국가중요시설 관리자 책임

가. 통합방위법 제21조(국가중요시설의 경비·보안 및 방호)에서 국가중요시설의 관리자는 경비·보안 및 방호책임을 지며, 통합방위사태에 대비하여 자체방호계획을 수립하여야 한다. 이 경우 국가중요시설의 관리자는 자체방호계획을 수립하기 위하여 필요하면 지방경찰청장 또는 지역군사령관에게 협조를 요청할 수 있다.

나. 지방경찰청장 또는 지역군사령관은 통합방위사태에 대비하여 국가중요

시설에 대한 방호지원계획을 수립·시행하여야 하며 국가중요시설의 평시 경비·보안활동에 대한 지도·감독은 관계 행정기관의 장과 국가정보원장이 수행한다.

다. 통합방위법 시행령 제32조(국가중요시설의 경비·보안 및 방호)에서 국가중요시설의 경비·보안 및 방호를 위하여 국가중요시설의 관리자 지방경찰청장, 지역군사령관 및 대대 단위 지역책임 부대장은 다음 각 호의 구분에 따른 업무를 수행하여야 한다.

1) 관리자가 수행해야 할 주요 업무는 다음과 같다.

① 청원경찰, 특수경비원, 직장예비군 및 직장민방위대 등 방호인력, 장애물 및 과학적인 감시 장비를 통합하는 것을 방호계획에는 관리자 및 특수경비업자의 책임하에 실시하는 통합방위법령과 시설의 경비·보안 및 방호 업무에 관한 직무교육과 개인화기(個人火器)를 사용하는 실제의 사격 훈련에 관한 사항이 포함되어야 한다.

② 국가중요시설의 자체방호를 위한 통합상황실과 지휘·통신망의 구성 등 필요한 대비책의 마련

2) 지방경찰청장 및 지역군사령관의 경우에는 관할 지역 안의 국가중요시설에 대하여 군·경찰·예비군 및 민방위대 등의 국가방위요소를 통합하는 것을 내용으로 하는 방호지원계획의 수립·시행. 이 경우 경찰은 경찰서 단위의 방호지원계획을 수립·시행하고 군은 대대 단위의 방호지원계획을 수립·시행하여야 한다.

3) 방호를 위한 역할분담 등에 관한 협정을 체결하고, 자체방호계획 또는 대대 단위나 경찰서 단위의 방호지원계획을 작성하거나 변경하는 때에는 그 사실을 서로 통보한다.

(3) 시설주 등의 책임

가. 국가보안시설 시설주 또는 보호장비 운영주는 국가보안시설 및 보호장비에 대한 경비·보안책임을 지고 그에 따른 대책을 강구하여야 한다. 시설주 또는 장비 운영주는 해당 국가보안시설 및 보호장비에 상주하는 기관과 업체에 대하여 경비·보안활동에 필요한 협조를 요구할 수 있다.

나. 감독기관의 장 및 국가정보원장은 국가보안시설 및 보호장비에 대한 보안지침[1]을 정하고 경비 · 보안대책을 지도 · 조정하며, 관할 경찰(해양경찰)관서장 또는 지역 군부대장은 국가보안시설 및 보호장비에 대한 파괴 · 점거 등 긴급사태발생에 대비하여 경비 · 방호지원계획을 수립 · 시행한다.

(4) 국가보안시설 및 보호장비 지정

가. 국가보안시설 및 보호장비의 대상은 보안업무규정 제36조(측정 대상) 및 동 규정 시행규칙 제59조(보안측정의 대상)에 따라 주요 국가기관 등 정부투자기관, 방위산업, 대규모 가스 · 유류저장시설 등 기간산업시설, 원자력발전소 등 주요 전력시설, 전국 및 지역권 방송국 등 주요 방송시설, 국제위성지구국 등 주요 통신시설, 항공관제소 등 주요 교통시설, 국제공항 및 주요 국내공항, 대형선박 입 · 출항이 가능한 항만, 다목적댐 등 주요 수리시설, 핵연료개발 등 국가안보상 주요 과학연구시설, 교정 · 정착지원 시설과 불법입국 등 외국인 수용시설, 대도시 지하공동구, 대형 항공기 및 선박, 기타 국가안보상 중요한 시설 및 장비를 대상으로 하고 있다

일반구역에서 보호구역(출국보안검색장)으로 진입하는 탑승객

1) 국가보안시설 및 보호장비 관리지침은 대외비 비밀문서로 관리되고 있음

나. 국가보안시설 및 보호장비는 국가정보원장이 국가 안보 및 국민생활에 미치는 영향과 기능 · 규모 · 가치의 정도 등을 고려하고 분류기준 (별표 1)[2]에 따라

다. 감독기관의 장과 협의를 거쳐 "가" · "나" · "다"급으로 분류하며 보호장비는 등급을 구분하지 않는다. 공항시설에 대해서는 인천국제공항을 포함은 모든 국제공항은 국가보안시설 "가급"으로 분류하며, 국내 주요 비행장 (군용비행장 제외)은 "나급"으로 분류하여 관리되고 있으며 다급은 없다.

라. 항공기는 항공보안법 적용을 받는 여객 중에 300명이상 탑승하거나 최대 이륙중량[3] 50만 파운드(lbs)이상 기종에 대해서만 보호장비로 관리된다.

2. 국가보안시설 보호

(1) 경비보안 계획수립

가. 시설주는 국가보안시설의 보호를 위하여 다음 각 호의 사항을 포함하여 자체 실정에 맞는 경비 · 보안계획[4]을 수립 · 시행하여야 한다.

1) 경비인력 · 조직 운영 및 지휘감독 체계
2) 경비인력 배치 현황 및 근무요령, 교육 · 훈련계획
3) 출입인원 · 차량에 대한 출입통제 및 보안검색 대책
4) 스마트폰 · 차량용 블랙박스 등 첨단 IT기기 반입 차단대책
5) 외곽 울타리 및 초소설치, CCTV 등 과학보안장비 운용방안
6) 무기 확보 · 운용 및 철침판 · 차단기 등 대테러 장비 운용현황
7) 경찰(해경) · 소방 등 유관기관과의 비상연락체계 및 유사시 지원방안 (MOU)
8) 핵심시설에 대한 출입통제 및 경비 · 보안대책
9) 도난 · 화재 · 무단침입 등 사태별 대응조치 요령

---

2) 국가보안시설 및 보호장비 관리지침 제3조
3) 최대이륙중량(maximum take-off weight)은 항공기가 탑재물을 최대로 적재하고 이륙할 수 있는 최대 중량
4) 국가보안시설 및 보호장비 관리지침 제6조

나. 시설주는 국가보안시설의 보호를 위하여 수립하는 경비·보안계획은 다음 각 호의 사항을 반영하여 수립되어야 한다.
   1) 경비인력 및 과학보안장비 등은 국가보안시설 경비요소 확보기준(별표 2)에 따르되, 시설의 위치·지형·구조와 장비의 기종·성능 등에 따라 가감
   2) 경비인력은 청원경찰법 또는 경비업법에 의한 특수경비원을 배치·운용
   3) 외곽울타리에는 담장·철조망 등과 함께 CCTV·적외선 감지기 등 침입 감시·감지용 과학보안장비를 설치
   4) 울타리 및 과학보안장비 수시 점검 및 유지·보수, 상시 가동상태 유지
   5) 내곽 취약지역 및 통제구역 등에는 CCTV·지문인식기 등 첨단 과학보안 장비설치 또는 경비인력을 배치, 출입자 통제 및 감시
   6) 상황 발생 시 초동대처를 위해 인력 추가 투입

다. 시설주는 국가부안시설의 경비업무를 특수경비업체에 용역 의뢰한 경우에도 경비인력에 대한 근무실태 확인점검 등 관리감독을 철저히 하여야 하며, 경비·보안환경이 변하거나 시설 개·보수 등 여건이 변동된 때에는 즉시 경비·보안계획을 수정·보완하여야 한다.

라. 시설주가 경비·보안계획을 수립할 때에는 감독기관의 협의조정을 받아야 하며 관할 군·경찰(해경) 등 경비·보안 유관기관과 협의하여 유사시 협조·지원체제를 구축하여야 한다.

마. 시설주는 효율적인 경비·보안업무를 수행하고 비밀누설·화재·도난·무단침입 등 위해상황 발생시에 신속 대처하기 위하여 경비상황실[5]을 설치·운용하여야 하며 경비상황실의 주요 임무는 다음 각 호와 같다.
   1) 외곽 침입 감지시스템, CCTV 모니터, 출입통제·경보시스템 등 과학보안장비 통합운용, 내·외곽 효율적 감시
   2) 화재·도난 또는 무단침입 등 경비·보안 위해상황 발생시 대비, 시설 내외 유관부서·기관과 비상연락체제 유지 및 관련 상황을 신속 전파

5) 국가보안시설 및 보호장비 관리지침 제7조

3) 직통전화 또는 비상벨 등을 이용, 정문 · 경비초소 경비근무자 등에게 경비관련 위해상황 전파 및 즉각적인 대응체제 구축
4) 무단침입 등 긴급상황 발생시에 대비한 초동조치반 편성 · 운용
5) 무기고 열쇠 보관 및 무기 반출 · 입 통제

3. 보호구역 지정

(1) 지정절차

가. 국가보안업무규정 제32조(보호구역)에서 파괴, 기능 마비 또는 비밀누설로 인하여 전략적으로 또는 군사적으로 막대한 손해를 끼치거나 국가안전보장에 연쇄적 혼란을 일으킬 우려가 있는 시설 또는 지역(국가보안시설)이나 선박 · 항공기 등 중요장비(보호장비)를 관리하는 기관 등의 장과 각급기관의 장은 국가 비밀 · 암호자재와 국가보안시설 · 보호장비의 보호를 위하여 필요한 장소에 일정한 범위의 보호구역을 설정할 수 있다.

나. 보호구역은 그 중요도에 따라 제한지역, 제한구역 및 통제구역으로 분류하며 보호구역에 접근하거나 출입하려는 사람은 각급기관의 장 또는 국가보안시설 · 보호장비를 관리하는 기관 등의 장의 허가를 받아야 한다.

다. 보호구역을 관리하는 사람은 보호구역 출입 허가를 받지 아니한 사람의 보호구역 접근이나 출입을 제한하거나 금지할 수 있다.

(2) 보호구역 구분 및 보안대책

가. 국가보안업무규정 시행규칙 제42조(보호구역)에서 "제한지역"이라 함은 비밀 또는 정부재산의 보호를 위하여 울타리 또는 경호원에 의하여 일반인의 출입의 감시가 요구되는 지역을 말한다.

나. “제한구역”이라 함은 비밀 또는 주요시설 및 자재에 대한 비인가자의 접근을 방지하기 위하여 그 출입에 안내가 요구되는 구역을 말한다.

다. “통제구역”이라 함은 비인가자의 출입이 금지되는 보안상 극히 중요한 구역을 말한다.

라. 보호구역에 대하여는 철저한 보안대책을 수립, 이행하여야 하며, 특히 제한구역 및 통제구역에는 그 구역의 기능 및 구조에 따라 다음과 같은 대책이 강구되어야 한다.

공항 랜드사이드지역 (커브사이드)

1) 출입인가자의 한계설정과 비인가자의 출입 통제대책
2) 주야경계대책
3) 외부로부터의 투시, 도청 및 파괴물질의 투척방지 대책
4) 방화대책
5) 경보대책
6) 기타 필요한 보안대책

4. 공항시설 보호구역 관리

(1) 공항 보호구역

가. "보호구역(airside)"이란[6] 공항의 이동지역, 이동지역과 인접된 지형 및 건물 또는 그 일부로서 일반인의 출입이 통제되어 있는 지역을 말하며, "보안제한구역(security restricted area)" 이란 보안검색 완료 지역·활주로·계류장·관제시설·화물청사 등과 같이 보다 엄격한 출입통제와 함께 보안통제 조치가 필요한 보호구역을 말한다.

공항 에어사이드지역과 관제탑

나. 공항보안업무규칙 제42조에 따라 "제한지역"이라 함은 비밀 또는 정부재

6) 국가항공보안계획 제2장 용어 정의

산의 보호를 위하여 울타리 또는 경호원에 의하여 일반인의 출입의 감시가 요구되는 지역으로 공항시설 전 지역을 말한다.

다. “제한구역”이라 함은 비밀 또는 주요시설 및 자재에 대한 비인가자의 접근을 방지하기 위하여 그 출입에 안내가 요구되는 구역으로 착륙대, 운항실, 냉·난방실, 상황실, 항공기 계류장(활주로 및 유도로 포함), 출입국심사장, 감시과, 심리조사실, X-Ray 판독실, 전산실, 전산타자실, 점검용 항공기 전산장비 보수실, 세관탐지견사 및 훈련장, 캐더링센터, 지상조업장비 수리공장, 교환장비실, 방송장비실, 국제선, 국내선 화물청사 및 건물옥상, 지하기계실, 변전실, 항무 통제실 등을 말한다.

라. “통제구역”이라 함은 비인가자의 출입이 금지되는 보안상 극히 중요한 구역으로 무기고, 탄약고, 종합상황실, 전산기계실, 발·변전실, 중앙통제실, 관제탑지역, 방위각 표지소, 활공각 표지소, 중방 표지소, 외방 표지소, 레이다 송신소, 항공 송수신소, 항공무선 표지소, 동력동, 방송실, 급수장, 중앙수배전소, 항공유 급유시설 및 저장소 등을 말한다.

(2) 보호구역 보호대책

가. 국가보안시설 및 보호 장비관리지침 제8조 ②항에는 보호구역에는 다음 각 호에 따라 출입자 통제 등 보호대책 강구하여야 한다.

1) 제한지역

① 외곽에 울타리 설치, 외부인 무단침입 방지

② 출입문에 경비인력 배치, 출입통제 실시

③ 소속직원은 별도의 승인절차 없이 신분증으로 출입가능

2) 제한구역

① 출입인가자 사전 지정

② 출입 비인가자는 관리책임자에게 신고 후 출입통제대장에 출입목적 등을 기록하고 안내를 받아 출입

③ 출입인가자의 경우 출입목적과 무관하고 보안상 특별한 통제가 필요한 지역이외는 시설내에서 자유 이동, 접근 가능

④ 외부에서의 투시·도청 및 위험물 투척방지대책 강구(국제공항·만 CIQ장은 제외)

⑤ 출입문에 자동잠금장치·인터폰 등 부착, 무단출입 방지

3) 통제구역

① 출입인가자 사전 지정 및 상시 출입자 명단·사진 비치

② 상시 근무·감독자 이외 원칙적 출입금지(단, 보안업무 총괄, 유지·보수 등 업무상 출입이 필요한 자는 사전에 관리책임자의 허가를 받아 출입가능)

③ 상시출입자 이외 모든 출입자에 대하여 안내 및 입회감독 실시

④ 모든 출입자는 출입통제대장에 기록유지(단, 상시근무자는 근무기간을 명시한 명단을 출입통제대장에 별첨하거나 생체·카드인식기 등을 통한 자동 출입 기록으로 대체 가능)

⑤ 외부에서의 투시·도청 및 위험물 투척방지대책 강구

⑥ 출입문에 생체·카드인식기, 자동장금장치 및 인터폰 등 설치, 무단출입 방지

⑦ 무단출입을 인지할 수 있도록 CCTV·동작 감지기·경보장치 등 과학보안장비를 구비하고, 보안담당자가 해당상황을 즉각 인지할 수 있는 동보시스템 등 방안 강구

제2절 공항시설 보안

1. 공항시설 보호구역 지정

(1) 관련규정

가. 항공보안법 제11조에서 공항운영자는 공항시설과 항행안전시설에 대하여 보안에 필요한 조치를 하여야 하며 공항운영자는 보안검색이 완료된 승객과 완료되지 못한 승객 간의 접촉을 방지하기 위한 대책을 수립·시행하여야 한다.

나. 공항운영자는 보안검색을 거부하거나 무기·폭발물 또는 그 밖에 항공보안에 위협이 되는 물건을 휴대한 승객 등이 보안검색이 완료된 구역으로 진입하는 것을 방지하기 위한 대책을 수립·시행하여야 한다.

다. 공항을 건설하거나 유지·보수를 하는 경우에 불법방해행위로 부터 사람 및 시설 등을 보호하기 위하여 준수하여야 할 세부 기준은 국토교통부장관이 정한다.

라. 공항시설과 항행안전시설에 대한 보안조치 및 보안검색이 완료된 승객과 완료되지 못한 승객 간의 접촉을 방지하기 위해서는 공항을 건설하거나 유지·보수할 때 대책을 마련하여야 한다.

마. 기내반입금지물품 등 무기, 폭발물, 그 밖에 항공보안에 위협이 되는 물건을 휴대한 승객 등이 보안검색이 완료된 구역으로 진입하는 것을 방지하기 위해서 기준을 정해야 하며 국토교통부 예규 "공항건설 및 유지·보수에 관한 보안지침"에서 공항 건설 및 유지·보수 책임이 있는 공항운영자나 공항 이외의 지역에서 항공기 승객 탑승수속 시설을 설계하거나 운영하는 자에게 적용한다.

(2) 보호구역 지정절차

가. 항공보안법 제12조(공항시설 보호구역의 지정)에서 공항운영자는 보안검색이 완료된 구역, 활주로, 계류장(繫留場) 등 공항시설의 보호를 위

하여 필요한 구역을 국토교통부장관의 승인을 받아 보호구역으로 지정하여야 한다.

나. 공항운영자는 필요한 경우 국토교통부장관의 승인을 받아 임시로 보호구역을 지정할 수 있으며 항공보안법 시행규칙 제4조에 따라 보호구역에는 다음 각 호의 지역을 포함하여야 한다.

1) 보안검색이 완료된 구역
2) 출입국심사장
3) 세관검사장
4) 관제탑 등 관제시설
5) 활주로 및 계류장
6) 항행안전시설 설치지역
7) 화물청사
8) 제4호부터 제7호까지의 규정에 따른 지역의 부대지역

관제탑과 공항레이더시설

다. 공항운영자는 공항 경계울타리 외곽에 관제탑 및 레이다 지역, 항행안전시설지역(ILS, VOR, NDB), 초단파(VHF) 지상공중 안테나, 항공기상 관측 시설, 화물청사 시설이 위치할 경우에도 이를 보호구역으로 지정하여야 하며 해당 시설의 운영자는 보호구역 지정을 공항운영자에게 요청하여야 한다.

라. 항공보안법 시행규칙 제5조 법 제12조에 따라 보호구역 또는 임시보호구역의 지정승인을 받으려는 경우에는 보호구역 등의 지정목적, 보호구역 등의 도면, 보호구역 등의 출입통제 대책, 지정기간(임시보호구역을 지정하는 경우만 해당한다) 서류를 첨부하여 지방항공청장에게 제출하여야 하며, 지정된 보호구역을 변경승인을 받으려는 경우에는 보호구역 등의 변경사유, 변경하려는 해당 보호구역 등의 도면, 변경하려는 해당 보호구역 등의 출입통제 대책관련 서류를 첨부하여 지방항공청장에게 제출하여야 한다.

(2) 보호구역 보안통제

가. 공항운영자는 보호구역을 일반지역으로부터 분리하여야 하며, 보호구역에 대한 보안통제대책을 수립하여야 하며 일반지역과 보호구역 간의 경계가 구분될 수 있도록 보안울타리 또는 장벽을 설치하여야 하며, 보호구역 안의 보안울타리 또는 장벽을 정상적인 상태로 유지하여야 한다.

나. 공항운영자는 보호구역 안으로 진입할 수 있는 출입구를 설치하여야 하며, 출입구에는 물리적 방어 기능을 갖춘 장벽 또는 이와 유사한 시설물을 설치하여야 하고 출입구에 관계자 외에는 출입을 제한 한다는 출입통제 표지판을 설치하여야 한다.

다. 보호구역 출입통로 지역은 항공경비요원을 배치할 수 있는 초소·출입통제 시스템 또는 시건장치 등으로 보호하고 순찰업무와 불순분자의 침입 방지를 위해 장벽 양쪽의 개방지역 및 공항내부 울타리 지역에 순찰로를 설치하여야 한다. 공항 내부로의 침입 또는 외부로의 도주 방지를 위하여 보안 시설물을 설치·관리하여야 하고, 울타리 인접 지역의 월담 보조물을 정비하여야 한다.

라. 보호구역 내의 계류장·외곽 울타리·활주로·유도로 근처를 시간·경로·절차 등을 변경하여 지속적으로 순찰하여야 하며 탑승교의 모든 출입문에 잠금장치를 설치하여야 하며, 항공기가 탑승교에 주기되어 있지 않을 때에는 비인가자가 탑승교 안으로 진입할 수 없도록 대책을 수립하여야 한다.

마. 공항운영자 또는 공항 외부에 위치한 민간항공 운영 필수시설 운영자는 비인가자의 고의적·계획적인 출입을 방지하기 위해 보호구역과 유사한 보안통제대책을 수립하여야 한다.

바. 항공기 주기장 및 공항 외곽의 취약지역에 조명시설을 설치하여야 하고, 야간에 항공기가 주기된 장소에는 조명시설을 점등하여야 하며, 공항운영자 이외의 다른 조직이 해당 시설을 운영할 경우 공항 보호구역 출입통제 시스템과 유사한 보호대책을 마련하도록 해당 기관 또는 업체의 장에게 요구할 수 있으며, 요구를 받은 기관 또는 업체는 적극 협조하여야 한다.

제3절 보호구역 출입증발급

1. 보호구역 출입

(1) 관련규정

가. 항공보안법 제13조(보호구역에의 출입허가)에서 다음 각 호의 어느 하나에 해당하는 사람은 공항운영자의 허가를 받아 보호구역에 출입할 수 있다.

1) 보호구역 공항시설 등에서 상시적으로 업무를 수행하는 사람

2) 공항 건설이나 공항시설의 유지·보수 등을 위하여 보호구역에서 업무를 수행할 필요가 있는 사람

3) 그 밖에 업무수행을 위하여 보호구역에 출입이 필요하다고 인정되는 사람

나. 항공보안법 시행규칙 제6조에서 보호구역을 출입하려는 사람은 공항운영자가 정하는 출입허가신청서를 공항운영자에게 제출하여야 한다. 이 경우 차량을 운행하여 출입하려는 사람은 그 차량에 대하여 따로 차량 출입허가신청서를 제출하여야 한다.

다. 공항운영자는 보호구역에 출입허가를 하려면 보안업무규정 제31조에 따른 신원조사[7]를 조사기관의 장에게 의뢰하여야 한다. 보호구역 출입허가를 한 경우에는 신청인에게 공항운영자가 정하는 출입증 또는 차량출입증을 발급하여야 한다. 이 경우 공항운영자가 관할하지 않는 지역의 출입허가를 하려면 관할 행정기관의 장[8]과 미리 협의하여야 한다.

라. 출입허가를 받은 사람이 보호구역으로 출입하는 경우에는 출입증을 달아야 하며, 차량을 운행하여 출입하는 경우에는 해당 차량의 운전석 앞 유리창에도 차량출입증을 붙여야 한다.

마. 공항운영자 및 화물터미널운영자는 보호구역을 출입하는 사람 또는 차

---

7) "신원조사(background check)"는 보안통제업무 수행 적합성 또는 보안통제구역 단독출입 허용 등을 확인하기 위하여 해당자의 신원 및 범죄경력 등을 점검하는 행위를 말함

8) 관제탑지역은 지방항공청장, 수하물수취지역은 관할 세관장과 사전에 협의하여야 함

량에 대하여 기록하고 이를 작성한 날로부터 1년 이상 보존하여야 하며 출입허가를 갱신하는 경우에 관하여는 상기 조항을 규정을 준용하여야 한다.

바. 이 규칙에 규정된 사항 외에 보호구역 출입허가 및 기록의 작성 · 보존 등에 필요한 세부사항은 공항운영자 및 화물터미널운영자가 정한다. 다만, 인천공항 등 모든 공항에서는 공항운영자가 화물터미널지역의 보호구역 출입허가 업무도 총괄하여 수행하고 있다.

사. 인천국제공항공사는 "인천국제공항 보호구역 출입증규정"을 수립하여 시행하고 있으며, 한국공항공사는 김포공항 등 모든 지방공항에 적용하는 "보호구역 출입증규정"을 수립하여 시행하고 있다.

2. 보호구역 출입허가

(1) 보호구역 출입허가 요건

가. 공항운영자는 자체 보안계획에 따라 보호구역으로 출입하려는 사람 · 차량 · 장비 · 물품에 대해 출입통제, 신원확인 및 보안검색 등을 실시하여야 하며 보안검색을 거부하는 사람 또는 휴대물품에 대해 보호구역 출입을 금지시켜야 한다.

인천공항 출입증발급소

나. 공항운영자는 다음의 사람에 대해 지정된 보호구역 출입을 허가하여야 한다.

1) 국가기관 등에서 발행한 사진이 부착된 신분증 및 장애인복지카드 · 국가유공자증 등 증명서 또는 여권 등 해당 국가에서 신분을 보증하는 문서 · 외국인카드 · 선원신분증명서 · 국제연합(UN) 통행허가증 등

적법한 여행서류와 항공사에서 발행한 탑승객 이름이 기록된 탑승권을 소지한 승객(전자 탑승권 포함)

2) 항공기 운항을 목적으로 해당 항공사 제복을 착용하고 신분증(사원증 또는 승무원 등록증)을 패용한 항공사 승무원. 다만, 신분증 분실 등의 경우에는 재직증명서와 국가에서 발행한 신분증을 함께 제시

3) 공항운영자가 발행한 보호구역 출입증을 소지한 사람. 다만, 항공기 사고·테러·인명구조 등 긴급 상황시 사전 출입조치에 따라 한시적으로 출입증을 소지하지 않은 사람과 차량을 출입시킬 수 있음

4) 항공기 운항 중 수행하는 항공보안 노선점검과 조종실 관찰 좌석에서의 항공안전감독 또는 운항자격심사 목적에 한하여 해당분야 감독관·심사관증을 소지하고, 국토교통부장관이 발행한 항공기 출입요구서를 소지한 공무원

5) 보호자와 동행하지 않는 만12세 이하의 소아로서 항공사에서 발행한 탑승객 이름이 기재된 탑승권과 항공운송사업자가 인솔하는 승객

6) 만13세에서 17세 미만까지 청소년으로서 국가기관 등에서 발행하는 건강보험증, 청소년증, 국가자격증 등 신분증 또는 증명서와 항공사에서 발행한 탑승객 이름이 기재된 탑승권을 소지한 승객

(2) 보호구역 출입증 발급

가. 공항운영자가 발급하는 출입증 종류는 정규 출입증(사람·차량), 임시 출입증(사람·차량), 방문증(순찰증)으로 한다.

나. 공항운영자는 다음 사항을 포함한 출입증 제작·발급 및 관리에 관한 자체 규정을 수립·시행하여야 한다.

1) 출입증 발급·회수 절차
2) 출입증 유효기간
3) 출입증 위·변조 방지대책
4) 출입증 분실·도난시 조치사항
5) 출입증 분실자 및 출입절차 위반자에 대한 제재 조치

6) 보호구역 출입자의 준수사항
7) 출입증 반납 요건
8) 특이자에 대한 보호구역 출입증발급방법
9) 출입증 관리기록에 관한 사항 등

공항 관제탑

다. 공항운영자는 공항 상주기관 및 상주업체 직원에 한하여 출입증을 발급하여야 하며, 비상주직원 등에게 출입증을 발급하는 경우에는 출입 사유가 합당한지를 충분히 검토한 후 발급하여야 한다. 다만, 공항 안에 민자유치시설이 있는 경우 민자시설주와 사용계약을 체결한 업체에 대하여도 출입증을 발급할 수 있다.

라. 공항운영자는 출입증을 발급하기 전에 출입증 소지자의 책임 등에 대한 교육을 실시하여야 한다. 다만, 출입증에 대한 교육을 관련 업체에 일부 위탁할 수 있다.

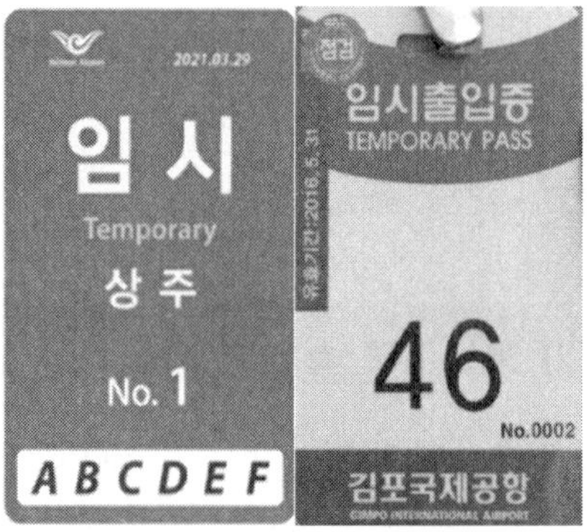

인천공항과 김포공항 임시출입증 비교

마. 공항운영자는 보호구역을 효율적으로 통제하고 보호구역 출입자의 출입구역을 최소화하기 위하여 보호구역을 세부적으로 구분하여야 하며,출입구역별로 고유문자를 부여하여 출입증을 발급하고, 개인별 직무수행 내용을 감안하여 2개 이상의 출입구역을 추가하여 발급할 수 있다.

바. 보호구역을 출입구역 별로 고유문자 또는 숫자로 구분할 수 있으며 인천국제공항은 영어 알파벳 A, B, C, D, E, F로 구분하며, 김포공항을 포함한 지방공항은 아라비아 숫자 1, 2, 3, 4, 5, 6, 7로 구분하여 발급한다.

고유 번호	출입구역	세부 내역
A	관제시설 지역	관제탑, 계류장관제탑 관제실, AICC지역(AICC, 서울 접근관제소), 인천항공교통관제소, 비상접근관제소
B	항공기 탑승지역	여객터미널 보안검색대를 통과한 지역부터 항공기 탑승지점까지 출국지역(3 층), 출입국 심사장 및 환승지역, 탑승동, 셔틀트레인 지역, 국내선 출발지역 및 수하물 수취지역
C	수하물 수취지역	국제선 도착수하물 수취지역(1층), 입국심사 완료지역(2층)
D	부대건물 지역	주변전소A, 주변전소B, 동력동A, 동력동B, 왕산 레이다송신소, 신불레이다송신 소, 관제송신소, 관제수신소, TVOR/ DME, 일반배전변전소, 항공기배전변 전소, 제3등화제어소, 제4등화제어소, 계류장 관제탑(1층~11층), ICT센터
E	항공기 이동지역	활주로, 유도로, 주기장, 계류장(여객/화물) 등을 포함한 항공기 이동지역, 이동지역주변 GSE도로, 수하물처리지역, 지하공동구, 소방대, 항공기상청, 동절기정비고
F	화물터미널 지역	화물터미널 전 지역으로 일반인 출입이 금지되는 지역

※ 관제시설지역의 고유문자는 세부구역 또는 운영주체별로 다르게 표기할 수 있다.
※ 탑승교(엘리베이터 포함), 화물엘리베이터 등의 출입허가는 별도 승인
※ B, E 공동구역 : 여객터미널 및 탑승동 직원식당, 탑승교(엘리베이터 제외) 내부
※ B, C, E 공동구역 : 여객터미널 동·서측 1층 상주직원 출입초소 통과 후 B, C, E구역 진입 전 인접통로

인천국제공항공사 출입구역 구분

고유 번호	출입구역	세부 내역
1	관제시설지역	관제탑 지역
2	세관지역	세관입국검사장
3	국제선지역	보안검색대를 통과한 지역부터 항공기 탑승지점까지의 국제선 입국심사장(세관 입국검사장 제외), 출국심사장, 출국대기실, 국제선 로딩브릿지 복도
4	이동지역	활주로, 유도로, 주기장, 계류장(여객/화물) 등을 포함한 항공기 이동지역, 이동지역주변 GSE도로, 수하물처리지역, 지하공동구, 여객터미널 옥상
5	화물터미널 지역	화물청사, 보세창고지역
6	국내선지역	보안검색대를 통과한 지역부터 항공기 탑승지점까지의 국내선 도착/출발대합실, 로딩브릿지 복도
7	부대시설지역	관제송수신소, 변전소, 레이다송신소, TVOR/DME, 동력동, 항공등화제어소, 유류시설

한국공항공사 출입구역 구분

3. 보호구역 출입증 발급

(1) 보호구역 출입증

가. 공항운영자는 자체 보안계획에 규정된 보호구역 출입 절차에 따라 직원들의 보호구역 출입을 허용하여야 한다.

나. 공항운영자는 보호구역을 세부 구역으로 구분하여야 하며, 구역별로 출입이 필요한 직원에 한하여 자체 보안계획에 규정된 보호구역 출입절차에 따라 이를 허용하여야 한다.

다. 정규 출입증(사람)에 다음 사항을 표시하여야 한다. 다만,1)~6)까지 사항은 출입증 전면에 기재하여야 한다.

1) 본인임을 확인할 수 있는 사진

2) 유효기간
3) 출입 허가지역
4) 소지자 성명
5) 공항명 / 로고
6) 소속 기관명
7) 발행 일련번호
8) 출입증소지자 준수사항

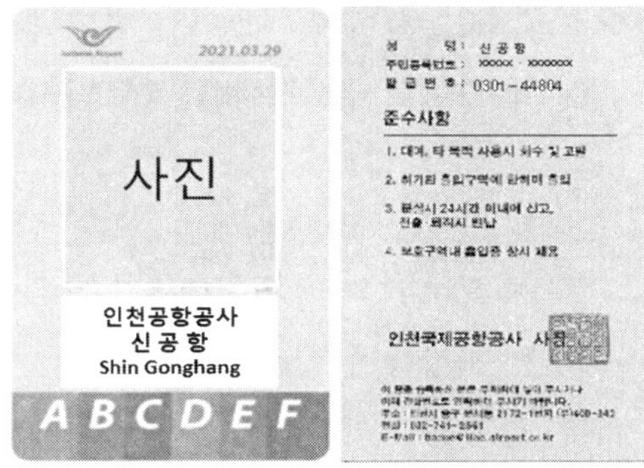

인천공항 정규출입증 디자인 (앞면 / 뒷면)

라. 공항운영자는 출입증 유효기간이 2년을 초과하지 않도록 하여야 하며, 출입증이 플라스틱 재질의 전자칩 또는 생체인식시스템(지문인식시스템, 안면인식시스템 등)을 활용한 출입통제 시스템이 설치된 경우 공항의 특성에 맞도록 유효기간을 정하되 5년을 초과하지 않도록 하여야 한다. 다만, 발급된 출입증 중에 5%이상 분실 또는 훼손되었을 경우 지체 없이 출입증 일제 갱신 또는 비표 부착 등의 조치를 하여야 한다. 인천국제공항과 김포국제공항 등 모든 공항은 5년마다 출입증을 갱신하고 있다.

마. 인원 정규출입증을 발급받으려는 자는 기관의 장 또는 업체의 장(기관 또는 업체의 장이 지정하는 출입증 관리책임자를 포함한다)이 공항운영자에게 신청하여야 하며, 출입증 발급 신청시 보호구역 출입 목적·구역 등을 포함하여야 한다.

(2) 신원조사 및 갱신 등

가. 공항운영자는 정규 출입증 발급 및 갱신 신청을 받은 경우 신청자에 대한 신원조사를 반드시 의뢰하여 그 결과를 확인하여야 한다. 다만, 국가공무원 및 외교관은 예외로 할 수 있다.

나. 신원조사 결과 다음 사항에 해당하는 사람에게는 출입증을 발급하여서는 아니 된다. 다만, 출입증 발급에 관한 위원회 또는 협의회에서 심사를 거쳐 발급기준을 따로 정한 경우에는 그에 따른다.

1) 항공보안법, 관세법, 출입국관리법을 위반하여 금고 이상의 형을 선고받고 그 집행이 종료되거나 집행을 받지 아니하기로 확정된 후 2년을 경과하지 아니한 사람
2) 항공보안법, 관세법, 출입국관리법을 위반하여 금고이상의 형을 선고유예받은 경우 그 선고유예기간 중에 있는 사람
3) 사상특이자

다. 공항운영자는 출입증 소지자가 보호구역으로 진입하거나 보호구역 안에 있는 경우 항상 의복 외부의 잘 보이는 곳에 출입증을 패용하도록 하는 사항을 출입증 제작·발급 및 관리에 관한 자체 규정에 포함하여야 한다.

라. 시설주은 기존에 발행한 출입증에 대하여 업무상 출입이 불필요사람과 출입 실적이 극히 저조한 사람에 대하여는 출입증을 회수하거나 출입구역을 축소할 수 있으며, 출입구역 변경 사유가 발생한 경우에는 출입구역을 변경하여 재발급할 수 있다. 그리고 정한 기간을 지나거나 대량 분실시 등의 경우는 갱신하여야 한다.

(3) 보호구역 차량출입증

가. 공항운영자는 공항시설 보호와 보안유지를 위하여 보호구역으로 진입하는 차량에 대한 출입 허가증 발급을 최소화하여야 하며 정규·임시출입 허가차량 허가증에는 다음 사항을 표시하여야 한다.
1) 차량 등록번호
2) 차량 소유주 및 소속회사 명칭
3) 출입허가 지역
4) 유효기간
5) 발행 일련번호
6) 공항명 또는 공항 로고

차량 정규출입증 디자인

나. 공항운영자는 허가 차량의 출입허가 유효기간이 1년을 초과하지 않도록 하여야 한다. 다만, 전자칩을 활용한 차량 출입통제 시스템이 설치된

경우 공항의 특성에 맞도록 유효기간을 정하되 3년을 초과하지 않도록 하여야 한다.

다. 인원 정규출입증을 발급받으려는 자는 기관의 장 또는 업체의 장이 공항운영자에게 차량 출입 허가를 신청하여야 하며, 출입증 신청 시에는 출입목적·구역 등을 포함하여야 한다.

라. 차량 운전자는 차량 출입증을 항상 식별이 용이한 차량 전면에 부착하여야 하며, 공항 운영자가 실시하는 차량 검색에 적극 협조하여야 한다.

마. 공항운영자는 운전자의 해당 차량 운전자격 여부를 확인하여야 하며, 운전자는 공항운영자가 정하는 안전지침을 준수하여야 하며 차량 출입증은 양도할 수 없다.

4. 보호구역 출입증 종류

(1) 인원 출입증

인원 정규출입증 디자인

가. 보호구역 출입증은 인원과 차량으로 구분하여 발급하며, 인원 출입증에는 정규출입증, 임시출입증, 방문증, 순찰출입증. 비표 등이 있다.

나. 인원 정규출입증 : 정규출입증 발급 대상자는 공항에 상주하고 있는 기관, 항공사, 업체의 소속 직원으로 보호구역 내에서 3개월 이상 업무를 수행하는 자, 보호구역내 공항 운영, 유지보수, 건설공사 등을 위하여 3개월 이상 상주하고 업무를 수행하는 자, 외교관으로 보호구역에서 업무를 수행하는 자, 공항운영자 소속 직원으로서 보호구역에서 업무를 수행할 필요성이 있는 자에게 발급한다.

다. 인원 임시출입증 : 임시출입증(상주)은 정규출입증 신청 후 신원조사를 필한 자, 정규출입증 소지가가 비인가 출입구역을 추가하여 출입하는 경우, 정규출입증 인식오류로 재발급 시까지, 외교/의전을 위해 임시로 출입하는 자에게 발급한다.

임시출입증(상주/비상주)

라. 임시출입증(비상주) : 정규출입증 발급요건에 미충족한 경우에 업무상 특별지원, 건설공사 등 필요시, 90일 이내 업무수행자, 상주기관 책임하에 관리·사용하는 대여출입증에 대해 발급한다.

마. 방문 출입증 : 공항업무를 위해 보호구역 방문 필요 시 최대 24시간 이내 출입이 허용되며 정규출입증 소자자 1인당 최대 20명까지 인솔이 가능하고 정규출입증소지자가 출입증 신청시스템을 이용하여 신청하여야 한다.

바. 기타 임시출입증 : 외부기관 감사, 점검 등 공무상 필요한 경우에 임시출입증(순찰)을 발급하며 대형 행사, 훈련시에는 비표(리본비표 포함)를 발급한다.

(2) 차량 출입증

가. 차량출입증에는 정규출입증, 임시출입증, 단기출입증, 훈련/행사 출입증 등이 있다.

나. 차량 정규출입증 : 보호구역내에서 공식업무 수행 차량, 기타 보호구역내에서 업무수행을 위해 필요하다고 인정되는 업무용 또는 개인 차량에 한해 제한적으로 발급한다.

다. 차량 임시출입증 : 각종 공사용 자재 또는 물품납품을 위해 보호구역 출입이 임시로 필요한 차량에 대해서 최대 90일이내에 사용이 가능한 임시출입증을 발급하며 24시간이내에 단기간 출입이 필요한 경우에는 단기출입증을 발급한다. 대형 행사, 훈련시에는 행사 또는 훈련용 임시출입증을 발급한다.

차량 정규출입증

차량 임시출입증

차량 단기출입증

제4절 공항 경비보안 대책

1. 관련규정

(1) 특수경비원 업무

가. 경비업법 제2조 용어정의에서 특수경비업무라 함은 공항(항공기를 포함한다) 등 대통령령이 정하는 국가중요시설의 경비 및 도난·화재 그 밖의 위험발생을 방지하는 업무이며, 이를 수행하는 자를 특수경비원이라 한다.

나. 경비업법 시행령 제2조(국가중요시설)에서 "대통령령이 정하는 국가중요시설"이라 함은 공항·항만, 원자력발전소 등 시설중에 국가정보원장이 지정하는 국가보안목표시설과 「통합방위법」 제21조제4항의 규정에 의하여 국방부장관이 지정하는 국가중요시설로 규정하고 있다.

다. 경비업법 제7조(경비업자의 의무)에서 특수경비업무를 수행하는 경비업자는 이 법에 의한 경비업과 경비장비의 제조·설비·판매업, 네트워크를 활용한 정보산업, 시설물 유지관리업 및 경비원 교육업 등 대통령령이 정하는 경비관련업외의 영업을 하여서는 아니된다.

(2) 청원경찰 임무

가. 청원경찰법 제2조(정의) 이 법에서 "청원경찰"이란 다음 각 호의 어느

하나에 해당하는 기관의 장 또는 시설·사업장 등의 경영자가 경비를 부담할 것을 조건으로 경찰의 배치를 신청하는 경우 그 기관·시설 또는 사업장 등의 경비를 담당하게 하기 위하여 배치하는 경찰을 말한다.

1) 국가기관 또는 공공단체와 그 관리하에 있는 중요 시설 또는 사업장
2) 국내 주재(駐在) 외국기관
3) 그 밖에 행정안전부령으로 정하는 중요시설, 사업장 또는 장소[9)]

나. 청원경찰은 법제4조 제2항의 규정에 의하여 청원경찰의 배치결정을 받은 자(청원주)와 배치된 기관·시설 또는 사업장 등의 구역을 관할하는 경찰서장의 감독을 받아 그 경비 구역 안에 한하여 경비목적을 위하여 필요한 범위 안에서 경찰관직무집행법에 의한 경찰관의 직무를 행한다.

(3) 특수경비원 자격

가. 경비업법 제15조(특수경비원의 의무)에서 특수경비원은 직무를 수행함에 있어 시설주·관할 경찰관서장 및 소속상사의 직무상 명령에 복종하여야 하며 특수경비원은 소속상사의 허가 또는 정당한 사유없이 경비구역을 벗어나서는 아니된다.

나. 특수경비원은 파업·태업 그 밖에 경비업무의 정상적인 운영을 저해하는 일체의 쟁의행위를 하여서는 아니되며 특수경비원이 무기를 휴대하고 경비업무를 수행하는 때에 특수경비원은 사람을 향하여 권총 또는 소총을 발사하고자 하는 때에는 미리 구두 또는 공포탄에 의한 사격으로 상대방에게 경고하여야 하는 무기의 안전사용수칙을 지켜야 한다. 다만, 다음에 해당하는 경우로서 부득이한 때에는 경고하지 아니할 수 있다.

1) 특수경비원을 급습하거나 타인의 생명·신체에 대한 중대한 위험을 야기하는 범행이 목전에 실행되고 있는 등 상황이 급박하여 경고할 시간적 여유가 없는 경우
2) 인질·간첩 또는 테러사건에 있어서 은밀히 작전을 수행하는 경우

9) 선박, 항공기 등 수송시설, 금융, 방송, 학교, 의료기관 등

다. 특수경비원은 무기를 사용하는 경우에 있어서 범죄와 무관한 다중의 생명·신체에 위해를 가할 우려가 있는 때에는 이를 사용하여서는 아니된다. 다만, 무기를 사용하지 아니하고는 타인 또는 특수경비원의 생명·신체에 대한 중대한 위협을 방지할 수 없다고 인정되는 때에는 필요한 최소한의 범위 안에서 이를 사용할 수 있다.

라. 특수경비원은 총기 또는 폭발물을 가지고 대항하는 경우를 제외하고는 14세 미만의 자 또는 임산부에 대하여는 권총 또는 소총을 발사하여서는 아니된다.

(4) 특수경비원 교육

가. 경비업법 제19조(특수경비원에 대한 교육)에서 특수경비업자는 특수경비원을 채용한 경우 특수경비업자는 대통령령으로 정하는 바에 따라 특수경비원으로 하여금 특수경비원 신임교육과 정기적인 직무교육을 받게 하여야 하고, 특수경비원 신임교육을 받지 아니한 자를 특수경비업무에 종사하게 하여서는 아니된다. 특수경비원에게 특수경비업자의 부담으로 특수경비원 교육기관에서 실시하는 88시간 특수경비원 신임교육을 받도록 하여야 한다.

나. 특수경비업자는 채용 전 3년 이내에 특수경비업무에 종사하였던 경력이 있는 사람을 특수경비원으로 채용한 경우에는 해당 특수경비원을 특수경비원 신임교육 대상에서 제외할 수 있다.

다. 특수경비업자는 특수경비원에게 선임한 경비지도사가 수립한 교육계획에 따라 매월 행정안전부령으로 정한 6시간 직무교육을 받도록 하여야 한다.

2. 공항방호 기본지침

(1) 일반지침

가. 국방부 대통령 훈령 제28호에서 공항방호의 일반지침은 공항공사 사장

(지사장) 은 직장방위협의회 의장으로서 관련 부서별 협조체제를 강구하며 기능별 임무로서 공항방호책임은 공항공사 사장(지사장)에게 있고 정보 · 보안에 관한 조정책임은 국가정보원(군사안보지원사)이나 공항 파견 책임자에게 있으며 항공기운항관리책임은 지방항공청장에게 있다.

보호구역 출입초소와 보안검색장비

나. 공항방호를 위한 합동상황실은 시설주의 지원을 받아 방호책임자가 운영하되 지역의 특성과 여건에 따라 운영방법을 조정 할 수 있다.

다. 공항에 상주하는 정부 관련부서 및 국영업체에 방호업무를 부여하며 공항 전 근무요원은 고유 업무를 수행하면서 담당구역에 대한 감시 및 경비업무를 수행할 수 있도록 특별 수칙을 부여한다. 각 책임구역별 감시 및 방호책임자를 임명하고 순찰과 감시구역을 중복하여 사각지대를 해소한다.

라. 정보 · 보안검색을 위하여 상주하고 있는 부서는 사무실 자체 방호 및 안전책임을 진다

(2) 3지대 방호개념

가. 공항의 3지대 방호개념은 타 시설 방호개념과 상이하므로 시설의 특성을 고려하여 방호해야 한다. 지역이 넓고 개활지이므로 여객청사, 화물청사, 관제탑, 동력동 등 시설별 자체보호, 거부장애물 설치, 주변 감제고지 통제 등이 이루어져야 하며 5분대기조를 분산 보유해야 한다.

나. 제1지대(경계지대)는 적의 침투 및 적 화기의 사거리를 고려하여 이를 저지할 수 있는 예상 접근로상의 "목"지역 및 감제고지와 항공기 이 · 착륙 회랑(기지특성 고려 활주로방향 8~12km)을 통제하는 경계지대로서

불규칙적인 수색정찰이나 매복활동과 관측소 및 검문소 운용과 대비책을 수립 시행한다.

다. 제2지대(주 방어지대)는 공항울타리 외곽 1~2Km 범위 내에서 적 침투 및 공격을 저지 격멸하는 주방어지대로서 전면 방어 개념을 적용하여 진지를 편성하고 경비요원, 주·야간 초소 운용, 순찰 ,활동으로 출입자를 통제하고 현대화된 과학화 장비 및 시설물을 설치와 5분대기조를 보유하는 등 적의 침투대비책을 수립 시행한다.

라. 제3지대(핵심방어지대)는 시설의 주 기능에 결정적인 영향을 미치는 핵심시설로서 주방어지대의 종심을 보강하고 침투한 적을 최종적으로 격멸하기 위해서 초소운영 유사시 전면방어를 할 수 있도록 5분대기조를 분산 운영하여 적의 침투에 대비한다. 울타리로부터 외곽으로 소총유효사거리를 기준으로 하되, 지형지물을 고려하여 설정하며 시설주가 방호한다.

마. 공항방호를 위한 지휘체제는 공항방호책임자가 지형, 규모, 시설여건 등을 고려하여 중요시설 방호개념에 의거 제 작전요소(군, 경찰, 청원경찰, 특수경비원, 직장예비군 등)를 통합하여 지휘 및 협조체제를 구축한다.

(3) 공항방호를 위한 경비형태

가. 공항경비형태는 인력경비와 기계경비로 크게 구분할 수 있다. 우리나라의 경비형태는 과거에는 인력경비에 대부분 의존하였으나 최근 들어서는 첨단과학화장비를 이용한 기계경비로 전환하고 있는 실정이다. 오늘날에 경비형태는 실질적으로 순수인력경비 또는 순수기계경비 보다는 기계경비와 인력경비가 혼합되어 이루어지는 경우가 적지 않다. 경비형태의 분류는 경비시스템의 운영에 있어서 어느 부분에 보다 중점을 두고 있느냐에 따라서 경비형태가 달라질 수가 있다.

나. 국가주요시설의 경비인력은 청원경찰 또는 특수경비원을 운영하고 시설의 규모 및 성격, 지역의 특성 등을 고려하여 경비인원을 배치하되 시설주가 적정인원을 확보하여 운용하고 긴급 및 우발상황 발생 시 즉각

적인 조치를 강구할 수 있도록 5분대기조를 편성 운용하는 경비형태로 순수하게 인력으로 경비하는 형태이다.

다. 기계경비업무란 경비업법 제2조 1호 라목에 의하면 경비대상시설에 설치한 기기에 의하여 감지·송신된 정보를 그 경비대상 시설외의 장소에 설치한 관제시설의 기기로 수신하여 도난·화재 등 위험발생을 방지하는 업무로 보호시설 및 대상에 감지기 및 신호수신기를 설치하여 중앙통제센터와 온라인으로 시스템을 구축하고 통제센터에서 24시간 이상정보를 탐지하여 이상정보가 발생 했을 경우 출동경비원이 긴급 출동하여 상황에 응하게 된다. 그리고 경비대상시설에 관한 경보를 수신한 때 에는 늦어도 25분 이내에는 도착시킬 수 있는 대응체제를 갖추어야 한다.

3. 항공경비요원 근무

(1) 특수경비원 배치

가. 항공경비요원은 경계근무를 위해 지정된 시간과 장소에서 근무하는 자를 말하며 경비요원에게 부여된 임무는 신성하고 임무 수행 시 권한은 절대적이며 그 누구도 침해하여서는 아니 된다. 경비요원은 책임감, 희생정신을 구비하여야 하고 임무수행 간에는 인내심, 침착성, 대담성이 필요하다.

나. 청원경찰법 제4조에서 청원경찰의 배치결정을 받은 자와 배치된 기관·시설 또는 사업장 등의 구역을 관할하는 경찰서장의 감독을 받아 그 경비 구역 안에 한하여 경비목적을 위하여 필요한 범위 안에서 경찰관직무집행법에 의한 경찰관의 직무를 행하도록 규정하고 있다.

다. 경비업법에서 특수경비원은 공항(항공기 포함)등 대통령령이 정하는 국가중요시설의 경비 및 도난, 화재 그 밖의 위험 발생을 방지하는 업무를 수행하여야 한다.

(2) 특수경비원 근무수칙

보안시설 차량출입통제

가. 경비요원 근무수칙은 직무수행 중에 지켜야 하는 규칙으로서 일반수칙과 특별수칙으로 구분하는데 초소에 또는 경비원이 쉽게 볼 수 있는 곳에 부착하여 실제 활용이 가능토록 한다.

나. 일반 근무수칙은 어떠한 상황이나 지역에 관계없이 모든 경비요원이 준수해야 할 사항으로 경비요원은 책임구역을 경계하며 책임구역내의 인원과 재산을 보호하고 경계근무 상 상관의 명령을 받아 근무하며 상황이 발생시 즉각 조치하고 이를 종합상황실에 보고 및 인접초소에 전파한다.

다. 경비요원은 출입하는 모든 인원 및 차량(석재물 포함)을 통제하며 필요시 검문검색을 하고 경비요원의 정당한 요구에 응하지 않는 자에 대해서는 필요한 조치를 취하며 경비요원은 어떠한 경우라도 무기와 탄약을 방치하거나 타인에게 넘겨주어서는 안 된다. 또한 경비요원은 근무 중 인접초소에 상황이 발생하여 증원할 때를 제외하고는 지정된 위치를 이탈하거나 불필요한 말과 행동을 해서는 안 되며 근무 중에 있었던 사항을 후번 근무자에게 인계한다.

라. 특별 근무수칙은 일반 직무수칙에 추가하여 임무숙지 및 행동화를 고려하여 간단명료해야 하고 또한 경비요원은 초소에 부여된 특별수칙을 숙지하여 근무하여야 한다. 근무 및 인접 초소를 포함한 초소의 명칭. 지상, 해상, 공중, 지하 등을 포함한 경계 및 감시구역. 도로, 교량, 마을, 고지 등의 중요 지형지물 명칭. 특별히 경계해야 할 요소 및 방향. 경계활동의 협조사항. 기타 부여된 지시사항을 기준으로 근무지별 특성, 여건에 맞도록 특별수칙을 적용한다.

(3) 특수경비원 운영기준

가. 경비요원의 운영기준은 시설의 규모, 핵심시설의 수, 지리적 취약요소, 경비 사각지대의 수 등을 고려하여 경비인력을 조정할 수 있으며 또한 외곽울타리, 건물, 지역에 CCTV등 경비과학화 보안장비를 설치하여 운영시은 경비인력을 가감 할 수 있다.

나. 경비요원의 운영 기준[10]은 다음과 같다.

1) 정문, 상시사용출입문, 경비상황실 : 2명 이상

2) 핵심시설 밀집보호구역 출입구, 일반초소 : 1명

3) 순찰, 초동조치 : 2명 이상

공항 대테러상황실

다. 5분 대기조는 공항별 규모 및 특성에 따라 적절한 규모로 운용하며 상시 출동태세를 유지하고 경비상황실과의 통신대책이 강구되어야 하며 후속증원요원은 경찰이나 군의 지원을 받을 수 있도록 필요한 계획을 수립하여 평상시 훈련을 통하여 원활한 지원을 받을 수 있도록 사전에 준비되고 필요시 경계협정서를 체결하여야 한다.

(4) 특수경비원 근무방법

가. 경비요원 근무방법[11]은 밀어내기식, 고정근무식, 전원순찰식이 있으며 임무, 지형, 기상, 가용시간 등을 고려하여 최상의 경계태세가 유지 될 수 있도록 시설별로 융통성 있게 적용할 수 있다.

나. 밀어내기식은 일정한 시간마다 대기실에 위치한 대기자가 이동하여 C초소 근무자를 밀어내고 B초소 근무자은 A초소 근무자를 밀어내며 이와 같이 계속 실시하여 A초소 근무조가 대기실로 복귀하는 방법이다. 이

10) 국가보안시설 및 보호장비관리지침 별표1 경비요소확보기준

11) 항공보안론(고광남. 소대섭 공저 130쪽~131쪽)

근무방법은 시설의 지형, 여건에 따라 책임지역을 2개조로 구분하는 등 융통성 있게 적용할 수 있다. 장점으로는 초소간격을 통제하기가 용이하고 졸음을 방지할 수가 있으며 권태감을 해소할 수 반면에 경비요원의 위치를 노출시킴으로서 기도비닉을 유지하기가 곤란한 단점이 있다.

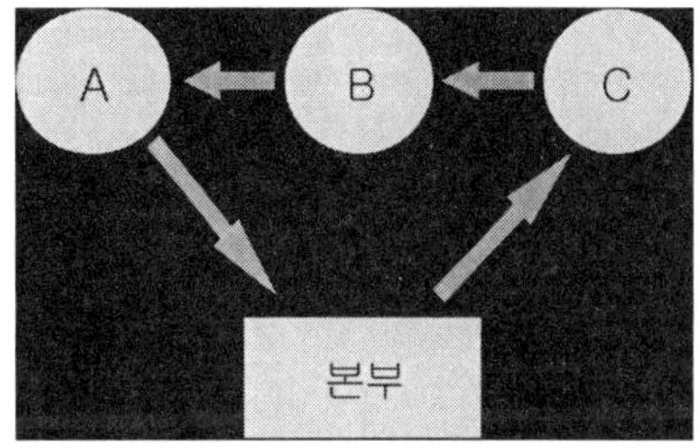

밀어내기식 근무방법

다. 고정근무식은 지정된 초소에서 계획된 시간동안 계속 근무하는 방법으로 침입자를 발견할 경우 즉각적인 조치나 기도비닉[12]을 유지할 수 있는 이점이 있는가 하면 고정근무로 인한 권태감이나 졸음방지가 곤란하고 초소간격 통제가 취약하며 순찰의 소요가 증대되는 단점이 있다.

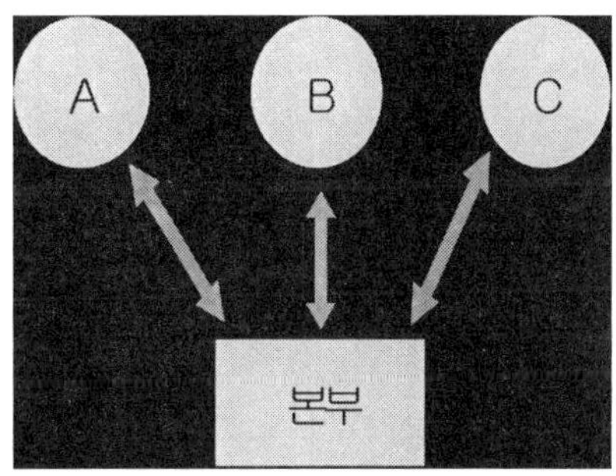

고정근무식 근무방법

라. 전원순찰식은 경비근무요원이 지정된 시간동안 구간을 반복적으로 이동하면서 근무하는 방법이다. 이는 순찰식으로 근무하기 때문에 졸음을 방지할 수 있으면서 초소간격을 통제하기가 용이한 이점이 있고 침입자를 발견히였을 경우에 즉각적인 조치가 곤란하고 기도비익을 유지하기 곤란하며 피로가 증가되는 단점도 있다.

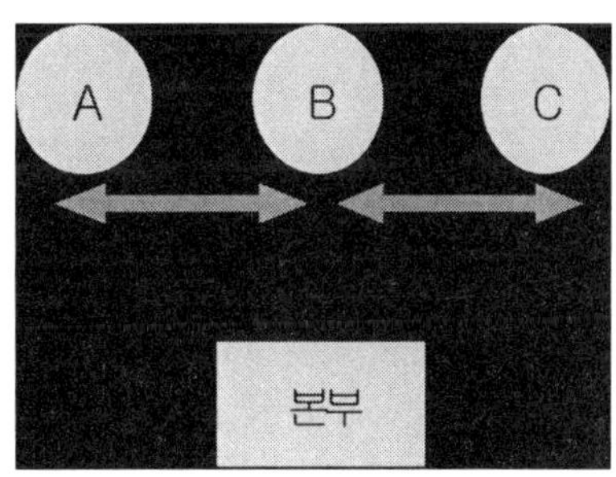

전원순찰식 근무방법

12) 조용히 들키지 않고 움직인다'는 군대에서 사용하는 용어임

4. 경비초소 근무 및 보호대책

(1) 경비초소 운영

보안울타리와 망루초소

가. 경비초소 위치는 책임구역을 가장 잘 감시할 수 있고 상황발생시 유리한 지형에 위치해야 한다. 주간초소위치는 넓은 지역의 감시가 용이한 곳, 불순분자의 행동을 감시하면서 출입 인원 및 차량통제가 용이한 곳에 위치하여야 한다. 야간에는 적 또는 불순분자의 감시가 용이한 낮은 곳, 음향청취 및 화염발견이 용이하고 불순분자의 접근지역 통제가 용이하면서 주위가 조용한 곳이 좋다.

나. 초소설치 간격은 주변지형, 감시범위, 순찰로 및 순찰제도, 과학보안장비 설치 등 경비여건과 주·야간 육안식별거리를 고려하여 설치하되 사각지대가 발생하지 않도록 하여야 하고 순찰 인원, 수단, 횟수 등에 따라 초소설치거리를 연장할 수 있다.

인천공항 에어사이드 출입초소

다. 초소 종류에는 시설주위이나 울타리지역 밖의 지역이 잘 보이도록 하기 위한 망루초소를 비롯하여 사람의 출입을 통제하는 초소, 차량의 출입통제초소, 사람과 차량의 출입을 동시에 통제하는 출입통제초소 등 그 임무와 성격에 따라 다양하게 구분될 수 있다.

라. 출입초소는 인원과 차량이 출입할 수 있는 초소와 인원만이 출입할 수 있는 출입초소로 구분할 수 있다. 모든 출입초소에는 출입인원 및 차량의 출입증을 확인하여야 하며, 인원 및 차량에 대한 보안검색을 할 수 있는 항공보안장비가 설치되어 있어야 한다. 또한 비인가 차량의 무단 출입 또는 돌진을 막기 위해서 로드블럭 또는 타이어킬러 등 차단장치를 설치하여 출입통제를 실시하여야 한다.

마. 망루 및 외곽초소 근무요령은 다음과 같다.

1) 보안도로 이동 인원 및 차량감시

2) 울타리 경비지역 비인가자접근 및 밀입국자 방지

3) 비인가자 접근시 경고 및 접근차단

4) 비상 상황시 경비상황실에 보고 및 인접초소에 상황전파

(2) 보호구역 보안검색

가. 공항운영자는 항공보안법 제13조(보호구역에의 출입허가)에 따라 출입허가를 받아 보호구역으로 들어가는 사람 및 차량 또는 물품에 대한 출입통제 및 보안검색을 실시하여야 한다.

공항 보호구역 출입초소

나. 공항운영자는 보안검색 완료지역으로 들어가는 승무원, 공항 보호구역 출입증 소지한 공항직원, 기타 보호구역 진입을 허가를 받은 사람 및 휴대물품에 대하여도 일반승객과 동일한 방법으로 보안검색을 하여야 한다.

다. 정규출입증 소지자는 보호구역 출입증을 출입보호구역 출입초소에 설치된 카드리더에 인식하면 인가확인을 통해 녹색램프가 커지며 출입할 수 있다. 만약 비인가자 또는 출입허가지역이 아닐 경우에는 적색램프가

켜지며 이때 경비요원이 출입증을 확인하여 인가여부를 확인한다.

라. 분실 출입증을 카드리더에 인식할 경우 경보음이 발생하며 경비요원이 출입증을 확인하고 분실출입증으로 확인될 경우에는 출입증을 회수하고 분실출입증을 사용한 사람을 조사하고 불법이 의심될 경우에는 대테러 상황실을 통해 합동조사를 의뢰하여야 한다.

마. 출입허가된 사람은 문형금속탐지기를 통과해야 하며 문형금속탐지기에서 경보음이 발생될 경우에는 경보음 발생원인을 위해 휴대용금속탐지기 또는 육안확인을 통해 정밀검색을 실시한다.

바. 임시출입증 소지자 또는 방문증 소지자는 출입증 발급확인서와 사진이 부착된 신분증을 제시할 것을 요구하여 본인여부를 정확히 확인한 이후에 출입이 허용된다. 비상주임시출입증과 방문증 소지자는 정규출입증을 소지한 인솔자와 동행하여야 출입이 가능하다.

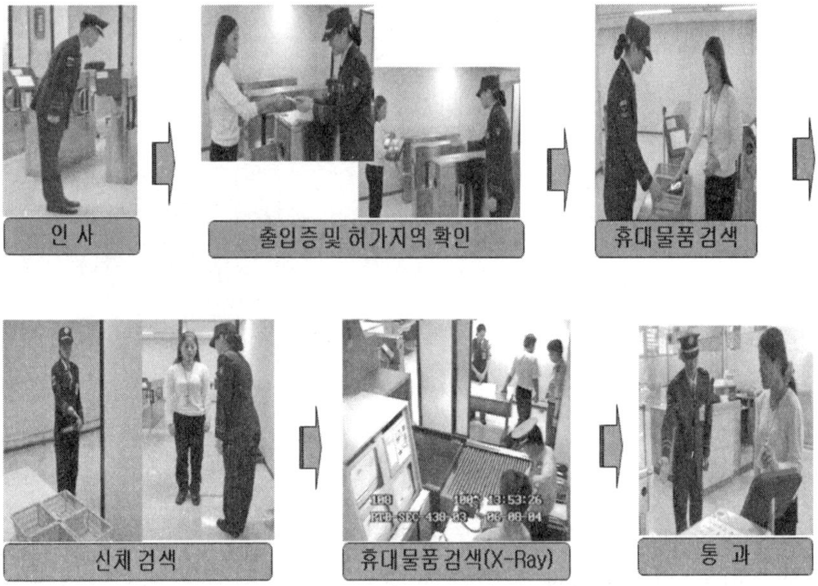

보호구역 출입초소의 출입통제 및 보안검색절차

5. 차량 보호구역 통제

(1) 차량 출입통제

가. 차량 및 장비 등에 대한 출입통제는 항공보안법 시행규칙 제6조(보호구역 등에 대한 출입허가 등)에 따라 출입허가를 받은 차량을 운행하여 출입하는 경우에는 해당 차량의 운전석 앞 유리창에도 차량출입증을 붙여야 한다. 보호구역으로 출입하는 모든 차량, 장비 및 탑승자는 출입통제와 보안검색을 받아야 한다.

차량 출입통제 및 보안검색절차

나. 보호구역 정규/임시 출입허가 차량 검색절차[13]는 다음과 같다.

1) 차량출입 허가증 차량번호 및 번호판 차량 일치 여부 확인
2) 운전자 · 동승객은 차량엔진을 중지시키고 개인 휴대 · 소지품을 가지고 하기
3) 운전자 또는 동승객 이상 징후 포착시 정밀검색 실시(의심구역 집중검색)
4) 차량 검색간 비인가자 무단진입 대비 주변경계 철저 이행
5) 차량 보안검색 기본 절차는 ① 차량출입증 일치 여부확인 ② 차량내부 ③ 트렁크/적재함 ④ 본넷트(엔진룸) ⑤ 차량외부/하부 순서로 실시한다.

---

13) 국가항공보안계획(7.5.9 : 공항운영자는 보호구역 진입허가 차량에 대한 검색을 부록4에 따라 실시하여야 하며, 검색기준에 대한 적용은 「국가항공보안 우발계획」에 따른 항공보안 등급에 따른다.)

1.차량 검색구역 정차

2. 차량출입증 확인

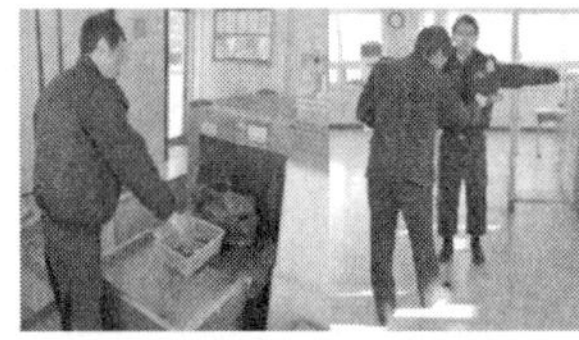

3. 출입자 보안검색

4. 차량 보안검색

5. 차량하부 보안검색

6. 특이사항 상황실보고

보호구역 차량 출입시 출입통제 및 검색절차

(2) 차량 검색방법

가. 차량에 탑승한 운전자 및 동승자의 보안검색은 출입자의 보안검색과 같은 방법으로 실시하며 차량은 보호구역출입이 허가된 차량인지 여부를 차량출입증으로 확인한 후에 차량의 가동을 중지시키고 차량의 내부부터, 트렁크, 급유구, 타이어, 엔진룸, 차량외부, 차량하부 등 빠진 곳이 없도록, 육안 및 검색장비를 이용한 검색을 실시한다.

검색경으로 차량하부검색

나. 차량 검색시 유의사항은 다음과 같다.

1) 차량검색시는 팀 단위로 검색하는 것이 좋으며 운전자와 탑승자의 위치를 항상 파악한 후 운전자에게 모든 문과 트렁크 등을 개방하도록 하여야 한다.

2) 엔진작동 중 차량검색을 실시해서는 안 되며 운전자에게 공격할 기회를 제공해서는 안 된다.

3) 폭발물을 설치했을 가능성이 있거나 운전자가 도주 또는 검색을 방해할 우려가 있을 경우에는 운전자를 안전한 장소에 격리해야 한다.
4) 운전자가 눈에 띌 정도로 몸이나 손을 떨고 시선을 회피하며 땀을 많이 흘리거나 한숨을 쉬거나 목소리가 떨리거나 말을 더듬거리는 등 불안정한 행동을 보이는 사람은 주의해서 차량검색을 하여야 한다.

(3) 비상발생시 차량 비상출입절차

가. 보호구역내에서 항공기 추락, 화재, 테러, 인명구조, 기타 긴급을 요하는 비상상황이 발생한 경우에는 사전에 공항운영자 항공보안부서의 협조하에 한시적으로 출입증을 소지하지 아니하고도 해당인원 또는 차량의 출입을 허가할 수 있다.
나. 사전에 지정된 공항외곽 만남의 장소에 집결하면 출입증이 없어도 경비차량의 인솔하에 보호구역으로 신속하게 출입하여 긴급구조 및 구난 등의 업무를 수행하게 할 수 있다.
다. 다만, 비상시 보호구역에 출입한 차량의 해당 기관(업체)의 장은 출입사유가 종료되는 때로부터 2시간 이내에 출입자 및 차량관련 정보를 공항운영자에게 제출하여야 한다.

6. 순찰방법

(1) 순찰목적

경비책임지역 순찰 및 예방조치[14] 목적은 경비요원이 경비책임구역을 순행하면서 경비대상 시설의 안전과 범죄의 예방, 사고방지, 정황관찰 등을 위하여 근무하는 것으로서 경비요원의 가장 기본적인 근무형태의 하나이다. 순찰의 종류는 순찰노선, 순찰수단, 순찰인원에 의한 구분으로 나눌 수 있다.

---

14) 항공보안론(고광남. 소대섭 공저) 132페이지~135페이지 참조

(2) 순찰노선에 의한 분류

가. 정선순찰 : 사전에 정해놓은 순찰 노선을 따라 규칙적으로 하는 순찰이다.

나. 난선순찰 : 순찰근무자가 임의로 순찰 노선을 택하여 목적지를 순찰하는 방식이다.

다. 요점순찰 : 순찰구역 내의 중요한 지점을 지정하여 순찰근무자는 반듯이 그 지점을 통과하며 지정된 요점과 요점사이에서는 난선순찰방식에 따른 순찰을 하는 것을 말한다. 정선순찰과 난선순찰의 장점을 살리고 단점이 보완되는 방식이다.

라. 복수순찰 : 순찰구역내의 몇 곳을 순찰 소구역으로 설정하여 소구역을 중점적으로 난선 순찰하는 것을 말하며 시설 내에 특별히 범죄의 우려가 있는 취약지역의 경우에 사용하는 순찰이다.

(3) 순찰수단에 의한 구분

가. 도보순찰 : 걸어서 순찰하는 방법으로서 순찰근무자의 전형적인 순찰방법으로 순찰속도가 느리다는 단점은 있으나 은밀히 순찰하면서 면밀히 관찰 할 수 있다. 순찰근무자가 상세하게 순찰 노선 부근의 정황을 관찰할 수 있고 사고발생 시 신속하게 대처할 수 있다. 외부의 음향 등을 청취하는데 편리하므로 야간 등 청력을 필요로 하는 경우에 유리하다. 특별한 장비는 필요로 하지 않으며 비좁은 장소나 도로 등 어떠한 장소에서도 용이하게 순찰을 실시할 수 있고 상세한 지형이나 주변 정황에 통달할 수 있으나 속도가 느려 소구역 순찰시 실시한다.

도보순찰

나. 차량순찰 : 차량을 이용하는 순찰로서 112 순찰차, 무전기를 장착한 자동차, 오토바이 등이 이용된다. 상당히 넓은 지역을 순찰할 수 있다는

장점이 있으나 세부적으로 지역을 살필 수 없다는 단점이 있다. 공항 등 대규모지역이나 긴급히 출동하여야 할 경우에 유용하다.

(4) 순찰인원에 의한 구분

가. 단독순찰 : 한 사람의 근무자가 행하는 순찰을 말하며 소수의 인원으로 넓은 구역을 순찰할 수 있으며 장비가 우수하면 단독순찰이라도 충분히 효과를 거들 수 있다. 은밀히 주의력을 집중하여 순찰할 수 있으나 다수의 범죄기도 자가 있을 경우 대처가 불가능하다.

나. 복수순찰 : 2인 이상의 근무자가 순찰하는 것으로서 범죄의 위험이 있을 경우 유용하다. 다수의 범인에 대한 대처가 가능하며 유사시 연락이 가능한 이점이 있다.

(5) 순찰방법

가. 순찰방법은 순찰구역을 도보로 순찰할 때에는 낮에는 주위의 눈에 띄도록 걷고 야간에는 건물가까이 걷는다. 낮에는 도보순찰은 가능한 많은 사람들에게 근무자의 모습을 보임으로써 예방 목적을 가지는 것이고 야간에는 도보순찰의 목적은 가능한 침입자들에게 경비근무자의 모습을 보이지 않고 체포하기 위한 것이다.

나. 야간 순찰시 건물들에 접근할 때 주의해서 행동하여야 한다. 침입자들이 건물 안이나 문 쪽에 숨어있을 가능성을 생각해야 한다. 순간적으로 멈추고 보이지 않도록 어두운 지역에 관찰하면서 이상한 소리에 귀를 기울여야 한다. 고요한 밤에는 유리 깨지는 소리, 걷는 소리 등이 확대되어 들린다.

다. 차량순찰의 경우 반드시 지켜야 할 규칙 중에 하나는 차에서 자주 내려서 확인한다는 것이다. 경비근무자들이 속력을 빠르게 하여 순찰하는 것은 순찰의 목적달성이 저하될 수 있다. 주위상황에 맞게 속도를 조절하여야 한다. 순찰차량의 창문을 열고 무전기의 소음이 밖으로 나가지 않도록 소리를 줄인다. 구역을 순찰할 때 주변을 세밀히 살피어야 한다.

라. 건물 수색시 경비근무자가 건물 내에 들어갈 때 통신에 장애가 있을 수 있기 때문에 경비상황실에 알리는 것이 필요하다 일정시간이 지났는데 경비근무자와 통화가 되지 않을 경우는 확인을 하여야 하고 항상 불의의 공격을 받을 수 있으므로 경계심을 가지고 순찰을 하여야 하며 필요시 지원요청을 하여야 한다.

마. 수색할 건물에서 좀 떨어진 곳에 차를 주차하고 걸어서 순찰하되 소리가 적게 나도록 하고 어둠이라든지 그늘 등의 자연적인 은폐물을 이용하고 반드시 필요한 경우가 아니면 손전등을 사용해서는 안 된다.

바. 순찰은 2명이 한 팀으로 서로 엄호하여 하고 서로 대화를 하여야 한다면 속삭여야 한다. 속삭일 때 "쉬쉬"소리가 나는 것을 줄이기 위해 처음에 숨을 깊이 들여 마시고 쉿 소리를 하기 전에 공기를 반만 보낸다.

7. 순찰시 착안사항

(1) 여객터미널 실내 순찰

여객터미널지역 등 실내지역 순찰 근무 시 착안사항은 다음과 같다.

여객터미널을 순찰중인 보안요원과 탐지견

가. 입·출국 여객들의 의심 행동을 예의 주시

나. 필요 이상의 화물을 가지고 있는 사람을 집중 감시

다. 은폐 가능한 지역(화장실, 휴게시설 등)은 집중 재확인

라. 의심 가는 복장이나 언어를 사용하는 여객을 예의 주시

마. 장시간 방치되어 있는 물건에 대해서는 대테러 상황실에 즉각 보고하고 지시에 따름

바. 승강기 등 편의시설의 이상 유무를 확인하고 여객 및 이용객의 안전사고를 예방
사. 폐쇄 문 시건 상태
아. 출입문, 창문, 셔터 등의 파손 여부
자. 사무실 시건 여부
차. 계단, 통로, 화장실, 휴지통 등 범인은거 및 폭발물 설치 가능지역 점검
카. 소화기 상태 등 기타 필요한 사항

(2) 외곽보안울타리 외부 순찰

외곽보안울타리 등 외곽지역 순찰시 착안사항은 다음과 같다.
가. 보안 도로상(담당구역)의 이상유무 확인
나. 울타리에 침입 흔적 등 이상유무 확인
다. 위급상황 발생시 즉시 출동, 상황파악, 보고
라. 현상보존, 능력 범위내 소치
마. 울타리 블록담, 철조망 등 파손 및 월담 가능물체 유무
바. 울타리 지역 장력센서 등 경비과학시설 작동상태
사. 배수지역 침투방지 망 훼손유무
아. 초소별 통신 소통상태
자. 경비원 근무상태(정위치, 복장, 휴대장비 등)
차. 기타 지시사항

(3) 순찰시 준수사항

가. 순찰자가 순찰을 할 때는 국가중요시설의 경비 및 도난, 화재 그 밖의 위험 발생을 방지한다는 목적의식을 가지고 순찰을 하여야 하고 순찰을 나가기 전에 복장과 장비를 확인하되 특히 무기, 봉, 경적을 야간에는 손전등을 준비해야 한다.
나. 순찰시에 흡연을 하여서는 절대 안 되며 손전등 사용도 가능한 자제를 하고 소음이나 순찰위치를 노출시키지 않음으로서 범죄자나 범죄시도자

에 대한 동태를 감시 및 기습효과를 얻을 수 있다.

다. 순찰지점은 경비취약지역, 화재위험지역 등으로 확인사항을 사전에 숙지하고 반드시 점검되어져야 하며 이상한 냄새나 소리를 들었을 때 원인을 찾아서 필요한 조치를 강구하고 순찰출발 전, 순찰 도중, 순찰복귀 후에 순찰결과를 감독자나 관계자에게 보고하여야 한다.

8. 질문검색 방법

(1) 질문검색 목적

가. 질문검색은 경비요원이 경비대상 시설, 장소 내에서 위험발생의 방지와 범죄예방을 위하여 거동이 수상한 자 등 질문이 필요한 자에 대하여 질문하여 사실을 확인하는 행위를 말한다.

나. 거동수상자 발견 및 의심행동 특징은 다음과 같다.

1) 의심이 가는 물품을 휴대하고 일정한 방향없이 주위를 배회하거나 주위를 살피며 경찰, 또는 보안요원을 의식적으로 피한다.
2) 구석진 곳으로 이동하려고 하거나 사람의 눈이 잘 띠지 않는 곳 등에 물건 또는 가방 등을 놓고 사라진다.
3) 다른 사람에게 무인 탁송을 의뢰한다.
4) 허가되지 않은 출입증 패용하고 불필요하게 보호구역을 출입한다.

(2) 거동수상자 발견시 행동요령

가. 거동수상자를 발견하였을 때는 한사람은 지속적으로 감시를 하며 한사람은 대테러상황실에 신고한 후에 거동수상자를 계속 감시하는 등 관찰을 하면서 활동 중에 만나는 사람이 없는지 여부를 확인한다.

나. 질문검색의 효과 첫 번째는 범죄예방이다.

1) 심리적 제약 : 질문검색을 받음으로서 거동수상자 자신의 행동이 의심받고 있다는 심리적 제약으로 인하여 범행을 포기하게 할 수 있다.
2) 활동의 둔화 : 질문검색을 받게 됨으로서 거동수상자 자신의 행동이

감시받고 있다는 불안감으로 활동을 둔화시킬 뿐 아니라 범죄 실행에 어려워 움을 준다.

3) 위험성 증대 : 보안요원에게 질문검색을 받게 됨으로서 거동수상자 자신이 노출됨으로써 범죄 후 검거될 수 있는 위험이 증대되어 범행을 포기하게 할 수 있다.

거동수상자 질문검색

다. 두 번째 효과는 범인체포 및 수사단서를 확보할 수 있는데 거동수상자에게 질문검색을 실시할 당시의 눈빛이나 마주 대할 때의 인상착의와 목소리 즉 범인의 음성이나 말투, 억양, 사투리 구사 여부를 비롯하여 심리상태, 성격 등이 수사단서로 이용되어 범인체포에 도움이 된다.

라. 세 번째 효과는 위험발생을 조기 발견하는 것인데 위험발생요인을 사전에 발견하여 보안요원이 신속하게 조치를 취함으로서 공항이용객의 생명은 물론 공항 시설 등을 보호함으로서 재산 피해확산을 방지할 수 있다.

다. 네 번째 효과는 경비업무의 신뢰를 회복하는 것인데 질문검색을 통해 테러 등 각종 위협을 사전에 발견하여 범죄를 예방함으로서 경비업무의 전문화로 이어질 수 있는 중요한 초석이 될 뿐 아니라 공항이용객들로부터 신뢰를 받을 수 있다.

9. 관찰활동 및 보고

(1) 관찰활동 방법

가. 경비업무에서의 관찰이란 경비요원의 경비대상 시설 · 장소에서 출입대상이나 사물, 발생하는 현상 등을 주의깊게 살펴보고 파악하는 것을 의미한다.

나. 관찰은 단순히 주변의 사물이나 현상을 살펴보는 것에 그치지 않고 관찰의 핵심은 '사물 · 현상의 파악'에 있으며 경비요원이 자신의 오감(五

感)을 활용하여 지각한 것을 분석하여 그 의미를 파악하는 것이 관찰활동인 것이다.

다. 관찰활동을 통해 위해기도자 식별요령은 다음과 같다.

1) 위해를 가하려는 자는 군중 속에서 주로 2~3열에 위치
2) 주머니가 불룩하거나 가방을 휴대한 자
3) 손에 신문지 등을 말아서 들고 있거나 붕대를 감은 자
4) 날씨, 주변환경과 어울리지 않는 복장 착용자
5) 주변을 살피면서 안절부절 하거나 근무자를 경계하는 자
6) 목표를 집중주시하거나 근무자의 동향을 유심히 살피는 자
7) 긴장된 증상을 보이면서 행동이 부자연스러운 자

라. 관찰자의 관찰행동 방법은 다음과 같다.

1) 접근자의 손과 눈을 주시하며 의심하고 경계하라
2) 위해자의 입장에서 생각하고 대비책을 강구하라
3) 모든 인원 · 물품을 예외없이 확인하고 검색하라
4) 방심은 위해분자에게 기회를 제공한다. 끝까지 긴장하라
5) 비상상황을 예측하고 대비책을 철저히 강구하라

(2) 보고요령

가. 보고[15]는 하급자가 상급자에게 정기적 또는 비정기적으로 어떤 일의 내용이나 결과를 알려주는 것으로 상급자의 판단, 결심, 임무수행에 중대한 영향을 미치므로 육하원칙에 의거 신속, 정확하게 보고하여야 한다.

나. 경비요원의 보고시기는 지시된 시간, 불순분자 발견 시, 이상이 있을 때 실시하며, 보고의 기본원칙은 "선 보고 후 조치"이나 상황이 긴박 때에는 "선 조치 후 보고"를 할 수 있다.

다. 보고 종류를 살펴보면 보고는 최초, 중간, 최종 보고로 구분하며 세부내용은 다음과 같다.

15) 항공보안론(고광남. 소대섭 공저) 135페이지~137페이지 참조

구분	보 고 내 용
최초 보고	• 주안점 : 신속성 • 상황발생 시 알고 있는 사실을 그대로 즉시 보고
중간 보고	• 주안점 : 정확성 • 최초보고 사항 중에 변경된 상황이나 수정사항을 위주로 보고 • 상황 진행사항을 육하원칙에 의거 수시로 보고
최종 보고	• 주안점 : 상황발생 시부터 종료 시까지 종합 • 상황에 대한 배경, 분석, 문제점 및 교훈도출 보고 • 감시 및 식별, 조치사항에 대한 전반적인 내용 종합보고

라. 경비요원의 최초보고는 누가(보고자, 초소번호, 명칭), 언제(상황발생 및 인지시간), 어디서(상황발생장소), 무엇을(내용)의 4가지 요소를 포함하여 육하원칙에 의거 주간에는 지휘조직계통으로 야간에는 당직계통으로 보고하되 긴급한 상황에는 중간보고 생략 후 추후보고 할 수 있다.

제5절 물리적 방호 및 경비보안시스템

1. 개요

국가보안시설 및 보호장비 관리지침 제8조에는 국가보안시설의 보호구역은 시설의 기능과 특성을 고려하여 외부에서의 투시·도청 및 위험물 투척방지 대책을 강구하고 출입문에는 생체·카드인식기, 자동장금장치 및 인터폰 등 설치, 무단출입을 방지하며 무단출입을 인지할 수 있도록 CCTV·동작 감지기·경보장치 등 과학보안장비를 구비하고, 보안담당자가 해당상황을 즉각 인지할 수 있는 자동보안시스템 등 방안을 강구하여야 한다.

2. 물리적 방호수단

(1) 보안울타리

외곽침입감지 보안울타리 및 철조망

외곽침입탐지시스템은 외곽울타리를 넘어 침입을 시도하거나 침입한 침입자를 탐지하여 경보를 알려주는 전자장치이다. 이러한 전자장치는 울타리이나 경비요원의 외곽보호대책의 효율성을 높일 수 있지만 오경보가 작동하므로 CCTV 또는 경비요원과 같은 경보확인시스템이 같이 사용되어야 한다. 그리고 외부탐지시스템의 설치를 하기 전에 외곽울타리 길이, 공격탐지지역을 설정할 수 있는 충분한 공간여부, 토양 및 지상표면상태, 설치지역의 기상 및 야생동물 출몰빈도, CCTV나 경비요원이 경보를 확인할 수 있는 자원 등을 조사하여야 한다.

(2) 보안등

망루와 보안등, CCTV카메라

보안등은 경비요원에 의한 직접감시 또는 폐쇄회로를 통한 간접감시를 효율적으로 하기 위해 필요한 조명을 제공하는 것 외에 잠재적인 침입자에게 활동 억제역할을 할 수 있다. 이러한 보안등 설치 조건은 첫째 침입자가 목표물에 도달하기 전에 경비요원이 발견할 수 있어야 하고 둘째 침입자로부터 경비요원을 은폐할 수 있도록 하며 셋째 침입자 저지 또는 그들의 목적수행을 저지하여야 한다.

(3) CCTV 카메라

CCTV는 인력을 절감할 수 있으며 침입탐지시스템 및 자동출입통제시스템과 연동하여 사용하는 경우에 외곽 또는 광범위한 지역을 보호하는데 유용하게 사용할 수 있다. 특히 외곽침입 탐지시스템에서 발생한 경보를 확인하기 위해서 사용한다면 이는 위험, 악천후 또는 관련 업무를 위해 수행하여야 하는 불편한 일에 노출되어 있는 경비요원의 근로조건을 향상시킬 수 있다.

CCTV 카메라

CCTV시스템은 간단한 실내·외 시스템에서부터 복잡한 다중카메라 저조도 시스템까지 다양하다.

(4) 자동출입통제시스템(AACS)

자동출입통제 시스템은 전자 출입증을 카드리더에 인식하여 출입을 허가할 경우 자동으로 차단기가 열려 출입을 할 수 있는 시스템으로 스피드게이트라고도 한다. 자동출입통제시스템는 출입이 허가된 사람만이 보호구역으로 출입할 수 있도록 인가자의 신원을 실시간으로 확인하고 출입을 통제하는 것이다.

스피드게이트와 카드리더

(5) 생체인식 시스템

생체인식 시스템은 컴퓨터 메모리 내에 저장된 기록과 비교해서 출입 장소에서 받는 신체적 특징을 조사하여 사용자의 신원을 확인하는 시스템이다. 현재 가능한 시스템은 지문, 손 형태, 망막, 정맥 형태, 음성 및 서명 등이다. 생체인식시스템의 주요 장점은 다른 시스템들은 카드와 비밀번호만을 인식하지만 이 시스템은 출입하는 사람들의 신원을 인식할 수 있다.

카드리더와 혈관인식

(6) 차량출입통제시스템

폭발물을 차량에 은닉하여 테러를 감행할 목표시설로 이동한 후 폭파를 통해 대규모 사상자 및 재산상의 피해를 방지하기 위하여 차량출입구에는 차량 진출입을 통제하기 위해 타이어킬러, 로드블럭 등 차단기를 설치하고 차량검색경 등을 비치하여 차량하부검색에 활용함으로서 차량을 효과적으로 통제할 수 있다.

차량돌진방지용 타이어킬러

차량돌진방지용 로드블럭

제 5 장

항공보안검색

제5장 항공보안 검색

제1절 보안검색 개요

1. 보안검색 관련규정

(1) 보안검색 정의

가. ICAO 부속서 17(SECURITY)에서 보안검색이란 “불법행위에 사용될 수 있는 무기, 폭발물 또는 다른 위험한 장치를 찾아내기 위한 기술 및 다른 수단의 적용”이라고 정의하고 있으며, 항공보안법 제2조 제9호에서 보안검색이란 “불법방해행위를 하는 데에 사용될 수 있는 무기 또는 폭발물 등 위험성이 있는 물건들을 탐지 및 수색하기 위한 행위를 말한다”라고 규정하고 있다.

나. “불법방해행위(Acts of Unlawful Interference)”라 함은 항공보안법 제2조 제8호에서 “항공기의 안전운항을 저해할 우려가 있거나 운항을 불가능하게 하는 행위”로 세부항목은 다음 표와 같다.

① 지상에 있거나 운항중인 항공기를 납치하거나 납치를 시도하는 행위 ② 항공기 또는 공항에서 사람을 인질로 삼는 행위 ③ 항공기, 공항 및 항행안전시설을 파괴하거나 손상시키는 행위 ④ 항공기, 항행안전시설 및 제12조에 따른 보호구역(이하 “보호구역”이라 한다)에 무단 침입하거나 운영을 방해하는 행위 ⑤ 범죄의 목적으로 항공기 또는 보호구역 내로 제21조에 따른 무기 등 위해물품(危害物品)을 반입하는 행위 ⑥ 지상에 있거나 운항중인 항공기의 안전을 위협하는 거짓 정보를 제공하는 행위 또는 공항 및 공항시설 내에 있는 승객, 승무원, 지상근무자의 안전을 위협하는 거짓 정보를 제공하는 행위 ⑦ 사람을 사상(死傷)에 이르게 하거나 재산 또는 환경에 심각한 손상을 입힐 목적으로 항공기를 이용하는 행위 ⑧ 그 밖에 이 법에 따라 처벌받는 행위

(3) 보안검색 책임주체 변천과정

구분	보안검색운영	검색감독	비고
'93. 9. 7 이전	경찰 전담	-	
'93. 9. 7 이후	항공사 (비용부담 및 청원경찰)	공항경찰대	김포, 김해, 제주공항
'01. 3.29 인천국제공항 개항	항공사 (비용부담 및 용역업체)	공항운영자	모든 지방공항 으로 확대
'02.11.27 항공안전및보안에관한 법률 시행	공항운영자	공항운영자	화물보안검색은 항공사

보안검색 책임주체 및 역할의 변천과정

(4) 승객 등의 보안검색

가. 항공보안법 제15조에 따라 항공기에 탑승하는 사람은 신체, 휴대물품 및 위탁수하물에 대한 보안검색을 받아야 한다. 공항운영자는 항공기에 탑승하는 사람, 휴대물품 및 위탁수하물에 대한 보안검색을 하고, 항공운송사업자는 화물에 대한 보안검색을 하여야 한다.

나. 다만, 관할 국가경찰관서의 장은 범죄의 수사 및 공공의 위험예방을 위하여 필요한 경우 보안검색에 대하여 필요한 조치를 요구할 수 있고, 공항운영자나 항공운송사업자는 정당한 사유 없이 그 요구를 거절할 수 없다는 단서조항을 추가하였는데 이는 입법과정에서 경찰청의 요구를 수용한 것이었다.

다. 공항운영자 및 항공운송사업자는 보안검색을 직접 수행하거나 경비업법에서 정한 경비업자 중 공항운영자 및 항공운송사업자의 추천을 받아 국토교통부장관이 지정한 업체에 위탁하여 수행할 수 있다.

(5) 승객이 아닌 사람에 대한 보안검색

가. 항공보안법 제16조에 따라 공항운영자의 허가를 받아 보호구역으로 들어가는 사람 또는 물품에 대하여도 보안검색을 하여야 한다. 이 경우 보안검색의 방법·절차·면제 및 위탁 등은 승객 등의 보안검색 규정을 준용하여야 한다.

나. 화물터미널 내에 지정된 보호구역으로 들어가는 사람 또는 물품에 대한 보안검색은 화물터미널운영자가 하여야 하며 이 경우 보안검색의 방법·절차·면제 및 위탁 등에 관하여는 승객 등의 보안검색 규정을 준용하여야 한다.

(6) 통과승객 또는 환승승객에 대한 보안검색

가. 항공보안법 제17조에 따라 항공운송사업자는 항공기가 공항에 도착하면 통과 승객이나 환승 승객으로 하여금 휴대물품을 가지고 내리도록 하여야 한다.

나. 공항운영자는 항공기에서 내린 통과 승객, 환승 승객, 휴대물품 및 위탁수하물에 대하여 보안검색을 하여야 한다.

2. 보안검색 방식 및 운영

(1) 보안검색 원칙

가. 항공보안에서 보안검색의 기본원칙은 모든 승객 및 휴대물품은 항공기, 보안검색완료구역 또는 보안구역으로 들어오기 전에 예외없이 보안검색을 받아야 한다는 것이다. 이런 절차는 국제선은 물론 국내선에도 적용되어야 하며 보안검색을 완료한 지점에서 보안검색을 받은 사람과 받지 않은 사람이 절대 섞이지 않도록 하여야 한다.

나. 승객 및 휴대물품은 금속탐지기(문형/휴대용), X-Ray검색장비, 폭발물탐지기 등을 사용하여 보안검색을 하여야 하며 보안검색 간소화 또는 정

밀검색을 최소화하기 위해서는 보안검색장비를 사용하는 것이 매우 효율적이다.

다. 항공보안법 제15조에서 "항공기에 탑승하는 사람은 신체, 휴대물품 및 위탁수하물에 대한 보안검색을 받아야 한다."라고 명시되어 있어 보안검색을 거부하는 경우에는 항공기에 탑승할 수 없고 이 사실을 국토교통부와 보안관련기관에 즉시 통보하여야 한다.

(2) 공항보안검색 운영방식

가. 공항에서 보안검색 운영방식에는 중앙집중식(Concourse) 검색방식과 대기지역(Holding Area) 검색방식 탑승구 검색방식(Boarding Gate) 등이 있다. 세계적으로 국가 및 공항의 여건에 따라 여러 가지 검색방법을 사용하고 있고 이는 각기 장·단점을 가지고 있다. 현재 인천공제공항 등 국내 공항에서는 중앙집중식 검색방식을 택하고 있으며 여객이 가장 많이 선호하고 보안검색시 운용요원과 장비를 최소화하는 장점을 가지고 있다.

나. 중앙집중식(Concourse) 검색방식

1) 현재까지 공항에서 가장 많이 택한 방식으로 중앙집중식으로 보안검색을 수행함에 따라 인력을 최소한으로 운영할 수 있으며 보안검색에 더 많은 시간을 할애할 수 있다. 보안검색장비를 집중배치 함에 따라 수량을 최적화할 수 있으며 CCTV, 물리적 장벽, 통신시스템 등도 설치 수량을 최소화 할 수 있어 비용절감 효과가 가장 크다.
2) 보안검색대와 탑승구 간의 충분한 거리를 확보할 수 있어 무단 침입이 발생하더라도 사전에 비상대응이 가능하기 때문에 항공기내로 불법침입을 차단할 수 있다.
3) 다만 보안검색이 완료된 승객과 보호구역내 상주직원과의 상시 접촉을 통해 테러물품이 전달될 수 있기 때문에 상주직원 및 보호구역내 반입되는 모든 물품을 완벽하게 차단하기 위한 보안검색이 24시간 지속되어야 하며, 보호구역내 보완성이 확보되기 위해서 지속적인 순찰과 감시가 필요하다.

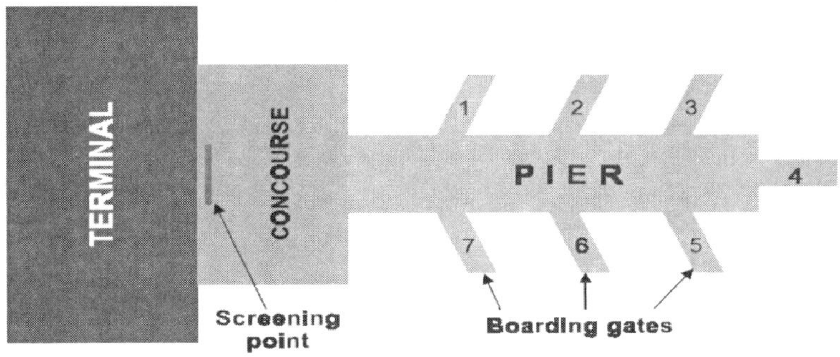

중앙집중식(Concourse) 검색방식

다. 대기지역(Holding Area) 검색방식

1) 특정항공기 탑승을 위해 해당승객을 게이트 전면에 별도의 통제공간을 확보하고 출입문에서 실시하며 대기지역은 다른 지역과 보안장벽 등으로 차단하여 보안성을 유지해야 하며 사용하지 않을 경우에는 출입을 통제하고 인진을 확보해야 한다.
2) 승객이 대기지역 출입구에 도착하면 보안검색을 하고 대기공간에 머물고 있다가 항공기 탑승시간에 탑승구를 통해 탑승한다.
3) 대기지역 검색방식은 항공기 탑승시간 전에 인력을 배치하여 운영함에 따라 탄력적으로 보안인력 운영이 가능하나 승객검색에 많은 시간이 소비될 수 있다.
4) 중앙집중식 검색방식에 비해 다른 항공기 이용승객 또는 상주직원과의 접촉이 최소화되기 때문에 보안상 매우 안전하다.
5) 보안검색을 받는 승객이 모두 동일한 항공편을 이용하기 때문에 보안검색 시간이 오래 걸리더라도 승객 불만을 줄일 수 있으며, 보안검색 지연에 따른 빨리 보안검색을 해야 한다는 심리적 부담감을 최소화할 수 있다.
6) 위험지역 특정 항공기 또는 사전 정보에 따라 보안검색 수준을 신축조절할 수 있기 때문에 보안상 매우 효과적이다.

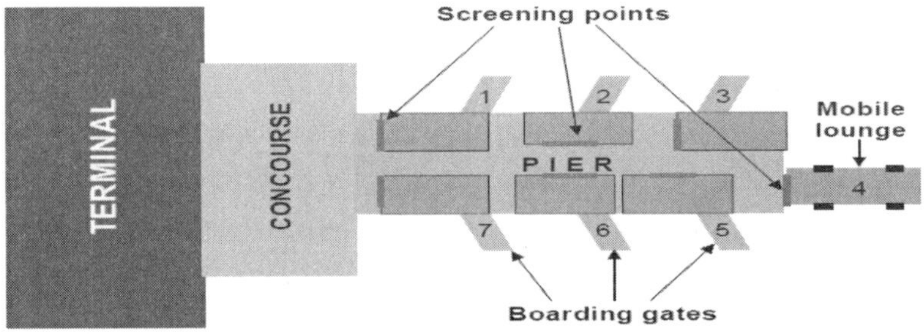

대기지역(Holding Area) 검색방식

라. 탑승구 검색방식(Departure Gate Screening)

1) 탑승이 시작되는 시점부터 보안검색요원을 배치하기 때문에 탄력적으로 보안인력 운영은 가능하나 승객검색에 많은 시간이 소비되어 항공기 출발지연이 발생될 수 있으며 출발지연에 따라 보안검색요원의 순환배치에 큰 영향을 줄 수 있다.
2) 출발지연을 해소하기 위해서는 많은 보안검색장비와 보안검색인력을 배치해야 하기 때문에 효율성이 떨어진다.
3) 탑승구 검색방식은 보안검색 직후에 곧바로 탑승하기 때문에 테러물품을 전달할 기회가 거의 없어 보안상 완벽하다고 할 수 있으나 대부분 소형공항에서 이 방식을 이용한다.

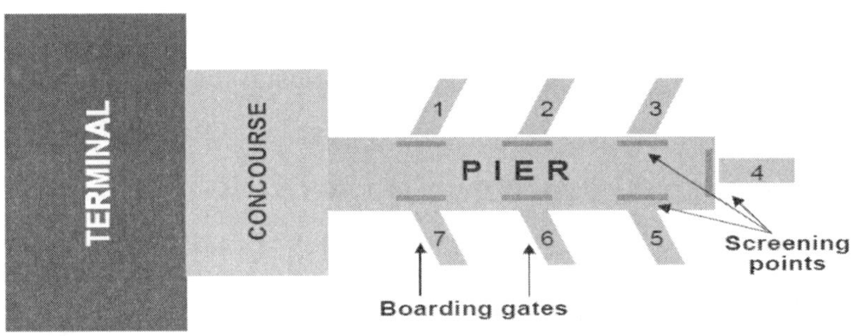

탑승구 검색방식(Departure Gate Screening)

(3) 보안검색대 설치기준

가. 승객 및 휴대물품에 대한 보안검색대를 설치하는 경우에는 보안검색으로 인한 정체를 최소화할 수 있는 공간을 확보하여야 하고, 항공기 및 공항 무선장비 운영에 영향을 미치지 않는 장소에 설치하여야 한다.

나. 보안검색대에 보안검색대 구성은 안내, 바구니, 문형금속탐지기(Walk through Metal Detector), 휴대용 금속탐지기(Hand held Metal Detector), X-Ray 검색장비 판독(모니터 포함), 개봉검사대, 폭발물흔적탐지기, 액체폭발물탐지기, 원형검색기, 개별검색실 등을 설치하여야 한다.

다. 비상상황 발생시 보안상황실 또는 경찰 등과 연락할 수 있는 비상벨, 전화기, 그 밖의 통신수단을 보안검색대에 설치하여야 한다.

다. 보안검색대에는 국토교통부장관이 고시한 「항공기 내 반입금지 위해물품」 목록과 보안검색 업무수행에 필요한 업무절차서 등을 비치하여야 한다.

라. 승객 및 위탁수하물 검색구역 별로 보안검색감독자를 배치하여야 하며, 보안검색 감독자는 검색과정에서 발생되는 승객위험분석이나 문제되는 보안사항에 대하여 보안검색요원에게 필요한 지침을 제공하여야 한다.

(4) 보안검색요원 기본자세

가. 관찰력 : 승객 등 보안검색대상자의 얼굴 표정이나 행동 등을 관찰하여 이상 유무를 판단하여 보안검색의 정도를 판단할 수 있는 능력이 있어야 한다.

나. 임기 응변력 : 보안검색을 거부하는 승객이나 임산부, 장애인, 중환자 등이 보안검색장비를 이용한 검색을 기피할 경우에 처해진 상황에 맞게 대처하고 어떠한 상황에서도 감정에 치우치지 않도록 하여야 한다.

다. 대담성 : 승객이나 물품에 대한 검색과정에서 폭발물이나 총기 등 위험물품을 발견하였을 때는 절차에 따라 조치할 수 있어야 한다.

라. 예민성 : 보안검색을 하는데 시각, 청각, 취각, 미각, 촉각 등 오각을 최대한 활용하고 승객의 특이 행동을 순간적으로 포착하는 예리한 판단과

행동력이 있어야 한다.

마. 예절 : 예절문제를 너무 강조하여 자칫 과잉 친절과 예절에 신경을 쓰다 보면 보안검색에 문제가 생길 수가 있기 때문에 보안검색안내나 검색업무 수행과정에서 승객들에게 불쾌감을 주거나 고압적인 자세로 보여지지 않는 범위내에서 검색협조에 대한 감사표시를 하는 태도를 유지하여야 한다.

바. 회화 능력 : 현대사회는 비즈니스, 관광 등 국가 간 장벽은 없어지고 지구촌은 날로 가까워지고 있기 때문에 이들과 언어소통을 할 수 있는 능력을 보유함으로 보다 양질에 서비스를 제공할 수 있다.

사. 사명감 : 보안검색의 목적이 승객, 승무원, 항공기의 안전을 지키데 있고 그 목적달성을 위한 임무수행을 보안검색요원이 한다는 책임 및 자부심과 투철한 사명감을 가지고 업무를 수행하여야 한다.

(5) 보안검색요원 임무

가. 보안검색대에는 적정 인원의 보안검색요원을 배치하여 다음 업무를 수행하여야 한다.

1) 승객 안내 및 휴대물품 검색대 투입 유도
2) 문형금속 탐지기를 통한 신체 보안검색
3) 휴대용 금속탐지기를 이용한 정밀검색
4) X-Ray 검색장비 화면 판독
5) 의심이 가는 물품에 대한 촉수검색 또는 개봉검색
6) 폭발물탐지기를 이용한 검색
7) 보안검색장비 정상 작동여부 수시 확인
8) 보안검색 완료구역에 대한 보안 통제

나. 보안검색요원을 교대로 근무시켜야 하며 다만, 항공기 운항시간이 6시간 미만이거나 1일 평균 10대 미만의 항공기가 운항하는 공항에서는 공항운영자가 보안검색요원 근무형태를 별도로 정할 수 있다.

다. X-Ray 검색장비의 판독업무를 담당하는 보안검색요원은 20분 이상 연속하여 판독업무 수행하게 하여서는 아니되며, 최소 40분정도 다른 업무를 수행하게 한 후에 다시 판독업무를 수행하게 하여야 한다.

라. 다만, 상주직원 등 승객이외의 사람에 대한 휴대물품 판독업무를 수행하는 경우에는 출퇴근 시간 등 검색 집중시간대 이외에 X-Ray 검색업무 최소 운영시간을 달리 규정하여 운영할 수 있다.

마. 공항운영자·항공운송사업자는 국토교통부장관이 정한 교육과정을 모두 이수한 보안검색요원으로 하여금 보안검색 업무를 담당하게 하여야 한다.

제2절 승객·휴대물품, 위탁수하물 보안검색

1. 승객 및 휴대물품 보안검색

(1) 개요

가. 모든 보안검색요원은 승객이 보안검색과 관련하여 특정권리를 가진다는 사실을 명심하여야 한다. 이러한 권리는 보안검색 및 물품 보안검색을 거부하거나 특별한 위험이 발견되지 않을 경우 출입자나 물품에 대한 보안검색 허가를 거부할 권리를 갖는다.

나. 만약 출입자가 보안검색을 거부할 경우 출입자와 휴대물품은 보안검색 완료구역으로 들어갈 수 없다.

다. 항공보안법 시행령 제10조에 공항운영자는 항공보안법 제15조에 따라 항공기 탑승 전에 모든 승객 및 휴대물품에 대하여 항공보안장비(검색장비)를 사용하여 보안검색을 하여야 하고 이 경우 승객에 대해서는 문형금속탐지기 또는 원형검색장비를, 휴대물품에 대해서는 X-Ray 검색장비를 사용하여 보안검색을 하여야 하며, 폭발물이나 위해물품이 있다고 의심되는 경우에는 폭발물 탐지장비 등 필요한 검색장비 등을 추가하여 보안검색을 하여야 한다.

라. 검색장비 등이 정상적으로 작동하지 아니하는 경우, 검색장비 등의 경

보음이 울리는 경우, 무기류나 위해(危害)물품을 휴대(携帶)하거나 숨기고 있다고 의심되는 경우, X-Ray 검색장비에 의한 검색결과 그 내용물을 판독할 수 없는 경우, X-Ray 검색장비로 보안검색 할 수 없는 크기의 단일 휴대물품인 경우, 승객의 동의를 받아 직접 신체에 대한 검색을 하거나 개봉검색, 폭발물 흔적탐지장비 등 필요한 검색장비 등으로 추가하여 보안검색을 하여야 한다.

(2) 보안검색대 진입 전 신분확인

가. 승객 또는 상주직원 등이 보안검색지역으로 진입하기 전에 출입을 통제할 수 있는 보안장벽 또는 물리적 보안시설을 설치하여 명확히 구분하여야 한다.

나. 보안검색지역으로 출입하기 전에 다음과 같은 신분증 또는 출입증을 확인한 후에 출입하게 하여야 한다.

1) 국가기관 등에서 발행한 사진이 부착된 신분증 및 장애인복지카드 · 국가유공자증 등 증명서 또는 여권 등 해당 국가에서 신분을 보증하는 문서 · 외국인카드 · 선원신분증명서 · 국제연합(UN) 통행허가증 등 적법한 여행서류(다만, 체약국에서 발행한 운전면허증 등을 소지한 경우에는 반드시 여권 사본도 함께 제출)와 항공사에서 발행한 탑승객 이름이 기록된 탑승권을 소지한 승객(전자적인 방법으로 확인하는 경우도 같다)

2) 항공기 운항을 목적으로 해당 항공사 제복을 착용하고 신분증(사원증 또는 승무원 등록증)을 패용한 항공사 승무원. 다만, 신분증 분실 등의 경우에는 재직증명서와 국가에서 발행한 신분증을 함께 제시

3) 공항운영자가 발행한 보호구역 출입증을 소지한 사람. 다만, 항공기 사고 · 테러 · 인명구조 등 긴급 상황시 사전 출입조치에 따라 한시적으로 출입증을 소지하지 않은 사람과 차량을 출입시킬 수 있으며, 세부사항은 공항운영자가 정함

4) 항공기 운항 중 수행하는 항공보안 노선점검과 조종실 관찰 좌석에

서의 항공안전감독 또는 운항자격심사 목적에 한하여 해당분야 감독관·심사관증을 소지하고, 국토교통부장관이 발행한 항공기 출입요구서를 소지한 공무원

5) 보호자와 동행하지 않는 만12세 이하의 소아로서 항공사에서 발행한 탑승객 이름이 기재된 탑승권과 항공운송사업자가 인솔하는 승객

6) 만13세에서 17세 미만까지 청소년으로서 국가기관 등에서 발행하는 건강보험증, 청소년증, 국가자격증 등 신분증 또는 증명서와 항공사에서 발행한 탑승객 이름이 기재된 탑승권을 소지한 승객

다. 탑승객의 경우에는 항공사에서 발행한 탑승객 이름이 기록된 탑승권을 소지한 승객 또는 정보화기기와 여권을 통해 전자적인 신분확인이 완료된 출국예정 승객임을 확인한 후 진입하도록 하여야 한다.

라. 출국 보안검색지역에 진입한 승객은 신체검색을 하기 전에 탑승권을 다시한번 확인하는 절차를 거치게 되는데 이는 재차 확인하는 단계를 통해 오류를 최소화하기 위함이며, 향후 보안문제가 발생될 경우 해당 승객이 어느 보안검색을 이용했는지 정확히 확인이 가능하기 때문이다.

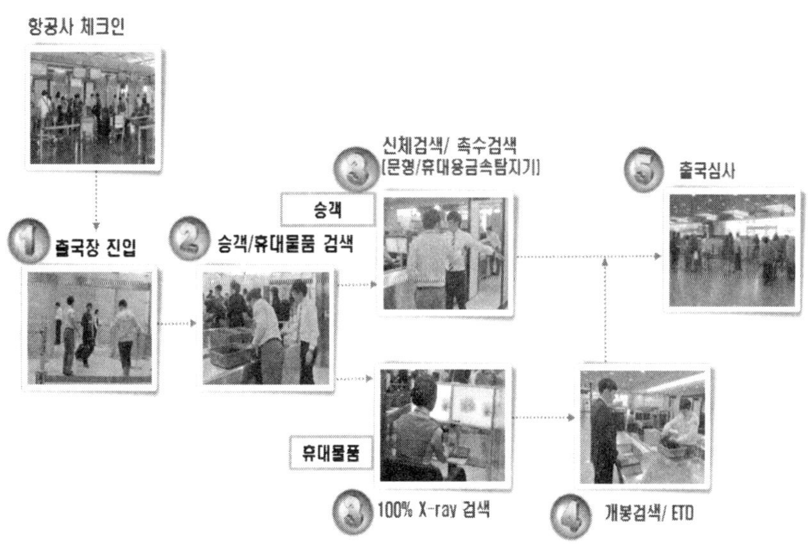

출국 승객 및 휴대물품 보안검색절차

2. 승객 보안검색

(1) 보안검색 유의사항

가. 몸에는 물품을 숨길 경우 적발하기 어려운 부위가 많다 또한 상의 안감, 어깨 바대, 모자, 종교용으로 사용되는 두건, 넥타이, 주머니, 상의 옷깃, 저고리 옷깃, 허리춤, 벨트, 신발이나 부츠 끝 부분, 신발 뒤축과 같은 곳에 물품이 은익이 가능하다.

나. 물품은 승객이 일상적으로 보안검색을 받으면서 가지고 다니는 신문, 책 등 물건 속에 은닉할 수 있다.

다. 보안검색요원은 승객이 소지한 현금이다 귀중품 뿐 아니라 비밀문서나 개인문서들은 다른 승객에게 노출되지 않도록 해야 한다.

라. 승객이 휴대금지품목 소지여부를 확인하기 위하여 보안검색요원이 세부적인 보안검색이 필요하다고 판단될 경우 개별 보안검색을 실시하여야 한다.

마. 개별 보안검색은 밀폐된 보안검색실에서 실시하되 보안검색 받는 사람과 동성(同性)으로 1명은 보안검색을 하고 1명은 보안검색을 입회하여야 한다.

(2) 문형금속탐지기 보안검색

가. 승객이 소지하고 있는 핀, 브로치, 팔찌 등 금속물질 등 소지품을 제거하여 검색대의 바구니에 넣어 승객이 볼 수 있는 곳에 둔다.

나. 승객을 문형금속 탐지기를 정상적인 걸음으로 통과하도록 하되 문형금속 탐지기를 너무 빨리 통과하거나, 너무 느리게 통과 또는 비정상적인 방법으로 통과하지 않도록 하여야 한다.

다. 문형금속 탐지기 통과시 경보가 발생하지 않았을 경우에는 소지한 물품을 승객에게 돌려주고 보안검색 완료구역으로 진입을 허가하며 경보가 발생하였을 경우에는 승객이 소지한 금속물질이 있는지 재확인하도록 요청한 후에 앞에서와 같은 절차에 의해 보안검색을 재 실시한다.

(3) 승객신체 정밀 보안검색 (2차검색)

가. 휴대용금속탐지기로 검색한 승객 중에 다음의 경우에는 휴대용 금속탐지기를 이용하여 정밀검색을 실시하여야 한다.

1) 문형금속탐지기에서 경보가 발생된 상황에서 해당부위 및 기타 의심스러운 신체 취약부위가 있는 경우
2) 추가 검색이 필요하다고 판단된 경우
3) 문형금속탐지기가 작동하지 않거나 사용할 수 없을 경우

나. 휴대용금속탐지기 검색요령

1) 승객의 동의를 얻어 휴대용금속탐지기를 이용하여 몸 전체를 검색하거나 또는 경보가 발생한 부분만 검색을 한다.
2) 휴대용금속탐지기로 정밀검색을 할 때는 경보음이 발생한 금속물품을 꺼내서 육안으로 확인하여야 하며 경보음이 울리지 않을 때까지 경보음 발생부위를 재차 검색하여야 한다.
3) 승객의 신체 검색시 남자승객은 남자 검색요원이, 여자승객은 여자 검색요원이 검색을 실시하는 것을 원칙으로 하되 부득이 하게 남자 검색요원이 부족할 경우에는 여자 검색요원이 남자승객에 대해 검색을 수행할 수 있지만 여성승객은 반드시 여자검색요원이 검색하도록 하여야 한다.

다. 휴대형 금속탐지기 검색절차

1) 휴대용 금속탐지기의 전원 스위치를 켜고 금속물체(시험용 물품)에 근접시킬 때 경보가 정상적으로 울리는지 여부를 확인한 후에 승객의 동의를 얻어 보안검색요원을 향해 정면을 향하도록 하고 팔은 좌우로 90도 올리며 다리도 30도 정도 벌리도록 한다.
2) 승객의 머리 부분(12시 방향)에서 시계방향이나 시계반대방향으로 휴대용 금속탐지기를 이용하여 신체 주위를 검색하는데 휴대용금속탐지기를 신체에 직접 접촉시키지 않고 약 3~8㎝ 정도 이격하여 옷을 스치듯이 검색을 한다. 이때 주의할 점은 검색요원의 시선과 휴대용 금속탐지기가 같이 가도록 한다.

3) 승객의 신체와 평행하게 하고 어깨에서 발까지 상하 10cm 간격으로 검색 실시한다.

4) 보안검색요원이 승객의 뒤로 돌아가 신체의 전면과 같은 방법으로 검색을 실시한다.

5) 특별히 주의할 사항은 보안검색이 완전히 되었는지 확인하기 위하여 양쪽 신발의 내 · 외부, 앞 · 뒤쪽 등 8개 부분에 대해 확인한다. 검색요원은 휴대용금속 탐지기 경보가 울릴 때에는 울린 지점에 대하여 철저히 확인하되 보안검색대상자에게 금속물질을 제거하도록 한다. 제거된 물체가 반입 금지물품인지 확인한 후에 경보가 발생한 지점에서부터 다시 검색을 한다.

6) 승객에 대하여 완전한 보안검색이 될 때까지 그리고 모든 경보 원인이 발견되고 처리될 때까지 앞의 절차를 계속 수행한다. 특히 발 및 발목 주위를 특별히 신경을 써서 검색을 하고 필요시 촉수검색을 한다.

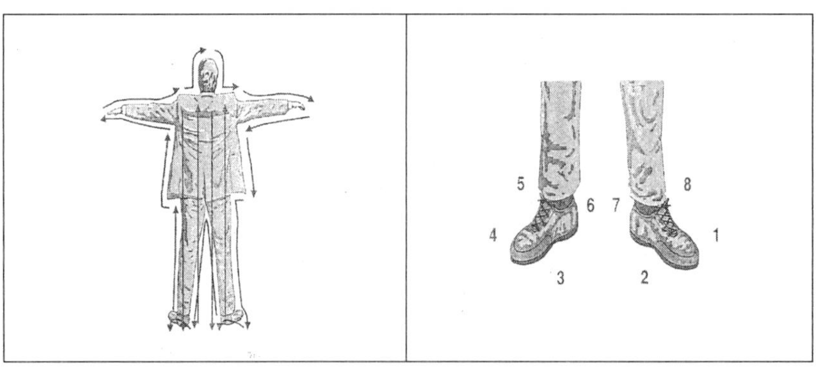

다. 촉수검색

1) 촉수검색은 문형금속탐지기로 검색한 승객 중에 경보가 울렸거나 각 호의 어느 하나에 해당하는 경우에는 승객의 동의를 얻어 추가하여 촉수검색을 하여야 한다.
   ① 금속탐지기가 없거나 이상이 있을 때
   ② 문형금속탐지기 등의 경보음이 울리는 경우
   ③ 무기류나 위해(危害)물품을 휴대(携帶)하고 있다고 의심되는 경우
   ④ 추가검색이 필요할 경우
2) 촉수검색 요령은 보안검색요원이 양손을 이용하여 승객의 몸에 위해물품을 소지하고 있는지 여부를 수색함으로 반드시 동일한 성별에 의해 검색이 이루어져야 하고 승객으로부터 사전에 동의를 반드시 얻어 한다.
3) 만약 승객이 문형금속탐지기 또는 휴대용금속탐지기에 의하여 위협물품 소지여부가 확인되지 않거나 이러한 검색을 거부할 경우 몸 전체 수색을 하여야한다. 예를 들면 휠체어 승객이나 임신한 승객 또는 의료장비가 몸 안에 있는 승객 등은 금속탐지장비로 검색하는 것을 거부할 수 있다. 그리고 부분 촉수검색은 발목이나 허리부위 등 의심스러운 부분을 중점적으로 수색하는 것이다.
4) 몸 전체를 수색할 경우에는 기술적으로 매우 주의깊게 실시되어야 하며 2번째 검색요원은 필요시 증인으로서 역할을 하여야 한다.
5) 촉수검색 절차는 승객의 동의를 얻어 검색요원을 향해 정면을 향하도록 하고 팔은 좌우로 90도 올리며 다리도 30도 정도 벌리도록 한다.
6) 승객 머리부분(12시 방향)에서 시계방향이나 시계반대방향으로 양손을 이용하여 신체 주위를 검색하는데 신체에 직접 접촉시키지 않고 옷을 스치듯이 검색을 한다. 이때 주의할 점은 보안검색요원의 승객의 가슴부분, 등, 엉덩이는 손등으로 어깨나 팔·다리, 발목 등은 손바닥으로 수색을 한다.
7) 승객의 신체와 평행하게 하고 우측 어깨에서부터 시작하여 턱밑으로

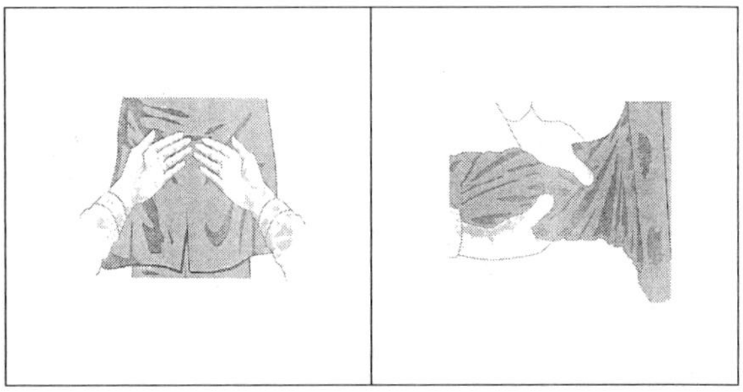

거처서 좌측 어깨까지 검색한 후에 좌측 어깨에서부터 좌측 발까지 그리고 우측 발쪽에서부터 어깨까지 이어서 턱밑에서 신체의 중앙부분순으로 빠진 곳이 없도록 실시한다.

8) 보안검색요원이 승객의 뒤로 돌아가 신체의 전면과 같은 방법으로 검색을 실시한다.

(3) 개별검색실 정밀 보안검색 (3차검색)

가. 보안검색과정에서 다음 승객에 대하여 지정된 보안검색장소 이외의 별도 장소에서 촉수검색 등 개별검색을 실시할 수 있으며 이를 위해 사전에 개별검색실을 확보하여야 한다.

1) 승객이 개별검색을 요청하는 경우
2) 의료보조장치를 착용한 장애인·임산부 또는 중환자의 경우
3) 일반검색 절차로 적절한 검색을 할 수 없다고 보안검색요원이 판단한 경우
4) 승객이 문형금속탐지기를 통과할 때 경보가 울렸으나 그 원인을 정확히 파악할 수 없는 경우

나. 보안검색요원은 승객에 대한 개별검색을 실시하는 경우에는 다음 사항을 필히 준수하여야 한다.

1) 반드시 승객의 동의를 받을 것
2) 폐쇄된 독립 공간에서 실시할 것(의료보조장치를 착용한 장애인·임산부 또는 중환자의 경우는 예외)
3) 승객의 인격을 침해할 수 있는 언행을 하지 말 것
4) 승객과 동일한 성을 가진 보안검색요원 2명(검색요원, 입회자)이 실

시할 것

5) 개별검색 완료 후 협조에 대하여 감사표시를 할 것

3. 휴대물품 보안검색

(1) X-Ray 보안검색방법

가. X-Ray 모니터에 나타나는 영상이 깨끗하고 투명한지 최대한 확인하며 최상의 화질을 위해 필요시 모니터의 명암 및 해상도를 조절하여야 한다.

나. X-Ray 보안검색요원은 빔이 잘 투과할 수 있도록 가능한 검색대상 물품을 컨베이어 벨트 중앙에 넓은 부분이 X-Ray 투입구 상단에서 보이게 물품을 놓는다.

다. 보안검색요원은 물품이 X-Ray 를 통과시에 모니터에 현시되는 영상을 보고 다음 중에 하나의 조치를 강구한다.

1) X-Ray 모니터 영상에 폭발물, 무기 등 위험물품이 없을 경우 물품을 통과시킨다.

2) X-Ray 모니터 영상에 폭발물, 무기 등 위험물품이 없다고 단정할 수 없고 위험의 가능성이 있는 것으로 판단될 때는 해당 물품을 개봉검색을 실시하여 위험물 여부를 확인한다.

3) X-Ray 모니터 영상에 폭발물, 무기 또는 기타 위험물품이 확실한 경우에는 즉시 감독자 또는 경찰 등 관계자에게 알리고 해당 물품 소지자를 계속 감시한다.

(2) 휴대물품 개봉검색

가. 항공보안법 시행령 제10조(승객 및 휴대물품의 보안검색방법등) 제3항에 X-Ray 검색장비가 정상적으로 작동하지 아니하는 경우, 무기류나 위해(危害)물품을 숨기고 있다고 의심되는 경우, X-Ray 검색장비에 의한 검색결과 그 내용물을 판독할 수 없는 경우에는 승객의 동의를 받아 직접 개봉검색을 하도록 되어 있다.

나. 개봉검색시 유의사항

1) 위해물품이나 수상한 물품이 발견되었을 때 폭발물 이외의 위험물품이 X-Ray 모니터 화면에 발견되거나 물품의 안전성이 의심되거나 식별되지 않을 때, X-Ray장비가 없거나 작동하지 않을 때, 배터리로 작동하는 의심되는 전자제품, 승객이 X-Ray 검색을 원하지 않을 경우 등 책임자가 필요하다고 판단될 때에 한다.
2) 개봉검색요원은 물품소지자로부터 개봉검색 허가를 받아야 하고 물품소지자은 개봉검색을 거부할 권한을 가진다. 그러나 확인되지 않은 물품은 보안검색완료구역으로 반입할 수 없다.
3) 가방 등 개봉시에는 물품소지자 쪽으로 향하지 않게 하며 개봉검색요원 쪽으로 향하게 개봉하여야 한다. 그리고 물품 내용물이 있는 곳으로 물품소지자가 접근하지 못하도록 제한하여야 한다.
4) 보안검색이 완료되고 해당 물품 전체가 확인될 때까지 물품소지자가 물품에 손을 대지 못하도록 하여야 한다. 보안검색 완료시 물품소지자에게 협조에 대한 감사 표시를 하여야 한다.
5) 기구 또는 장비키트, 우산, 랜턴 등의 물품을 보안검색요원이 손으로 개봉 검색시에는 특히 주의하여야 한다. 손으로 만지기 전에 먼저 보고, 보면서 만진다는 것에 유의하여야 한다.

다. 개봉검색방법

1) 시계방향으로 모든 물품을 확인하는데 물품에 대한 통제를 유지하며 가방 바깥쪽의 지퍼 연결부위가 맞지 않는지, 다시 재봉을 하였는지, 접착제로 붙였는지 등 조작한 흔적을 확인한다.
2) 가방 등 물품의 외부를 검사하여 비정상적으로 튀어나온 부분이 있는지를 점검하고 모든 외부주머니를 열고 확인하여 이상이 없는지 확인한다.
3) 개봉검색요원은 가방 등 물품을 개봉하여 시계방향으로 내부를 검사한다. 가방의 내부구조가 변경되었는지 확인하기 위하여 위, 옆 및

바닥을 더듬어 비정상적으로 튀어나온 부분이 있는지, 두께가 두꺼운지, 다시 재봉 또는 붙인 흔적이 있는지 등을 확인한다.

4) 내용물은 비정상적인 공간이나 접혀지거나 감겨진 의류에 숨겨진 것이 없는지 확인하기 위하여 눌러보거나 펴보는 방법으로 검사한다.

① 봉제인형, 장난감, 담배 및 에어졸 캔과 같은 물품의 무게 확인과 외부에서 조작하여 찌그러진 것인지 또 책속에 숨겨진 것이 없는지 확인하여야 한다.

② 지팡이, 우산은 그 무게를 측정해보고 그 손잡이에는 예리한 기구가 숨겨져 있을 수 있으므로 반드시 검사해야한다.

③ 약물은 냄새를 맡아보거나 액체의 경우 흔들어서 내부에 다른 물건이 숨겨져 있는지 확인하며 음식물은 이물질이 있는지 확인해본다.

④ 기저귀가방, 젖병, 담요, 유모차 등 유아용품도 예외 없이 검사해야 하며, 이상이 없다고 속단해서는 안 된다.

⑤ 술병, 물통이 개폐되었을 시 뚜껑을 열어 냄새를 맡아 확인하고, 미개폐시는 밑바닥에 구멍이 난 흔적을 확인하며 앙금이 생기는지 살펴보아야 한다.

⑥ 스프레이, 음료수를 포함한 병, 카메라, 무전기, 전자제품 등은 특별히 주의가 필요한 물품으로 주위 깊은 검색이 필요하다.

⑦ X-Ray 보안검색시 본래의 형질이 손상되거나 변질될 우려가 있는 골수, 혈액 등 인명 구조용 의료품과 유골 및 이식용 장기에 대하여는 개봉검색을 하거나 입증서류 확인 등의 방법으로 보안검색을 할 수 있다.

(3) 폭발물 탐지기를 이용한 보안검색

가. 수상한 승객의 휴대물품이나 X-Ray 검색장비로 보안검색을 할 수 없는 크기의 단일 휴대물품인 경우에는 폭발물탐지기 등을 이용하여 보안검색을 실시하여야 한다.

나. 보안검색요원은 다음의 경우에는 개봉검색·촉수검색 및 폭발물탐지기를 이용한 검색을 실시하여야 한다. 다만, 개봉 및 촉수검색의 경우에는 물품 주인이 입회하거나 해당 항공사 직원이 대리인 자격으로 입회하에 실시하여야 한다.

1) 수상한 승객 및 휴대물품, 다음 사항을 포함한 위해물품 또는 수상한 물품이 발견된 경우
   ① 폭발물 이외의 위해물품이 X-Ray 검색장비 화면에 발견된 경우
   ② 가방에 있는 물품의 안전성이 의심되는 경우
   ③ 가방에 있는 물품의 식별이 되지 않은 경우
2) 보안검색장비가 없거나 작동하지 않은 경우에는 모든 승객 및 휴대물품
3) 배터리로 작동되는 의심 전자제품
4) 그 밖에 보안검색감독자가 촉수검색이 필요하다고 판단한 경우
5) 보안검색요원은 다음의 경우에는 반드시 개봉검색, X-Ray검색장비 검색, 폭발물탐지기 검색 등을 실시하여 해당 물품의 위험 여부를 필히 확인하여야 한다.
   ① 비정상적으로 무거운 가방이나 기타 물건
   ② 가방이나 용기의 외형이 변형되었을 경우
   ③ 무기류나 폭발물을 은폐할 수 있는 전자제품 또는 기계장치
   ④ 그 밖에 의심이 가는 물품 등

4. 위탁수하물 보안검색

(1) 개요

항공보안법 시행령 제11조(위탁수하물에 대한 보안검색방법 등)에서 항공운송사업자는 항공보안법 제15조에 따라 탑승권을 소지한 승객의 위탁수하물 인지 및 위해물품 인지를 확인하여야 한다.

(2) X-Ray 보안검색

가. 위탁수하물 보안검색은 항공기 탑재 전에 X-Ray 검색장비를 사용하여 휴대물품 보안검색과 같은 방법으로 보안검색을 하여야 한다.

나. 다음의 경우에는 위탁수하물을 개장하여 그 내용물을 검색하여야 하며, 폭발물이나 위해물품이 있다고 의심되는 경우에는 폭발물 흔적탐지장비 등 필요한 검색장비 등으로 추가하여 보안검색을 하여야 한다.

1) X-Ray 검색장비가 정상적으로 작동하지 아니한 경우
2) 무기류 또는 위해물품이 숨겨져 있다고 의심되는 경우
3) X-Ray 검색장비에 의한 검색결과 그 내용물을 판독할 수 없는 경우
4) X-Ray 검색장비로 보안검색을 할 수 없는 크기의 단일 위탁수하물인 경우
5) 항공보안 위협증가 등 특별한 사유가 발생하는 경우

(3) 위탁수하물 정밀개장검사 (2차검색)

가. X-Ray 판독요원이 정밀 개장검사가 필요하다고 판단될 경우에는 "Pusher"를 선택하여야 하며, 해당 수하물은 개장검사실로 자동으로 보내지게 된다.

나. 보안검색요원은 전송되어 표출되는 X-Ray이미지를 분석하고 최초 X-Ray 판독을 실시한 보안검색요원과 통신하여 정밀 개장검사를 요청하게 된 이유를 정확히 개장검사를 실시하는 보안검색요원에게 알려주어야 한다.

다. 정밀개장검사절차는 다음과 같다.

1) 개장검사요원은 정밀개장검사가 필요한 수하물에 부착된 TAG를 확인하고 해당 항공사에 승객과 동행을 요청하여야 하며, 해당 승객과 동행할 수 없을 경우에는 항공사 직원이 입회[16]하도록 하여야 한다.

위탁수하물 정밀 개장검사

2) 해당 개장검사 일지에 개장검사시간, 항공기 편명, 수하물 번호, 항공사 직원이름, 개장검사자 성명 등을 기록한다.
3) 개장검사실에 들어올 경우에는 개장검사 필요성과 법적근거 등을 설명하고 기분이 상하지 않도록 친절하게 응대하여야 한다.
4) 승객에게 해당 수하물이 본인 것인지 확인한 후에 승객여권, 탑승권 및 수하물 번호를 확인하여 수하물과 일치여부를 확인하고 승객의 동의하에 개장검사를 실시하여야 하며, 승객입회가 불가한 경우에는 해당 항공사직원 입회하에 실시하여야 한다.
5) 화주 또는 항공사 직원 입회 하에 X-Ray 판독요원이 요청한 부분을 확인하여야 하며 의심스러운 부분을 중심으로 시계방향으로 내용물은 위에서 아랫방향으로 중앙에서 바깥부분으로 개봉검색을 실시한다. 이때 물품이 훼손 또는 파손되지 않도록 조심스럽게 검사를 하여야 하며, 개봉검색을 할 때 불쾌감을 주지 않도록 각별히 주의하여야 한다.
6) 개장검사가 완료된 수하물은 화주 입회하에 바코드를 인식하고 BHS에 투입하여야 하며, 이때 수하물이 파손되지 않도록 바퀴가 달린 수하물은 바퀴가 위쪽을 향하게 하여 투입하며 개봉검색일지에 확인서명을 받아야 한다.

16) 미국공항의 경우에는 승객 또는 항공사 직원이 입회하지 않고 TSA소속 보안검색요원이 정밀개장검사를 실시하며 개장검사를 했다는 안내문을 가방에 넣어줌(CCTV상시녹화)

(4) 위탁수하물 보안통제

가. 공항운영자는 보안검색이 끝난 위탁수하물이 보안검색이 완료되지 아니한 위탁수하물과 혼재되지 아니하도록 하여야 한다.

나. 항공운송사업자는 보안검색이 끝난 위탁수하물을 항공기에 탑재하기 전까지 보호조치를 하여야 하며, 항공기에 탑재된 위탁수하물이 탑승한 승객의 소유인지를 확인하여 그 소유자가 항공기에 탑승하지 아니한 경우에는 그 위탁수하물을 운송해서는 아니 된다. 다만, 그 위탁수하물에 대한 운송처리를 잘못하여 다른 항공기로 운송하여야 할 경우에는 별도의 보안조치를 한 후에 탑재할 수 있다.

5. 보안검색 면제 및 특별 보안검색

(1) 보안검색 면제

가. 공무로 국외여행을 하는 국가원수 또는 국제협약 등에 따라 보안검색을 면제받도록 되어 있는 사람은 보안검색을 면제할 수 있다. 적법한 요건을 갖춘 외교행낭에 대해서는 개봉검색을 하여서는 아니되며 개봉검색에 대한 제외 요건과 해당 국가 공관의 증명서를 갖춘 외교행낭에 대해서는 보안검색을 면제할 수 있다.

나. 항공보안법 시행령 제15조(보안검색의 면제)에 따라 다음에 해당되는 사람(휴대물품 포함)은 보안검색을 면제할 수 있다.

1) 공무로 여행을 하는 대통령(대통령당선인과 대통령권한대행을 포함한다)과 외국의 국가원수 및 그 배우자

2) 국제협약 등에 따라 보안검색을 면제받도록 되어있는 사람

3) 국내공항에서 출발하여 다른 국내공항에 도착한 후 국제선 항공기로 환승하려는 경우로서 다음 각 목의 요건을 모두 갖춘 승객 및 승무원

① 출발하는 국내공항에서 법 제15조제1항에 따른 보안검색을 완료하고 국내선 항공기에 탑승하였을 것

② 국제선 항공기로 환승하기 전까지 보안검색이 완료된 구역을 벗어나지 아니할 것

다. 다음의 외교행낭에 대해서는 항공보안법 제15조에 따라 보안검색을 면제할 수 있다.

1) 항공보안법 시행령 제13조제2항 각 호의 요건을 모두 갖출 것

① 외교행낭은 외교신서사의 신분을 증명할 수 있는 공문서 및 외교행낭의 수를 표시한 공문서를 소지한 사람과 함께 운송될 것

② 외교행낭의 외부에 외교행낭임을 알아볼 수 있는 표지와 국가표시가 있을 것

2) 불법방해행위를 하는 데에 사용할 수 있는 무기 또는 폭발물 등 위험성이 있는 물건들이 없다는 것을 증명하는 해당 국가 공관의 증명서를 국토교통부장관이 인증할 것

라. 다음 요건을 모두 갖춘 위탁수하물을 환적하는 경우에는 항공보안법 제15조에 따라 보안검색을 면제할 수 있다.

1) 출발 공항에서 탑재 직전에 적절한 수준으로 보안검색이 이루어질 것

2) 출발 공항에서 탑재된 후에 환승 공항에 도착할 때까지 계속해서 외부의 비인가 접촉으로부터 보호받을 것

3) 국토교통부장관이 제1호 및 제2호의 사항을 확인하기 위하여 출발 공항의 보안통제 실태를 직접 확인하고 해당 국가와 협약을 체결할 것

(2) 특별 보안검색방법

가. 항공보안법 시행령 제13조 제3항에 따라 다음의 경우에는 개봉검색 또는 증명서류 확인 및 폭발물흔적탐지장비에 의한 방법으로 보안검색을 할 수 있으며 근무 현황 · 위해물품 적발 상황 · 정밀검색 실시내용 등에 대해 기록을 유지하여야 한다.

1) 골수 · 혈액 등 인명 구조용 의료품

2) 유골 · 유해

3) 이식용 장기

4) 살아있는 동물
5) 의료용, 과학용 필름
6) 그 밖에 검색장비 등에 의하여 보안검색을 하는 경우 본래의 형질이 손상되거나 변질될 수 있는 것으로 지방항공청장의 허가를 받은 물품

나. 항공운송사업자는 체약국의 요구가 있거나 필요하다고 판단되는 경우에는 탑승 수속 전 또는 탑승구 앞에서 추가적인 보안검색을 실시할 수 있다.

다. 공항운영자는 승객·휴대물품의 촉수검색과 개봉검색에 대한 절차 및 책임 등에 관한 구체적인 사항을 수립하여 시행하여야 한다.

(3) 보안통제 문제발생시 조치

가. 통과 및 환승 승객을 포함하여 보안검색을 받은 승객과 받지 않은 승객 간의 접촉이 발생하지 않도록 하여야 하며, 접촉이 발생하였을 경우 다음의 조치를 하여야 한다.

1) 보안검색 완료지역 일시 폐쇄 등의 보안통제 후 전면 보안점검 실시
2) 모든 승객 및 휴대물품에 대한 보안검색 재실시

나. 항공운송사업자는 보안검색을 통과한 지역에서 보안검색을 받은 승객과 받지 않은 승객 간의 접촉이 발생한 후 승객이 항공기에 출입하였을 경우 해당 항공기 내·외부에 대한 정밀검색을 실시하여야 한다.

제3절 기내반입금지물품

1. 항공기내 반입금지물품

(1) 관련규정

가. 항공보안법 제21조(무기 등 위해물품 휴대 금지)에 따라 누구든지 항공기에 무기, 탄저균, 천연두균 등의 생화학무기, 도검류, 폭발물, 독극

물 또는 연소성이 높은 물건 등 국토교통부장관이 정하여 고시「항공기 내 반입금지 위해물품」하는 위해물품을 가지고 들어갈 수 없도록 규정하고 있다.

나. 다만 경호업무, 범죄인 호송업무 등 대통령령으로 정하는 특정한 직무를 수행하기 위하여 항공보안법 시행령 제18조의2(특정 직무의 수행) 규정에 따라 "경호업무, 범죄인 호송업무 등 대통령령으로 정하는 특정한 직무"란 다음 각 호의 업무를 말한다.
  1) 대통령 등의 경호에 관한 법률에 따른 경호업무
  2) 경찰관 직무집행법에 따른 요인경호업무
  3) 외국정부의 중요 인물을 경호하는 해당 정부의 경호업무
  4) 법 제24조에 따른 호송대상자에 대한 호송업무
  5) 항공기 내의 불법방해행위를 방지하는 항공기내보안요원의 업무

다. 항공보안법 시행령 제19조(기내 반입무기)에서 "대통령령으로 정하는 무기"란 다음과 같은 무기를 말한다.
  1) 총포 · 도검 · 화약류 등의 안전관리에 관한 법률 시행령 제3조에 따른 권총
  2) 총포 · 도검 · 화약류 등의 안전관리에 관한 법률 시행령 제6조의2에 따른 분사기
  3) 총포 · 도검 · 화약류 등의 안전관리에 관한 법률 시행령 제6조의3에 따른 전자충격기
  4) 국제협약 또는 외국정부와의 합의서에 의하여 휴대가 허용되는 무기

(2) 기내반입금지물품 발견시 조치

보안검색요원은 보안검색과정에서 「항공기 내 반입금지 위해물품」을 발견한 경우에는 승객에게 위탁수하물 처리 또는 운송 포기를 요구할 수 있으며, 처리 또는 포기를 거부할 경우에는 보안검색감독자에게 통보하여 조치하여야 하고, 승객이 운송을 포기한 물품은 절차에 따라 처리하여야 한다.

보안검색 과정에서 발생하는 포기물품은 공항운영자(검색업체)가 안전하고

투명한 절차에 따라 처리하여야 한다.

포기물품은 검색업체 별로 매일 수거하여 창고에 일시 보관한 후 매월 또는 수시로 복지시설 · 공익단체 등에 기증하거나 폐기하여야 한다.

가. 기증물품: 사회복지단체 등에서 재활용이 가능한 물건 등

나. 폐기물품: 화학물질 등 유해한 물질 등

검색업체가 포기물품을 처리하는 경우에는 포기물품의 기증 또는 폐기 처리 결과를 공항운영자에게 제출하여야 하며, 기증내역 및 현황에 관한 기록을 유지하여야 한다.

(3) 기내반입금지물품 발견시 회수절차

출국장에서 보안검색과정에서 적발된 기내 반입금지 위해물품은 환송객에게 인계하거나 위탁수하물(인화성 물질 등은 제외)로 처리할 수 있음을 안내하여야 한다.

승객 사정으로 환송객 인계 또는 위탁수하물 등의 방법으로 처리할 수 없는 경우 폐기함에 버릴 수도 있음을 안내하고 승객이 해당 물품을 폐기함에 넣을 경우에 해당 물품이 사회복지단체 등에 기증되거나 폐기됨을 알려야 한다.

환승장 보안검색과정에서 적발된 포기물품 중에 도검류 · 공구류 등은 위탁수하물로 처리하도록 안내하며, 해당 항공사에 연락하여 해당물품을 인계하되 인화성 물질 등은 회수한 후 폐기하여야 하며 해당 승객이 안내에 협조하지 않을 경우에는 항공사에 연락하여 승객을 인계하여야 한다.

2. 항공기내 반입금지 위해물품

물품명	객실 반입	위탁 수하물 반입	비 고
① **무기류** ※ 도검 · 무술호신용품 · 총기 등 무기류는 객실 반입금지, 위탁수하물 반입가능			

물품명	객실 반입	위탁 수하물 반입	비 고
1. 도검류 가. 무술용 검, 펜싱용 검, 칼이 든 지팡이 등 검류  나. 부엌칼, 과도, 다용도칼, 사냥칼  다. 접이식칼, 맥가이버칼, 박스커터칼, 학용품용 칼 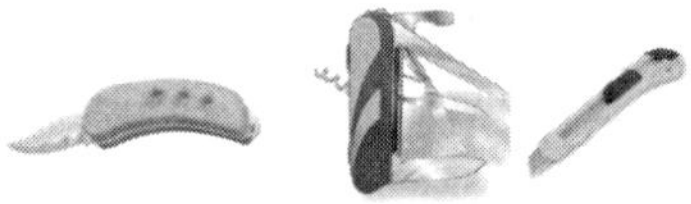 라. 면도칼, 외과용 메스, 식사용 나이프 등 	X	O	단, 플라스틱 칼, 둥근 날을 가진 버터칼, 안전날이 포함된 면도기, 안전면도날, 전기면도기 및 기내식 전용 나이프(항공사 소유에 한함)는 객실 반입가능 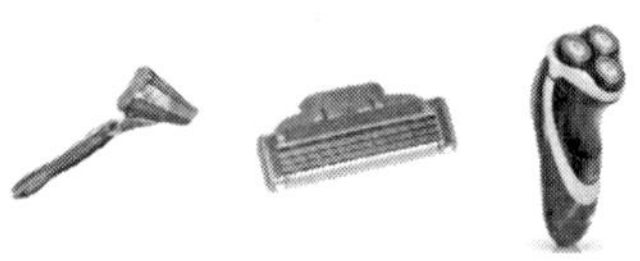
2. 창류 가. 창, 작살, 작살총, 표창  나. 송곳날이 있는 다트, 새총, 투석기 등	X	O	

물품명	객실 반입	위탁 수하물 반입	비 고

3. 무술 · 격투용 무기류 (쌍절곤, 손가락에 끼워 공격하는 무기, 열쇠고리형 호신무기 등) 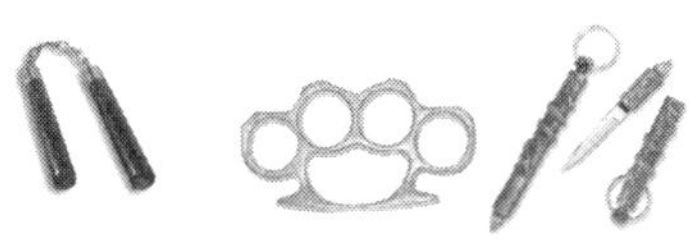	X	O	
4. 곤봉 · 경찰봉 등 곤봉류 및 수갑류 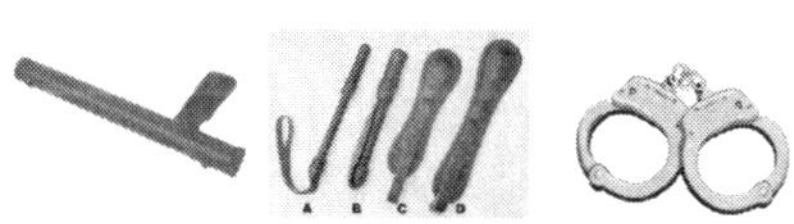	X	O	단, 범죄인 호송 등 공무 목적의 수갑류는 객실 반입가능
5. 호신용 스프레이류 (후추 · 고추 · 산성스프레이, 야생동물퇴치용 스프레이 등) 	X	O	단, 위탁수하물로 반입할 경우, 1인당 1개(100ml이하)까지만 가능
6. 총기류 (권총, 연발권총, 엽총, 소총, 산탄총, BB총, 압축공기총, 라이플총, 볼베어링총 등) 	X	O	단, 위탁수하물로 반입할 경우, 해당 항공운송사업자에게 총기소지허가서 또는 수출입허가서 등 관련서류를 확인시키고, 총알과 분리한 후, 단단한 보관함에 넣은 경우에만 가능
7. 전자충격기(stun gun), 테이저건	X	O	

물품명	객실 반입	위탁 수하물 반입	비 고
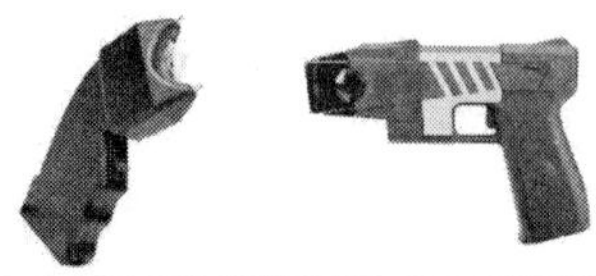			
8. 총기류 부품 	X	O	단, 총기류 부품 중 조준경은 객실 및 위탁수하물 반입가능
9. 발광/화염 신호총(flare gun), 출발 신호용 총(starter pistole) 	X	O	
10. 복제 · 모의 총기류 및 장난감 총 	x	o	
11. 총알 (실탄, 공포탄 등) 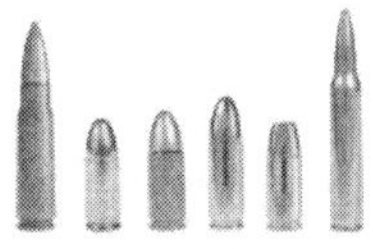	X	O	단, 위탁수하물로 반입할 경우, 해당 항공운송사업자의 승인이 필요하며, 「항공위험물 운송기술기준」(국토교통부 고시)에 적합한 경우에만 가능
2 **폭발물류** ※ 폭발물류는 객실 및 위탁수하물 모두 반입금지			
1. 폭발물, 폭발장치 가. 다이너마이트, 수류탄, 지뢰 등 나. 뇌관(blasting caps), 기폭장치류	X	X	

물품명	객실 반입	위탁 수하물 반입	비 고
(denotes), 신관, 도화선(fuses), 발파캡, 격발뇌관(percussion cap) 다. 화약류 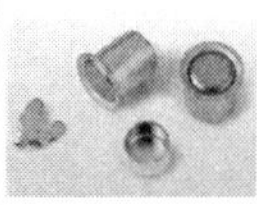 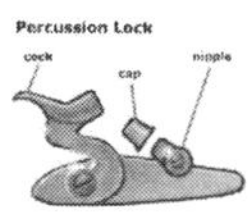  라. 복제 · 모의 폭발물 또는 폭발장치 등 			
2. 불꽃·화염류 및 폭죽류 가. 조명탄, 신호탄, 화염탄 등 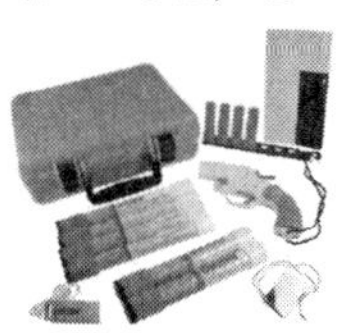 나. 불꽃놀이 및 장남감용 폭죽   다. 폭죽소리가 나는 장난감 총 등 	X	X	
3. 연막탄(smoke grenade) 및 연기를 발생시키는 캔이나 카트리지	X	X	

물품명	객실 반입	위탁 수하물 반입	비 고
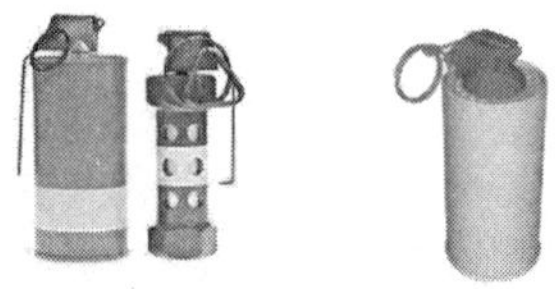			
③ 공구 및 생활용품류 ※ 흉기로 사용될 수 있는 공구류는 객실 반입금지, 위탁수하물 반입가능			
1. 공구류 가. 도끼, 손도끼, 얼음도끼, 망치, 장도리, 쇠지레 	X	O	
나. 산업용 못총·볼트총, 송곳, 얼음송곳, 휴대용 전동톱 등 톱류, 전동드릴 등 드릴류 	X	O	
다. 총길이 10㎝를 초과하는 렌치, 스패너, 펜치, 프라이어류 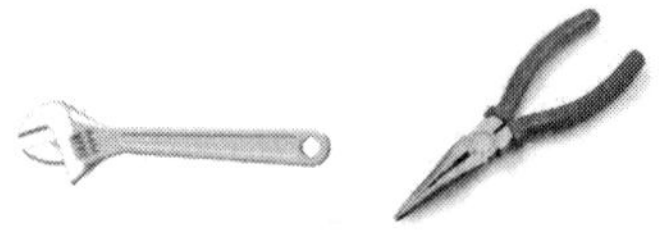	X	O	
라. 날 · 심·끌의 길이가 6㎝를 초과하는 스크루드라이버, 드릴심, 끌, 정 및 가위류(조경용 가위 포함) 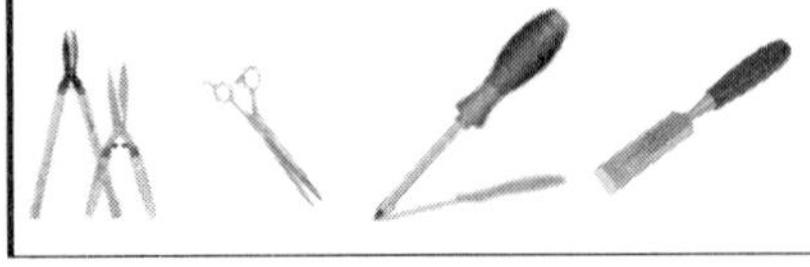	X	O	

물품명	객실 반입	위탁 수하물 반입	비 고
2. 전자충격용 봉 등 가축몰이용 봉 또는 막대, 동물도축용·살상용 도구 	X	O	
3. 휴대용 일반 소형 배터리 	O	O	
4. 리튬배터리 또는 리튬이온배터리가 포함된 개인용 휴대 전자장비 (시계, 계산기, 카메라, 캠코더, 휴대폰, 노트북컴퓨터, MP3 등) 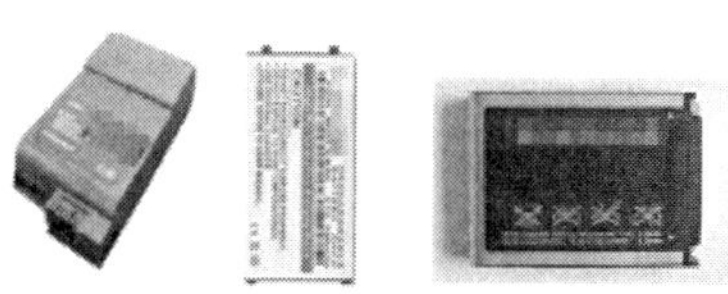	O	O	
5. 일반 생활도구류 가. 금속제 포크·젓가락·숟가락 나. 끝이 둥근 금속제 병따개, 와인용 코르크 따개 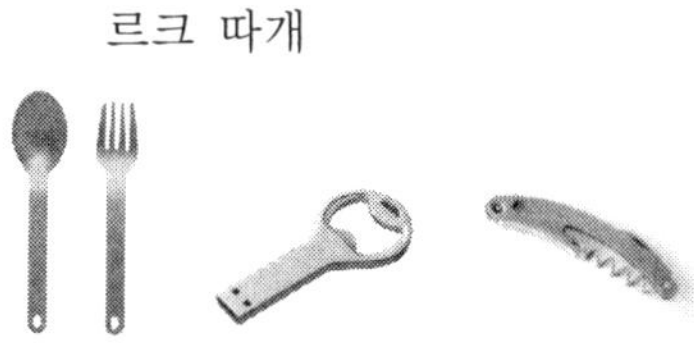 다. 요리용 다지기, 감자칼, 무채칼, 믹스기 칼날	O	O	

물품명	객실 반입	위탁 수하물 반입	비 고
 라. 손톱깍이, 손톱 줄, 족집게, 눈썹정리용 칼, 손톱정리용 가위  마. 대바늘, 코바늘, 바느질용 바늘 바. 제도용 콤파스 등 			
6. 액체·분무·겔 형태의 위생용품, 욕실용품 또는 의약품류 (화장품, 향수, 매니큐어, 매니큐어 리무버, 헤어스프레이, 헤어무스, 헤어젤, 염색약, 퍼머약, 방향제, 냄새제거제, 면도크림, 샴푸, 린스, 샤워젤, 치약, 콘택트렌즈용액, 몸에 뿌리는 벌레 기피제, 소염제, 의료용 소독 알콜, 내복약, 외용연고 등) 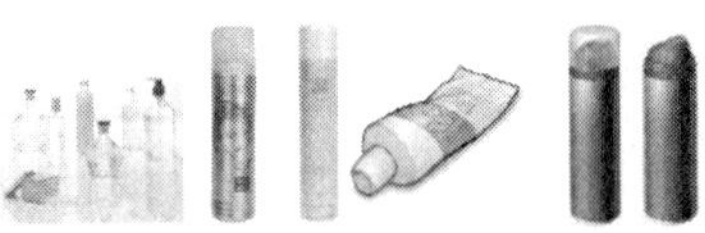	O	O	단, 객실 반입(국제선에 한함)할 경우, 개별 용기당 100ml 이하로 1인당 1L 비닐지퍼백 1개에 한해 반입이 가능하며, 의약품인 경우에는 의사 처방전 등 관련 증명서를 보안검색요원에게 제시하고 적정하다고 판단될 경우 비행중 필요한 용량에 한해 객실 반입가능 위탁수하물(국제선에 한함)로 반입할 경우에는, 개별 용기당 500ml (0.5kg)이하로 1인당 2kg(2L) 이하까지만 가능
4 스포츠 및 레저용품류 ※ 무기로 사용될 수 있는 스포츠용품은 객실 반입금지, 위탁수하물 반입가능			

물품명	객실 반입	위탁 수하물 반입	비 고
1. 방망이, 노, 봉, 검, 날, 촉 형태의 스포츠 장비 가. 야구 · 소프트볼 · 크리켓* 등 배트류 나. 카약 · 카누 · 보트 등 노류    다. 하키·라코르스** 등 스틱류 라. 골프채, 당구큐 등    마. 목검류, 볼링공, 아령 등 바. 빙상용 스케이트    사. 활, 화살, 양궁, 석궁, 국궁 등 활류 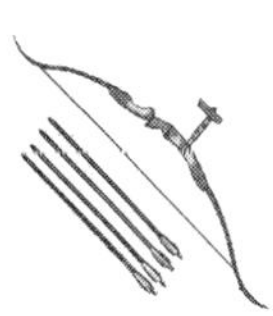 	X	O	단, 테니스·배드민턴·스쿼시·탁구 등 라켓류 및 인라인스케이트, 스케이트보드는 객실 반입가능
2. 공기가 1/3이상 주입된 축구공 등 스포츠용 공류 및 풍선류  	X	X	단, 공기가 주입되지 않는 야구공·골프공 등의 경우 객실 또는 위탁수하물 반입 가능

물품명	객실 반입	위탁 수하물 반입	비 고
3. 등산 장비 (등산용 스틱, 텐트 폴, 등반용 못, 고리, 아이젠 등) 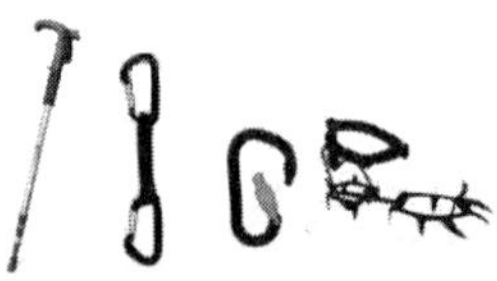	O	O	단, 산악용 망치는 객실 반입금지, 위탁수하물 반입가능 
5 의료 · 구조용 물품 ※ 의료용 물품은 객실 및 위탁수하물 모두 반입가능하나, 일부 위험가능 물품은 제한될 수 있음			
1. 주사바늘, 한방용 침류, 수지침 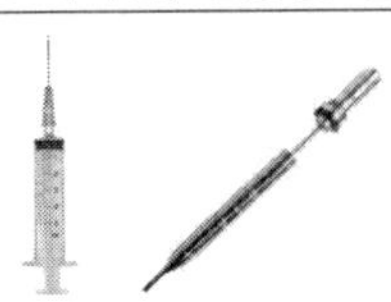	O	O	
2. 소형 의료용 수은체온계  	O	O	단, 객실 또는 위탁수하물로 반입할 경우, 보호케이스에 담은 경우에만 가능
3. 보행 보조도구 가. 노약자 · 장애인 · 환자가 사용하는 지팡이, 목발 등 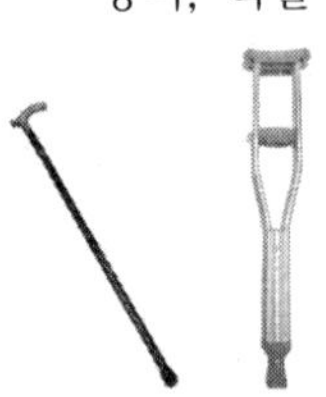	O	O	
나. 노약자 · 장애인 · 환자 · 유아가 사용하는 휠체어, 유모차	O	O	단, 휠체어 및 유모차를 객실에 반입할 경우, 해당 항공운송사업자의 승인이 필요

물품명	객실 반입	위탁 수하물 반입	비 고

다. 인공수족에 포함된 비인화성 가스 실린더(여행기간 동안 필요한 여분의 실린더 포함)  	O	O	단, 객실 또는 위탁수하물로 반입할 경우, 해당 항공운송사업자의 승인이 필요
라. 장애인·노약자·환자가 사용하는 전동휠체어 또는 전동이동보조기구(배터리 포함)   	X	O	단, 위탁수하물로 반입할 경우, 해당 항공운송사업자의 승인이 필요하며, 「항공위험물 운송기술기준」(국토교통부 고시)에 적합한 경우에만 가능
4. 휴대용 전자의료장비 (자동제세동기, 인공호흡기, 호흡기 치료기, 친식용 호흡기 등)  	O	O	단, 여분 배터리는 위탁수하물로 반입이 금지되며, 보관함에 안전하게 넣은 경우에 한해 2개까지만 객실반입 가능
5. 인체에 이식된 인공심박기, 이식 전자의료장치	O	–	

물품명	객실 반입	위탁 수하물 반입	비 고
 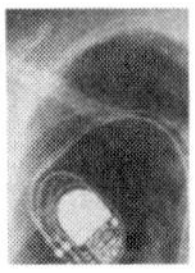			
6. 의료용으로 사용되는 5kg이하의 소형 산소통 또는 공기실린더 	O	O	
7. 구명조끼에 포함된 비인화성·무독성 이산화탄소가스 실린더 1쌍(여분 실린더 1쌍 포함)  	O	O	단, 객실 또는 위탁수하물로 반입할 경우, 해당 항공운송사업자의 승인이 필요하며, 「항공위험물 운송기술기준」(국토교통부 고시)에 적합한 경우에만 가능
8. 눈사태용 구조배낭(1인당 1개) 	O	O	
6 기타 인화성 · 화학성 · 유독성 물질 ※ 인화성물질 등은 원칙상 객실 및 위탁수하물 반입이 모두 금지되나, 『항공위험물 운송기술기준』(국토교통부 고시)에서 정한 안전요건을 충족하는 경우에 한해 가능			
1. 성냥 또는 라이터 가. 소형 안전성냥(safety match) (1인당 1개) 	O	X	단, 객실 반입할 경우, 자체발화 방지를 위하여 여행용가방 등에 보관하지 말고 직접 소지할 것

물품명	객실 반입	위탁 수하물 반입	비 고
나. 딱성냥(마찰성냥) (strike anywhere match), 대형 곽성냥 * 아무데나 마찰시 발화되는 성냥  	X	X	
다. 휴대용 담배라이터(1인당 1개)  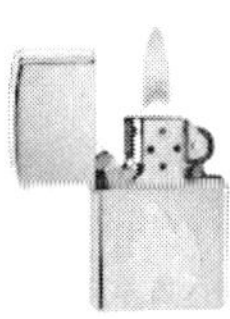	O	X	단, 객실 반입할 경우, 자체발화 방지를 위하여 여행용가방 등에 보관하지 말고 직접 소지할 것 단, 선물용으로 포장되고 연료가 포함되어 있지 않은 라이터의 경우에는 위탁수하물로 반입가능
라. 총기모양 라이터 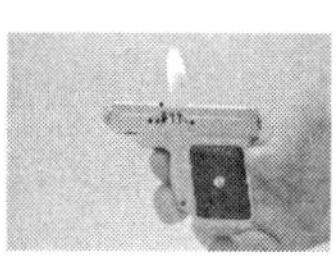 	X	O	단, 위탁수하물로 반입할 경우, 선물용으로 포장되고 연료가 포함되어 있지 않은 라이터에 한해 가능
마. 토치 라이터 및 비흡수성 액체연료로 작동하는 담배라이터 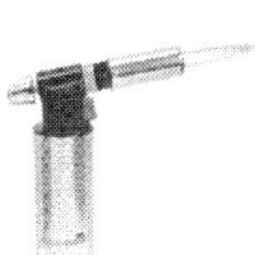	X	X	
2. 인화성 가스·인화성 액체 가. 부탄가스, 프로판가스, 탄화수소카트리지, 석유, 휘발유, 등유, 경유, 에	X	X	

물품명	객실 반입	위탁 수하물 반입	비 고
탄올, 라이터 연료 등  나. 스프레이페인트, 인화성페인트, 인화성 광택도료, 페인트시너(Paint Thinner), 테레빈유(Turpentine) 등  다. 인화성 살충제, 인화성 다리미풀 등 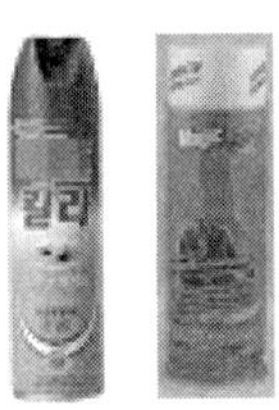			
3. 탄화수소가스(Hydrocarbon gas)로 작동하는 헤어컬 (1인당 1개) 	O	O	단, 가열부분에 안전커버가 씌워져 있는 경우에만 반입 가능하며, 여분의 가스리필은 객실 및 위탁수하물 반입이 모두 금지 

물품명	객실 반입	위탁 수하물 반입	비 고
4. 자체적으로 연소·불꽃·폭발이 일어날 수 있는 물질	X	X	
5. 강한 열을 발생시키는 배터리로 작동하는 납땜장치(납땜인두), 수중랜턴(수중다이빙용 램프) 	O	X	단, 객실 반입할 경우, 반드시 배터리와 분리할 것
6. 기상용 수은기압계 및 수은온도계  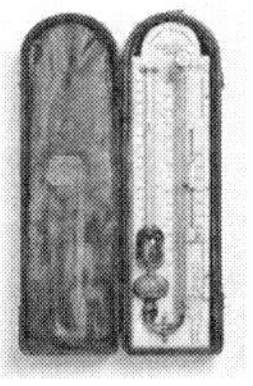	O	X	단, 공공용 목적으로 사용되는 물품으로 해당 항공운송사업자의 승인을 받고, 수은이 유출되지 않도록 내부가 봉인된 단단한 보관함에 담은 경우에만 객실반입 가능
7. 알코올성 음료 가. 70도(%) 이상의 알코올성 음료	X	X	
나. 24도(%) 이상 70도(%)미만 알코올성 음료 (1인당 5L에 한함) 다. 24도(%) 미만 알코올성 음료	O	O	
8. 최루가스(tear gas)	X	X	
9. 독극물 · 취약 · 농약 등 독성물질	X	X	
10. 방사능 물질 (의료용 · 상업용 동위원소)	X	X	
11. 부식성, 표백성, 산화성 물질 (염소, 표백제, 산화제, 수은, 하수구 청소제제 등)	X	X	
12. 전염성·생물학적 위험물질	X	X	
13. 소화기	X	X	

물품명	객실 반입	위탁 수하물 반입	비 고

14. 드라이아이스 (1인당 2.5kg) 	O	O	단, 객실 또는 위탁수하물로 반입할 경우, 해당 항공운송사업자의 승인이 필요하며, 「항공위험물운송기술기준」(국토교통부 고시)에 적합한 경우에만 가능

(1) 상기 별표에서 정하지 아니한 물품 또는 반입을 허용하는 물품이더라도 해당 공항의 보안검색감독자 또는 항공운송사업자가 항공기 안전 및 승객·승무원에게 위해를 줄 수 있다고 판단하는 경우에는 항공기 내 반입을 금지할 수 있다.

(2) 상기 별표에서 정한 물품 중 (국토교통부 고시) 「항공위험물 운송기술기준」 제210조에서 정한 위험물에 대해서는 해당 고시에서 정한 방식에 따라 반입·운송하여야 하며, 그 외의 항공위험물에 대해서는 해당 고시에 따라 객실 또는 위탁수하물로 반입해서는 아니된다.

(3) 항공기 내로 반입코자 하는 물질이 화학성·유독성 물질인 경우에는 승객이 「산업안전보건법」에 따른 물질안전보건자료를 해당 항공운송사업자에게 제시하고 안전한 물질로 판단되는 경우에 한해 위탁수하물로 반입이 가능하다.

(4) 국제선 항공기 객실 내에 반입되는 액체·분무·겔류의 경우에는 「액체·분무·겔류 등 항공기내 휴대반입금지 물질 운영기준」(국토교통부 고시)에서 정한 기준에 적합한 경우에만 객실반입이 가능하다.

3. 항공기내 반입되는 액체 · 분무 · 겔류 규정

(1) 관련규정

가. 항공보안법 제14조(승객의 안전 및 항공기의 보안)에 따라 공항운영자 및 항공운송사업자는 액체, 겔(gel)류 등 국토교통부장관이 정하여 고시(액체 · 분무 · 겔류[17] 등 항공기내 휴대 반입 금지물질 운영기준)하는 항공기 내 반입금지 물질이 보안검색이 완료된 구역과 항공기 내에 반입되지 아니하도록 조치하여야 한다.

나. 「액체 · 분무 · 겔류 등 항공기내 휴대 반입 금지물질 운영기준」 국토교통부 고시는 액체 · 분무 · 겔류 등 항공기내 휴대반입금지물질을 정하여 액체폭발물에 의한 항공 불법간섭행위로부터 항공기를 이용하는 자의 생명과 재산을 보호하기 위함을 목적으로 하고 있다.

(2) 적용범위 및 면제규정

가. 이 지침은 대한민국 내에 위치한 공항에서 출발하는 모든 국제선 여객 항공편 또는 통과 및 환승 항공기를 이용하여 여행하는 승객이 휴대 운반하는 LAGs에 대하여 적용한다.

나. 보호구역 및 항공기로 출입하는 공항근무자의 개인용품(음료, 향수, 화장품, 의료품 및 비슷한 용품)은 국가항공보안우발계획에 의한 항공보안등급이 상향조정되거나 테러발생 위협이 고조되는 경우 등 필요시 승객에 대한 보안통제와 동일하게 적용한다. 다만, 공항근무자가 직무를 수행하기 위해 합법적으로 소지한 LAGs 용품(청소제재, 실란트, 위생제, 접착제, 페인트 및 오일 등)은 보안통제에서 제외된다.

다. 다음 각 호에 대해서는 제5조에 의한 LAGs 보안통제 적용을 면제한다.

1) 비행근무시간(flight duty period)동안 항공기 운항에 필수적인 업무를 수행하기 위하여 책임이 부여된 자격증명을 갖춘 운항승무원이 소지한 LAGs

---

17) 액체 · 분무 · 겔류는 Liquids, Aerosols and Gels를 말하며, 약어로 'LAGs'라 한다.

2) 승객이 휴대한 의약품 및 특별 식이처방음식
3) 보호구역 및 항공기로 출입하는 공항근무자가 휴대한 LAGs
4) 위기대응임무를 수행하는 요원이 휴대한 LAGs

(3) LAGs 보안검색통제

가. 승객이 항공기를 이용하여 여행하고자 LAGs를 휴대하고 보안검색대를 통과하기 위해서는 다음의 각 호를 준수하여야 하며, 그 통제대상 물품은 별표 1의1과 같다.

1) 모든 LAGs는 용량이 100㎖ 또는 이와 동등한 용량(3.4온스, 100그램)을 초과하지 않는 용기에 담아야 한다.
2) 100㎖를 초과하는 용기에 일부 분량의 LAGs를 담아서 운반할 수 없다. 단, 100㎖를 초과하는 빈 용기는 반입할 수 있다.
3) 모든 LAGs 용기는 최대 용량이 1리터(20.5㎝ x 20.5㎝, 25㎝ x 15㎝ 또는 이와 동등한 크기)를 초과하지 않는 투명하고 개폐가 가능한 플라스틱 봉투에 담겨져야 하며, 용기들은 이 봉투가 완전하게 닫힐 수 있는 정도의 분량이어야 한다.

제4절 항공보안장비

1. 항공보안장비 개요

(1) 관련규정

가. 항공보안법 제27조(항공보안장비 성능 인증 등)에서 장비운영자가 이 법에 따른 보안검색을 하는 경우에는 국토교통부장관으로부터 성능 인증을 받은 항공보안장비를 사용하여야 한다.

나. 항공보안장비의 성능 인증을 위한 기준 · 방법 · 절차 및 장비운영자가

사용하는 항공보안장비의 성능 검사 등 운영에 필요한 사항은 국토교통부령으로 정한다.

다. 국토교통부장관은 성능 인증을 받은 항공보안장비의 종류, 운영, 유지관리 등에 관한 기준을 정하여 고시하여야 한다.

라. 국토교통부장관은 성능 인증을 받은 항공보안장비가 계속하여 성능을 유지하고 있는지를 확인하기 위하여 정기적으로 또는 수시로 점검을 실시하여야 한다.

마. 우리나라와 항공보안장비 성능 상호인증 협약이 체결된 국가로부터 그 성능을 인증받은 항공보안장비는 우리나라의 항공보안장비 성능 인증을 받은 것으로 본다.

바. 제27조의3(인증업무의 위탁) 국토교통부장관은 인증업무의 전문성과 신뢰성을 확보하기 위하여 제27조에 따른 항공보안장비의 성능 인증 및 점검 업무를 대통령령으로 정하는 기관(항공안전기술원)에 위탁할 수 있다.

(2) 항공보안장비 종류

가. 국토교통부 고시 항공보안장비 종류, 운영 및 유지관리 등에 관한 기준 제4조(검색장비의 종류)에서 항공보안장비 종류는 X-Ray검색장비, 금속탐지장비, 폭발물탐지장비, 폭발물흔적탐지장비, 액체폭발물탐지장비, 원형검색장비, 신발검색장비, 기타 국토교통부장관이 필요하다고 인정하는 장비 등이 있다.

나. 항공보안장비 종류별 특성은 다음 표와 같다.

종류	형태	장비 특성
X-Ray 검색장비	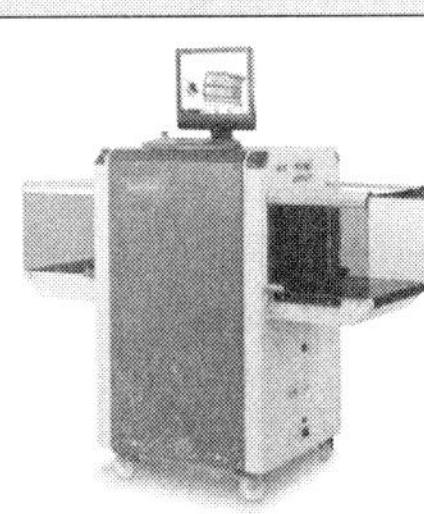	X-Ray 발생장치를 이용하여 검색대상물에 X-Ray을 조사하고 그 내용을 모니터에 영상으로 표시하는 검색장비

폭발물 탐지장비		이온분석, X-Ray 검색, 중성자 검색, 기타 탐지방법 등에 의하여 폭발물 및 폭약성분을 탐지하는 장비
폭발물 흔적탐지 장비	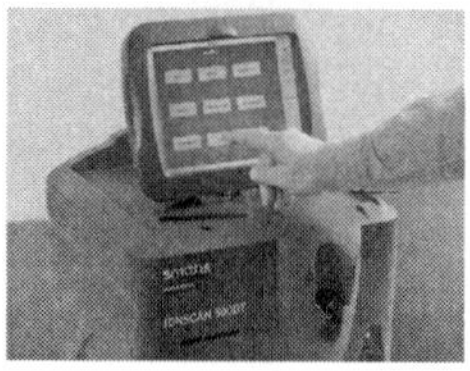	검색대상물에 묻어있는 화학성분을 흡입하여 화학적인 이온분석 방법 등을 이용하여 폭발물 및 폭약성분의 흔적을 탐지하는 장비
액체 폭발물 탐지장비		폭발성이 높거나 연소성이 높은 액체류 위험물 및 액체상태의 폭약성분을 탐지하는 장비
문형금속 탐지장비	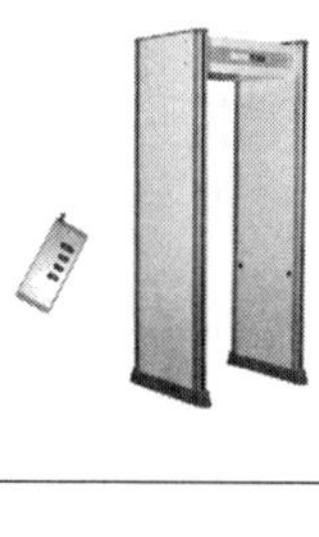	전기 자기장을 이용하여 금속물체를 탐지하는 검색장비로 여객이 신체에 은닉한 금속을 찾기 위한 문형 장비
휴대형금속탐 지장비	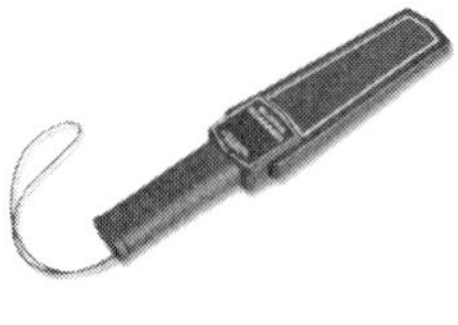	전기자기장을 이용하여 금속물체를 탐지하는 검색장비로 여객이 신체에 은닉한 금속을 찾기 위해 보안요원이 추가 검색에 사용하는 휴대형 장비
신발 검색장비	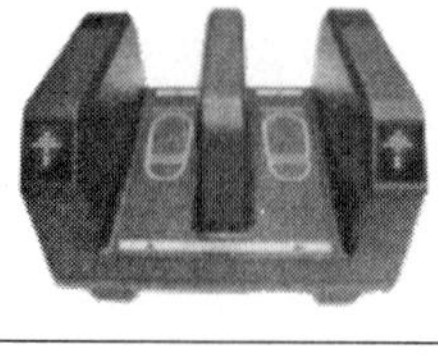	금속탐지기로 검색이 어려운 신발 아래쪽과 발목 등에 은닉한 위험물을 탐지하는 장비

원형 검색장비	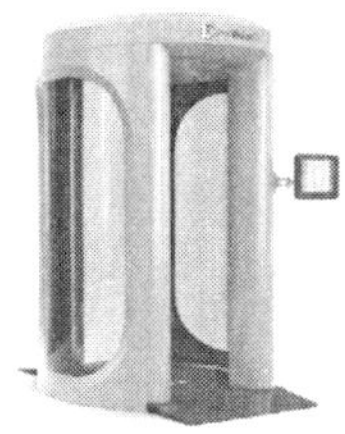	금속탐지장비에 의하여 탐지하기 어려운 무기 또는 폭발물 등 위험성이 있는 물건을 신체에 대한 접촉없이 탐지하여 그 내용을 모니터에 영상으로 표시하는 장비

(3) 항공보안장비 성능점검

가. 국토교통부 고시 항공보안장비 종류, 운영 및 유지관리 등에 관한 기준 제2조에서 "점검용 시험물품"이란 검색장비의 정상작동 여부를 점검하거나 검사(檢査)하기 위하여 인증을 받았거나 장비 제작사에서 해당 장비의 성능점검을 목적으로 제작 또는 권고한 시험물품을 말하며 장비별 사용할 물품의 종류는 다음과 같다.

1) X-Ray 검색장비 :

① 터널규격 1m x 1m 이하 : 제작사의 검사장비 또는 제작사 권고 시험물품(ASTM 또는 STP 시험키트)

② 터널규격 1m x 1m 초과 : 제작사의 검사장비 또는 제작사 권고 시험물품

2) 문형금속탐지장비 : 제작사의 검사장비 또는 제작사 권고 시험물품(OTP 시험키트)

3) 폭발물탐지장비 : 제작사의 검사장비 또는 제작사 권고 시험물품

4) 폭발물흔적탐지장비 : 제작사의 검사 장비 또는 제작사 권고 시험물품

5) 휴대용금속탐지장비 : 무게 5.5g, 직경 25㎜크기의 원형 금속물질 또는 제작사 권고 시험물품

6) 액체폭발물탐지장비 : 제작사의 검사 장비 또는 제작사 권고 시험물품

7) 원형검색장비 : 제작사의 검사장비 또는 제작사 권고 시험물품

8) 신발검색장비 : 제작사의 검사장비 또는 제작사 권고 시험물품

나. 장비점검은 보안장비의 효율성 유지를 위하여 검색업무 개시 전, 장비 고장 수리 후, 장비의 신규 설치 및 이설시 점검하여야 하며, 특히, 장

비를 운용하는 자는 장비 상태를 수시로 확인하여야 한다.

다. X-Ray 검색장비 성능점검방법은 다음과 같다.

1) 판독자 조작판넬의 전원 키(Key)를 OFF에서 ON으로 돌리면 전원 투입되어 자기진단(Self-test) 후 이상 유무를 모니터에 표출하므로 반드시 자기진단 결과를 확인하여야 한다.

2) X-Ray 장비가 정상상태가 되면 장비를 사용하기 전, 장비점검을 실시하여야 하며 반드시 점검용 시험물품(CTP, STP, ASTM F792 등)을 검색대상물과 동일한 방법으로 통과하여 X-Ray 모니터 상에 나타나는 영상이미지로 해상도(AWG24 또는 SWG25), 투과력(강철 24㎜이상 투과), 유기물과 무기물 구분 등 X-Ray 장비점검에 대한 성능의 충족여부를 확인하여야 한다.

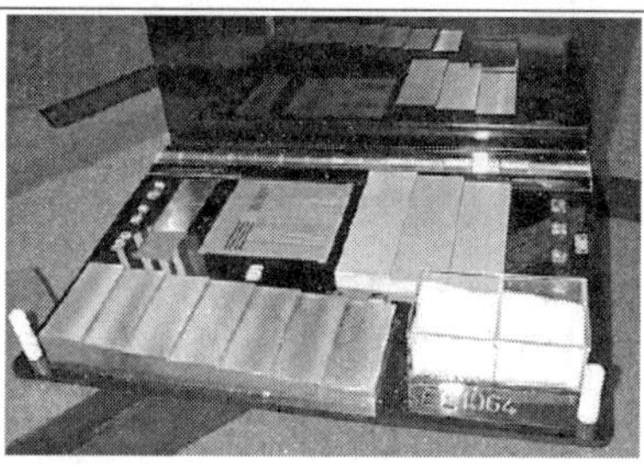
CTP (Combined Test Piece)

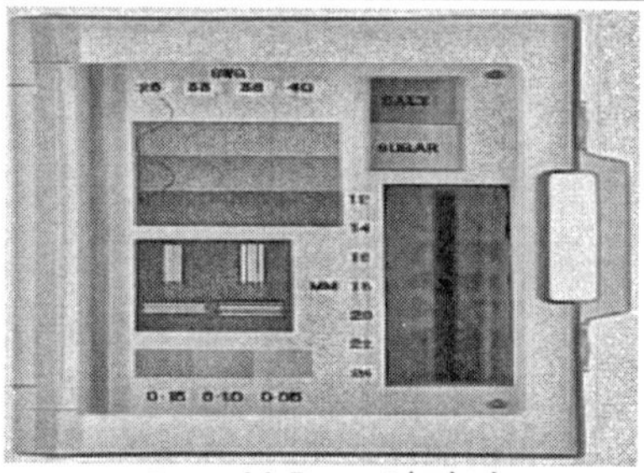
CTP X-Ray 이미지

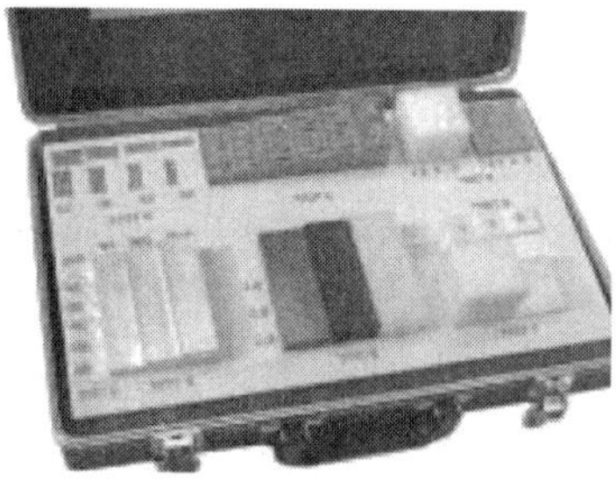
ASTM F-792 Step Wedge

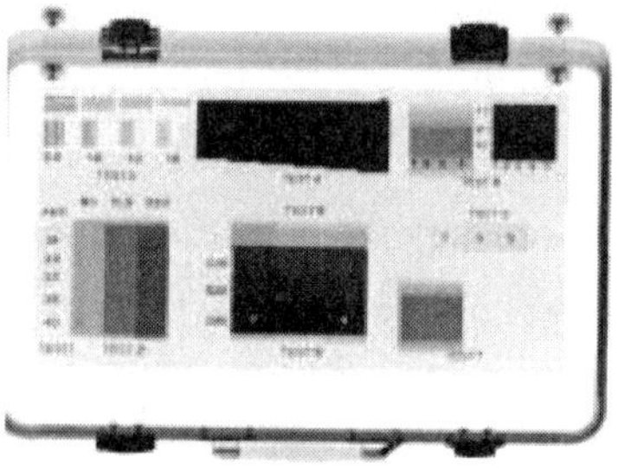
ASTM X-Ray 이미지

라. 문형금속탐지기 성능점검방법은 다음과 같다.

1) 문형금속탐지장비의 전원을 켰을 때 전원 ON되는지 확인하고 반드시

장비점검을 실시하여야 한다.

2) 점검방법은 점검자가 소지하고 있는 모든 금속물질을 제거하고, 점검용 시험물품(OTP)을 오른쪽 팔, 오른쪽 엉덩이, 등쪽의 허리부분, 오른쪽 발목 안쪽에 착용하고 승객이 통과하는 것과 동일한 방법으로 10회(전면5회, 후면5회)통과하여 9회 이상 감지할 경우 정상이다.

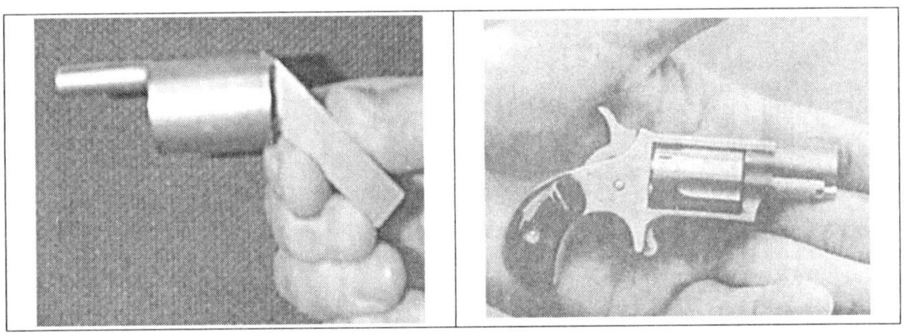

마. 휴대용금속탐지기 성능점검방법은 다음과 같다.

1) 휴대용금속탐지기 전원 스위치를 켜고 금속물체에 근접시킬 때 경보가 정상적으로 울리면 작동상태는 정상이다.

2) 장비점검은 최초 전원을 켰을 때 또는 근무교대시 실시하고 점검방법은 장비의 전원을 켜고 점검용 시험물품(원형금속물질 : 직경 25㎜, 무게 5.5g)에 장비를 5㎝ 근접시 3회 이상 점검시 금속 감지신호(음향)가 표시되면 정상이다.

2. 항공보안장비

(1) 문형금속탐지기(WTMD)

가. 문형금속탐지기(Walk Through Metal Detector)는 양방향 탐지능력이 있어 WTMD를 양방향에서 통과할 때 무기류 등 위해물품을 탐지가 가능하며 위해물품이 감지되면 경보 및 경보부위에 대해 알려주며 조그마한 무기류도 탐지 가능(0~100단계 감도레벨 조정)하고 자기장의 원리를 이용하므로 신체에는 영향을 주지 않는다.

나. 문형금속탐지기의 종류는 제작사에 따라 여러 종류의 모델이 있고 장비

의 정상적인 작동여부 확인을 위해서는 문형금속탐지기의 전원이 ON으로 되어 있는지 확인하여야 한다.

다. 전원이 ON으로 되어 있는 경우 문형금속탐지기의 좌측 상부 전면 표시등이 적색으로 점멸되고 있으면 정상 작동되고 있는 상태여부, 금속물체를 소지하고 문형금속탐지기를 통과할 때 경보음이 울리면서 표시판에 적색표시(****)가 되고 전면 좌, 우측면에 적색 표시구간이 1개소 이상 표시되면 정상상태 등을 확인하여야 한다.

라. 장비를 계속 사용하지 않을 경우에는 문형금속탐지기는 전원 공급에 의해 작동되는 것으로 계속 사용하지 않을 때는 전원스위치를 OFF에 놓는다.

마. 문형금속탐지기는 외부의 충격 또는 금속물체에 의해 경보 오류가 발생할 수 있으므로 검색장비 사용 시 주의하여야 하고 문형금속탐지기 사용 시 전원표시 상태, 경보음 및 경보표시 기능 등이 정상적으로 작동되고 있는 지 항상 관리를 하여야 한다.

바. 장비에 이상상태가 발견되면 즉시검색감독관에게 보고하여야 한다. 문형금속탐지기의 감도는 최적의 상태로 설정되어 있으므로 보안검색감독관의 허가없이 조정해서는 아니 된다.

사. 다음 그림은 여러 제작사에서 개발한 문형금속탐지기이다.

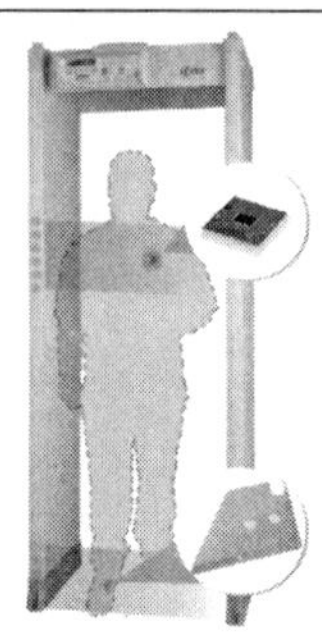		
SMD600 Plus (CEIA)	HI-PE Multi-Zone (CEIA)	SMD601 Plus (CEIA)

		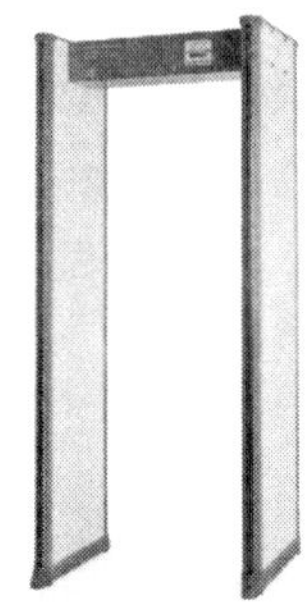
METOR 6E (Rapiscan)	METOR 6S (Rapiscan)	PC 15000 (제원)
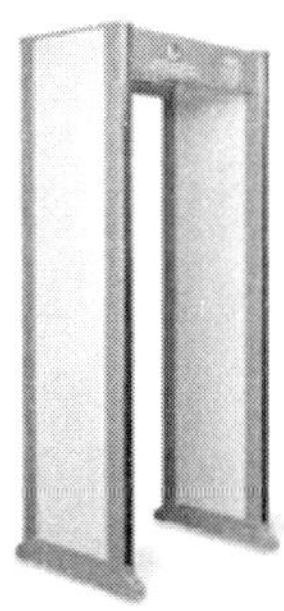	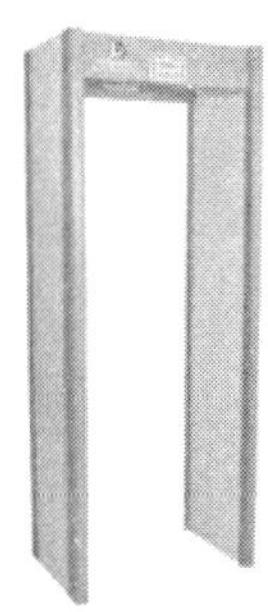	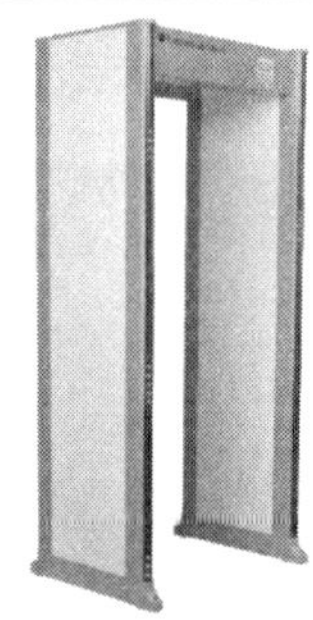
PD 6500i (L3)	MT 5500 (L3)	WT2000 (Garrett)

(2) 휴대용금속탐지기(HHMD)

가. 휴대용 금속탐지기(Hand Held Metal Detector)는 작은 무기류도 탐지 가능하며 위해물품을 감지하면 경보 및 경보표시가 가능하고 자기장의 원리를 이용하므로 신체에 영향을 주지 않는다.

나. 휴대용금속탐지기정상작동 여부는 전원스위치를 ON에 놓고 탐지하고자 하는 금속물체를 접근시킬 때 경보가 잘 울리면 정상이다.

다. 휴대용금속탐지기는 건전지를 사용하므로 금속물체를 가까이 해도 소리가 작으면 건전지의 충전상태를 확인한다.

라. 전원스위치를 ON에 놓고 탐지하고자 하는 금속물체를 접근시켜 경보가 잘 울리는지 확인하고 전원표시 상태, 경보음 및 경보표시 기능 등이

정상적으로 작동되고 있는 지 항상 관리를 하여야 하며, 이상이 발견되면 즉시 검색감독관에게 보고하여야 한다.

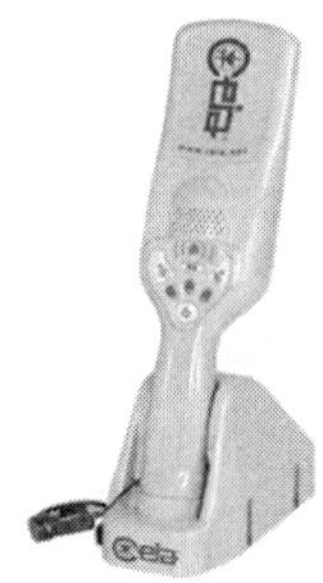		
PD140N (CEIA)	PD240C (CEIA)	Metor 28 (Rapiscan)
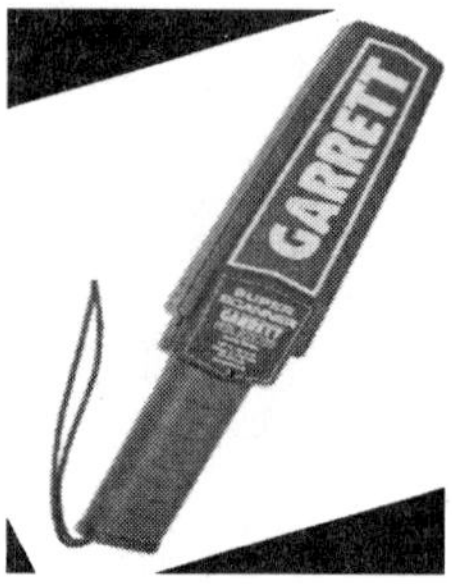		
Superscanner(Garrett)	PC150 (제원)	THD (L3)

(3) 휴대물품 X-Ray 검색장비

가. X-Ray검색장비는 X-Ray 투시장비와 판독용 모니터 및 조작반 등이 포함되며 휴대물품을 양방향(수직, 수평) 또는 CT방식으로 X-Ray로 투사가능하며 위해물품을 식별할 수 있도록 이미지 생성 및 모니터 표시하며 휴대물품을 검색장비 전, 후로 이동시킬 수 있고 영상이미지 저장 및 재생이 가능하다.

나. 판독용 모니터는 모니터 X-Ray 이미지(수직, 수평)를 칼라, 흑백으로 표시하고 물체를 유기물, 무기물, 혼합물, 불투과물체 등으로 표시하며 표준 또는 2배, 4배 또는 기타 배율로 이미지 확대 및 축소가 가능하다.

		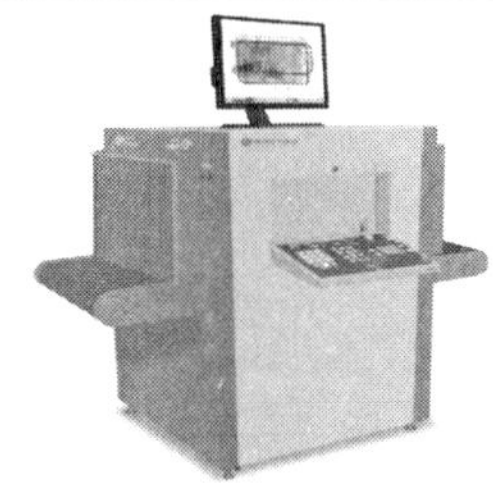
CAN 6040 CTiX (Smiths Detection) CT Type	HI-SCAN 6040aX (Smiths Detection) dual view	XIS-3555S (Astrophysics) single view
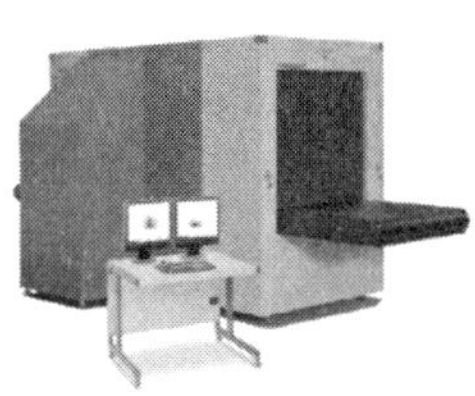	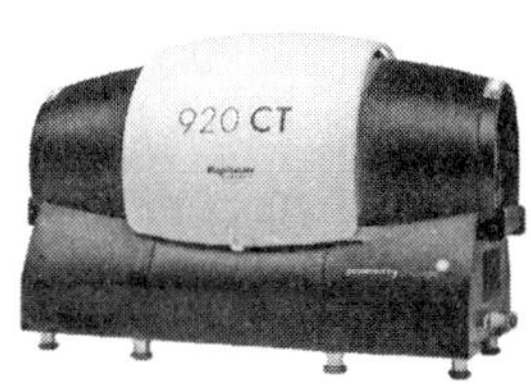	
RAP 627DV (Rapiscan) dual view	920CT (Rapiscan) CT Type	ClearScan (L3) CT Type

(4) 위탁수하물 X-Ray 검색장비

가. 위탁수하물 X-Ray장비는 독립적 설치 또는 수하물처리시스템과 연계되어 운용되며 이미지를 식별할 수 있는 모니터와 조작반이 포함된다.

나. X-Ray장비는 양방향(수직, 수평) 또는 CT방식으로 X-Ray 투사하며 위해물품을 식별할 수 있도록 수하물 이미지 생성하고 영상이미지 저장, 재생, 수하물 처리시스템(BHS과 연계 운용할 수 있다.

다. 판독용 모니터는 모니터 X-Ray 이미지(수직, 수평)를 칼라, 흑백으로 표시, 영상이미지 판독시간 표시, 물체를 유기물, 무기물, 혼합물, 불투과물체 등으로 표시, 표준 또는 2배, 4배 기타 배율로 이미지 확대 및 축소하여 표시할 수 있다.

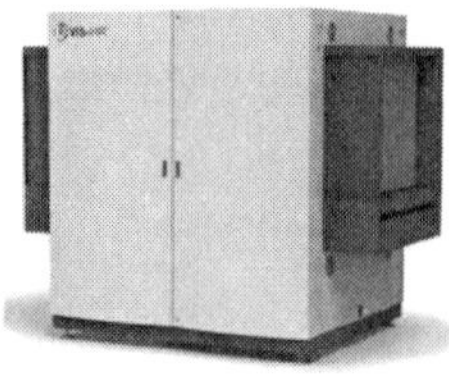	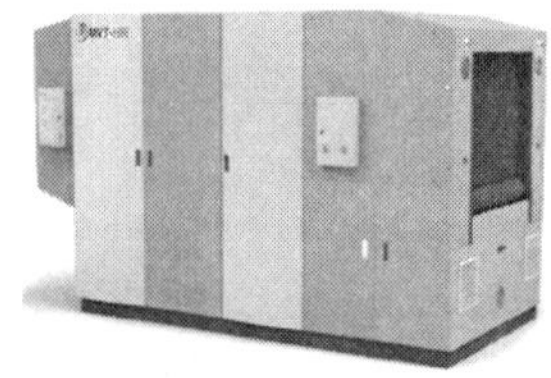	
VIS-HR (L3) single view	MVT-HR (L3) dual view	HI-SCAN 10080 EDX-2is (Smiths Detection) dual view
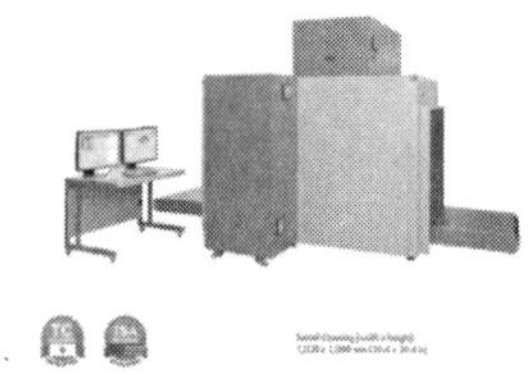		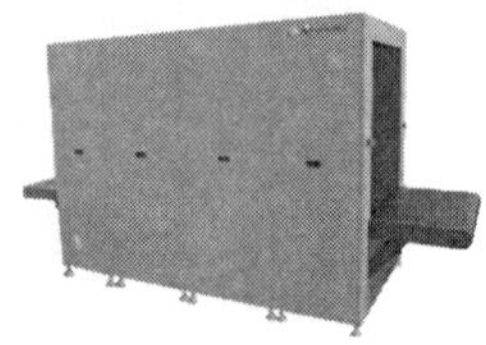
RAP 628DV (Rapiscan) single view	RAP 632XR (Rapiscan) dual view	XIS-100XDV-MD (Astrophysics) dual view

(5) 대형화물 검색용 X-Ray검색장비

가. 화물용 X-Ray검색장비에 사용되는 장비는 화물의 특성상 부피와 크기가 크고 무게가 많이 나가기 때문에 대형 X-Ray검색장비가 사용된다.

나. 화물 포장 단위로 X-Ray검색장비에 투입하여 검색하는 방식과 컨테이너 단위로 X-Ray에 투입하는 방식이 있다.

HI-SCAN 100100T (Smiths Detection) single view	HI-SCAN 145180 (Smiths Detection) single view	HI-SCAN 145180-2is (Smiths Detection) dual view

	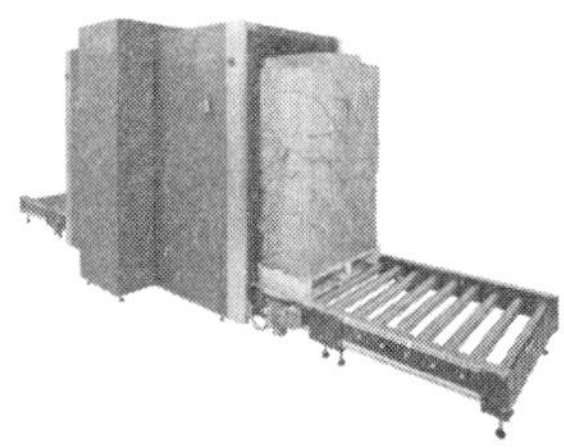	
HI-SCAN 100100T (Smiths Detection) single view	HI-SCAN 145180 (Smiths Detection) single view	HI-SCAN 145180-2is (Smiths Detection) dual view

Eagle A25 (Rapiscan) single view	PX 15.17 200 (L3) single view	PX 15.17 MV 320 (L3) single view

(6) 차량용 / 컨테이너 X-Ray검색차량

가. 이동형 X-Ray 검색차량은 컨테이너 차량 또는 벤형 차량에 X-Ray검색장비를 장착하여 이동하면서 항공화물, 격리화물, 비상시에 사용할 수 있다.

나. 화물차량을 전체 X-Ray검색장비를 통과시키는 방식과 차폐가 가능토록 대형건물 속에 X-Ray장비를 설치하여 화물컨테이너 차량이 통과하며 검색하는 방식 등이 있다.

CIP300 (Smiths Detection)	HCVM L (화물차타입) (Smiths Detection)	HCVT 60(열차검색용) (Smiths Detection)

CX-Gantry (L3)	CX-Mobile G3 (L3)	CX-Portal (L3)

eagle P60 (Rapiscan)	Z portal (Rapiscan)	Eagle M25 (Rapiscan)

(7) 폭발물 흔적탐지장비(ETD)

가. 폭발물탐지장비(Explosive Trace Detector)는 휴대물품 또는 위탁수하물 등의 물품검색에서 폭발물을 확인하기 위한 장비로서 안전하고 정확한 검색결과를 얻을 수 있다.

나. 폭발물흔적탐지기 특성은 미세량의 채취 표본을 통해 폭발물을 자동으로 분석 및 경보로 표시하며 폭발물 검출 결과가 신속히나타나며, 현재 폭발물을 탐지하는 가장 정확한 장비로 사용되고 있다.

		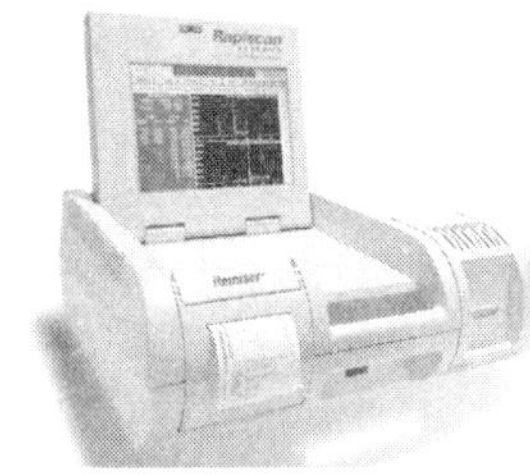
IONSCAN 600 (Smiths Detection)	IONSCAN 500DT (Smiths Detection)	Itemiser 3 Enhanced (Rapiscan)

Itemiser 4DX (Rapiscan)	E5000 (scintrex)	QS-B220 (L3)

(8) 이동형 폭발물흔적탐지장비

폭발물탐지기의 특성은 폭발물 또는 마약류의 미세한 입자를 추적하고 모든 폭발물질과 헤로인을 포함한 마약류 탐지하며 폭발물의 종류 등을 탐지하는 장비로서 휴대가 간편하여 방치물품에 대한 폭발물 탐지 등에 적합하다.

	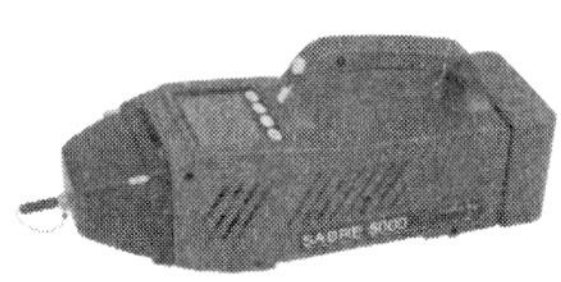	
H150E (L3)	SABRE 5000 (Smiths Detection)	MobileTrace (Rapiscan)

(9) 액체폭발물탐지장비

폭발성이 높거나 연소성이 높은 가솔린, 벤젠, 에탄올, 경유, 등유, 신나 등 위험물 여부를 탐지할 수 있으며 PET병, 유리병 등 액체용기의 뚜껑을 열지 않은 상태에서도 분석이 가능하다.

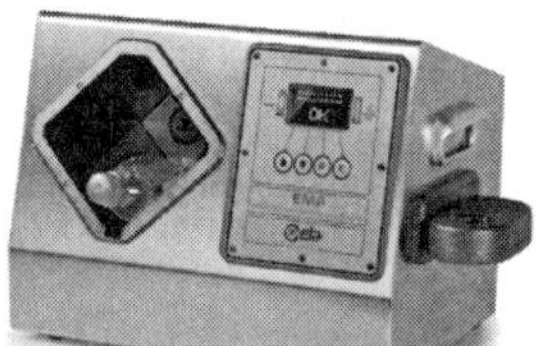		
EMA (CEIA)	Insight100M (Cobalt)	B-scan (LDS)

(10) CT방식 X-Ray검색장비

CT방식(컴퓨터 단층촬영)의 X-Ray검색장비는 BHS와 연계 검색하여 위탁수하물 등에 포함된 폭발물을 자동으로 탐지하는 폭발물탐지장비이며 FAA와 ECAC로부터 인증을 받은 장비이다.

CTX-9000 (GE)	eXaminer 3DX (L3)	MV3D (L3)

RTT (Rapiscan)	MVXR 5000 (Rapiscan)	HI-SCAN 10080 XCT (Smiths Detection)

(11) 신발 및 우편물 검색장비

금속탐지기로 검색이 어려운 신발 아래쪽과 발목 등에 은닉한 위험물을 탐지하고 우편물 속에 위험물을 탐지하는 장비이다.

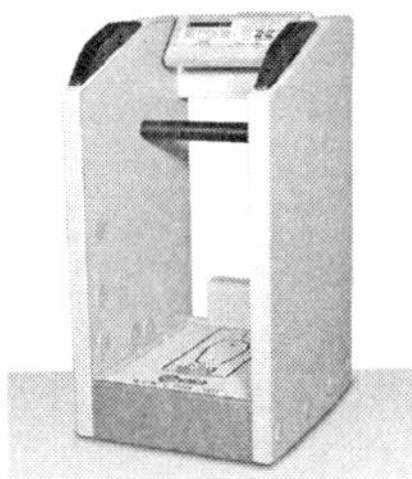		
신발검색장비 SAMD (CEIA)	신발검색장비 M-100 3G2(MagShoe)	우편물 검색장비 EMIS-MAIL (CEIA)

(12) 원형검색기 (Body Scanner)

가. 원형검색기는 고주파 산란방식의 밀리미터파를 사용하는 검색장비이인 제에 무해한 밀리미터파 방식을 적용하였으며 신체 무접촉 감지와 검색 이미지를 아바타로 변환 표출한다.

나. 금속탐지장비에 의하여 탐지하기 어려운 무기 또는 폭발물 등 위험성이 있는 물건을 신체에 대한 접촉없이 탐지하여 그 내용을 모니터에 영상으로 표시하는 검색장비이다.

다. 실사 이미지가 표출되던 X-Ray 방식의 구형 원형검색기와 달리 사생활 침해가 방지되고 검색이미지 저장 및 출력이 불가능하며 위해물품 탐지지시 청각 및 시각으로 위험위치를 표시하도록 제작되었다.

ProVision 2 (L3)	QPS 201 (Smiths Detection)

제 6 장

항공사 보안

제6장 항공사 보안

제1절 항공사 보안개요

1. 개요 및 보안동선

항공기 보호에 대한 책임은 항공운송사업자에게 있으므로 이에 따른 항공사 보안목적, 보안동선, 보안활동, 항공기 보안체계 등으로 구분한다.

항공사 보안목적은 불법방해 행위로부터 승객 및 항공기를 보호하기 위하여 인적·물적 요소를 통합하여 모든 대책을 강구하는 것이다. 국가보안목표관리지침에 따르면 항공기는 국가가 보호해야할 보호 장비로 명시되어 있는 비와 같이 항공운송사업자가 자체적으로 수립한 대책만으로 불법방해 행위에 대하여 완벽하게 대처하기에는 한계가 있을 수밖에 없다.

항공보안 핵심은 항공기뿐만 아니라 승객 및 상주직원과 공항시설들이 보호받아할 대상이므로 보안관련 정부 유관기관 및 공항운영자와 함께 상호 긴밀한 가운데 통합적으로 수행해야 하는 것이다. 항공기에 탑승하는 승객과 항공기 기내로 반입되는 휴대·위탁수하물·화물 및 기내식에 대한 보안동선을 제대로 파악하여야만 항공사에 대한 항공보안 개념을 이해할 수 있는 것이다.

항공사 보안동선은 나음 그림과 같이 승객 보안동선과 화물 및 기내식·저장품에 대한 보안동선으로 구분할 수 있다.

일반적으로 승객이 공항에 도착하여 탑승수속 대에서 항공권을 발권하여 항공기에 탑승하기까지 보안통제를 받는 이동구간을 승객 보안동선이라고 하며, 또 다른 보안동선은 화물 및 기내식·저장품이 항공기에 탑재되기까지 보안통제를 받는 이동구간을 말한다.

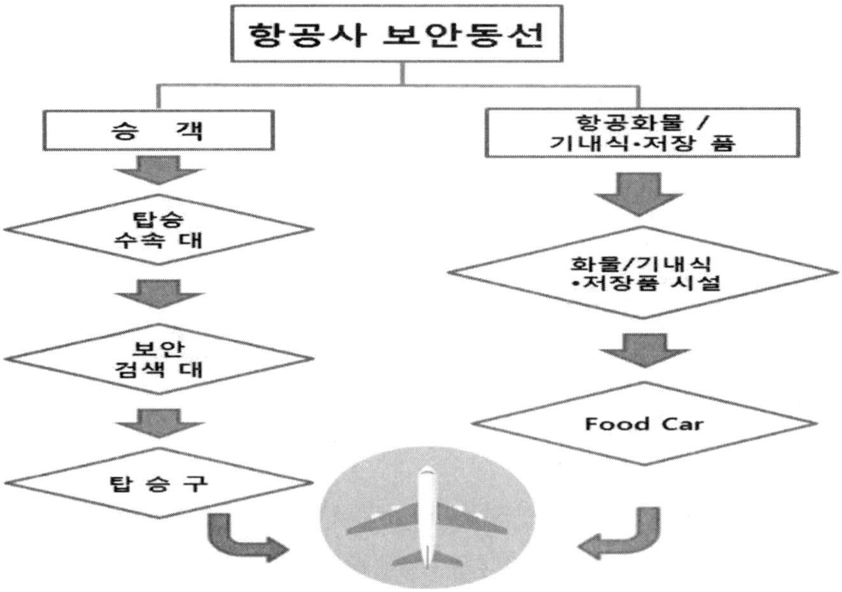

항공사의 보안동선

항공사 보안동선 9.11 테러에서 밝혀진 바와 같이 테러범이 항공기를 납치하여 테러의 수단으로 이용하고자 한다면 테러범이 항공기를 납치하기 위한 목적으로 무기 등의 위해물품을 반입하기 위하여 일반 승객처럼 가장하여 항공기에 탑승하고자 할 것이다.

공항에 도착한 승객이 항공사의 탑승수속 대에서 항공권을 발권 받아 항공기에 탑승하기까지 이동 구간별 보안통제구역에서 보안통제를 받은 후 이상이 없을 때 탑승할 수 있다. 항공운송사업자는 항공기 자체에 대한 보안성 확보 뿐만 아니라 여행 및 출장여정에 따라 공항에 도착한 승객이 항공기에 탑승하여 이륙 후 목적지 공항에 도착할 때까지 여러 단계의 보안통제를 통하여 테러 위협요소를 미리 차단하여 모든 승객을 안전하게 운송하여야 할 책임이 있는 것이다.

승객들이 개별적으로 계획한 여행 및 출장일정을 소화하기 위해서는 먼저 공항에 도착하여 항공운송사업자가 운영하는 탑승수속 대에서 위탁수하물을 맡기고 해당 편의 항공권 발권을 마친 후 공항운영자가 운영하는 보안검색대에서 신체 및 휴대수하물에 대한 위해물품 반입여부를 확인하기 위하여 보안요원에 의한 촉수검사 및 X-Ray 검색장비로 보안검색을 받아야 하며, 보안검색대를 통과하여 해당 편에 지정된 탑승구를 경유하여 항공기 출입문을 통하여 기내로 탑승하기까지의 이동 구간을 승객 보안동선이라고 말한다.

2. 동선별 보안활동

항공기를 탑승하는 승객에 대한 보안검색은 공항운영자가 책임주체가 되어 수행하고 있으나, 승객을 운송하는 항공사에서도 자사 항공기와 승객 보호를 위하여 탑승수속 대에서 항공권 발권 및 위탁수하물 접수, 탑승구 및 기내 등에서의 위험승객으로 의심되는 자와 그의 휴대품에 대한 관찰 등이 필요하며, 화물 및 기내식 · 저장품 등으로 위해물품이 기내로 반입되지 않도록 다음과 같은 요령으로 감시 및 감독 등의 보안활동이 이루어져야 한다.

(1) 탑승수속 대(Check in counter)

항공운송사업자가 운영하는 탑승수속 대는 항공기를 탑승하려하는 승객을 대상으로 최 일선에서 테러용의자를 발견해 내거나 위해물품 반입을 사전에 차단하는 곳이므로 항공사 운송직원의 보안의식 및 전문성이 요구되는 보안동선 이기도 하다. 항공사 운송직원은 승객 신분증(국내선)과 여권(국제선)으로 본인 여부를 대조하여 이상이 없을 시에만 항공권을 발권하는 것이며, 화물칸으로 운송되는 위탁수하물에 대하여서도 보안질의를 통하여 위해물품이 포함되지 않도록 걸러내어야 하고 기내로 반입되지 않도록 하여야 한다.

승객에 대한 탑승수속과 위탁수하물 접수과정에서 운송직원은 승객의 태도, 요구하는 좌석의 위치, 휴대수하물의 기내반입에 대한 일상적이지 않은 질문, 승객 및 휴대수하물에 대한 구체적이고 자세한 질문, 사용하는 언어와 말투, 승객이 항공권을 예약할 때에 제출한 승객 인적사항으로 행동탐지(Profiling), 위험인물 명단 등을 통하여 의심되는 자를 식별할 수 있어야 하며, 위험승객으로 의심되는 자에 대하여는 지속적인 관찰 및 감시 등 보안활동을 실시하여야 한다. 특히, 보안당국으로부터 위험승객으로 분류된 명단을 통보받았을 때에는 항공권 발급중지 등 상응한 조치를 취하여야 한다.

항공사 탑승수속대(Check in counter)

(2) 안내과정 보안활동

승객안내를 담당하는 직원은 항공기에 탑승하려는 승객이 탑승수속을 마치고 격리대합실을 거쳐 탑승구로 이동하는 과정에서도 승객이 불필요하게 이곳저곳을 들락거리거나 여기저기를 배회하는 승객을 발견하였을 때에는 의심승객으로 간주하여 그 승객의 행동을 지속적으로 관찰하고 감시하여야 한다.

(3) 보안검색대

보안검색대는 공항운영자가 주체가 되어 운영하는 곳으로서 승객 및 상주직원을 대상으로 배치된 검색요원으로 하여금 국가에서 인증한 보안검색장비를 운용하여 신체 촉수검사와 휴대수하물에 대한 보안검색을 통하여 위해물품이 항공기내로 반입되지 않도록 사전에 차단하는 역할을 수행하는 것이다.

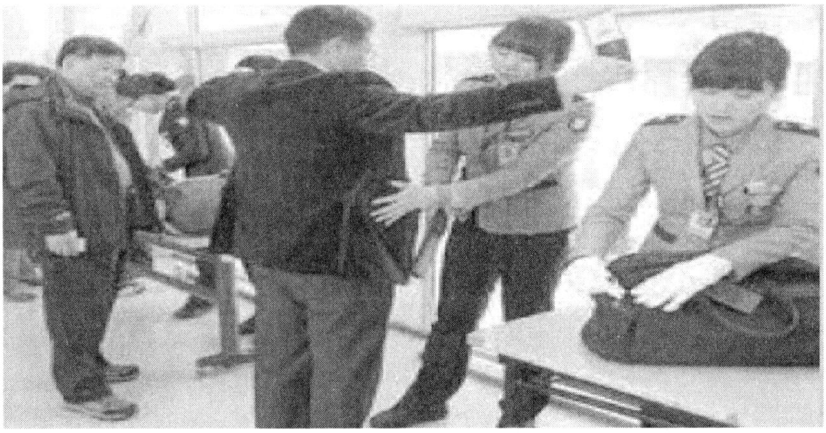

항공기 탑승전 2차 보안검색

(4) 탑승구(Gate)

공항운영자가 운영하는 보안검색대를 통과한 승객에 대하여 해당 편 탑승구에서 항공기에 탑승하기 전에 항공권을 시스템 상으로 확인하고 승객 여권을 육안으로 식별하여 본인과 일치되는 승객만을 통과시키는 것과 동시에, 액체·겔류 등도 반입되지 않도록 보안통제가 이루어져야 하며, 운송직원은 승객이 탑승하기 위하여 탑승구 입구를 통과할 때 의심승객을 선별하거나 탑승수속 대에서 의심스런 승객으로 통보 받은 자에 대하여서도 지속적으로 관찰 및 감시활동을 실시하여야 한다.

탑승구에서 승객의 항공권 시스템 확인

(5) 항공기 출입문(Door)

항공기 출입문은 운항 전에 항공사에서 최종적으로 보안을 통제하는 관문이므로 객실승무원은 승객 항공권이 해당 편과 본인 일치여부, 도착지, 탑승일시, 탑승구 번호 등을 확인하여야 하며, 탑승수속 대에서 발권한 항공권 숫자와 실제 탑승한 승객 숫자가 일치되어야만 항공기가 출발할 수 있는 것이다.

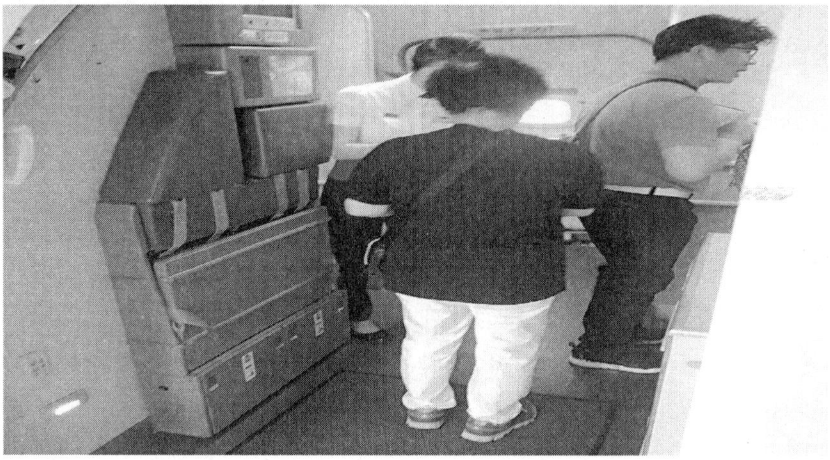

항공기 출입문에서 승객의 항공권 확인

(6) 화물 및 기내식 · 저장품

화물 및 기내식 · 저장품에 대한 보안동선은 무기 등 위해물품이 화물 및 기내식 · 저장품 카트 등에 은밀하게 은닉되어 화물칸 및 객실로 반입될 수 있으므로 승객 보안동선과 전혀 다른 위치에서 보안통제가 적용되는 이동구간을 말한다.

화물 및 기내식 · 저장품을 운영하는 시설은 보안당국 보안측정과 보안성검토에서 적합성 평가가 전제되어야 하며, 기내식 제조 · 포장 · 탑재 과정에서 위해물품이 은닉되어 항공기내로 반입되지 않도록 종사원에 대한 신원조사와 시설 출입인원 및 차량에 대한 보안통제가 절차대로 수행되어야 한다. 기내식 · 저장품이 해당 항공편 객실승무원에게 인계되기 전까지 기내식 운반차량에 대한 비인가자 접근 여부를 확인할 수 있는 보안씰(Seal)에 의한 봉인조치 등 보안대책이 이행되어야 한다.

3. 항공기 보안체계

항공운송사업자는 승객과 화물 및 기내식·저장품에 대한 보안동선에 대하여 공항운영자와의 역할 분담으로 위험인물과 위해물품이 반입되지 않도록 하여야 하며, 엄격한 보안통제를 통하여 항공기에 탑승한 승객과 화물 및 기내식·저장품 등이 정상적으로 반입되었다 해도 위협요인이 완전히 차단되었다고 속단하여서는 아니 된다.

출발지 공항 계류장에서 출발 준비 중에 있는 항공기에 대한 순찰·경비·보안점검을 통하여 비인가자에 대한 접근을 발견하여 사전에 차단하고 통제 및 보고되어야 하며, 출발지 공항을 출발하여 목적지공항에 도착하기까지 운항 중에 있는 항공기내에서 보안점검 및 기내 순찰과 불법방해 행위에 대비하여 기내보안요원 등이 보안활동을 통하여 안전운항을 확보하여야 한다.

항공기 보안은 항공기 보호를 위하여 항공기가 주기하고 있을 때와 운항 중에 수행하는 보안대책으로 구분할 수 있으며 항공기 보안체계는 다음 그림과 같다.

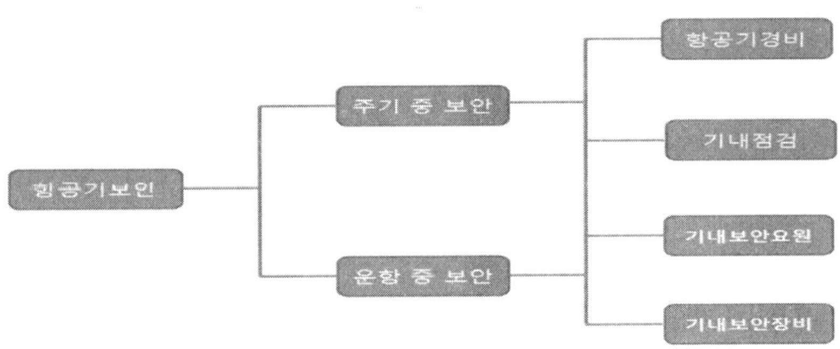

항공기의 보안체계

4. 항공사 자체 보안계획

항공운송사업자가 자체 보안계획(이하 "보안계획")을 수립하는 목적과 일반원칙은 다음과 같다.

(1) 수립 목적

보안계획은 불법방해 행위로부터 공항을 이용하는 승객, 승무원, 항공기 및 공항시설 등을 보호하기 위한 대책으로 민간항공의 안전성·정시성 및 효율성을 확보하는 등 항공보안을 유지하는데 그 목적이 있다.

(2) 일반원칙

보안계획을 수립시 적용되는 일반원칙은 다음과 같다.

가. 보안계획은 승객, 공항시설 및 항공기 등을 불법방해 행위로부터 보호하기 위하여 항공보안 관련 법령·규정과 정부 항공보안정책에 대한 협력사항을 정하여 명시한다.

나. 보안계획은 항공기 보안, 승객 및 휴대·위탁수하물, 항공기 정비시설, 기내식 및 저장품, 항공화물 등에 대한 보안대책, 교육훈련과 항공사 보안 수준관리 등 세부절차를 정하고, 자체 보안계획 이행을 담당할 항공사 보안 책임자 및 감독자 임명에 관한 사항을 포함하여야 한다.

다. 보안계획은 승객, 공항, 항공기 또는 항행안전시설 등에 대한 불법방해 행위 또는 보안사고가 발생하였을 경우를 대비하여, 보고·처리절차 및 공항상주 보안기관간 협조체계를 정한다.

라. 항공운송사업자, 항공기취급업체, 항공기정비업체, 화물터미널 운영자, 도심공항 터미널 운영자 및 항공보안 관련 용역업체 등은 보안계획에서 규정한 사항을 따라야 한다.

마. 보안계획이 항공보안에 관한 회사내 기타부서 자체규정 등과 상충시는 보안계획에서 정하는 사항을 우선 적용하여야 한다.

(3) 수립시 고려사항

항공운송사업자 자체 보안계획은 「항공보안법 및 국가항공보안계획」에 근거하여 불법행위로부터 항공기 안전운항을 확보하기 위한 항공보안 프로그램으로서 예상되는 테러 및 범죄에 대응하기 위한 세부적인 대책과 보안조치 절차가 포함되어야 한다.

보안계획을 작성함에 있어 효율적이고 현장에 적시 적용하기 위하여 다음 사항을 고려하여 수립하여야 한다.

가. 보안계획을 수립시 너무 이론에 치우치지 않도록 고려하여야 하며 실제적인 공항상황을 파악하고 항공사에서 현실적으로 적용이 가능한 보안계획이 수립되도록 하여야 한다.

나. 보안계획은 취항하고 있는 공항과 운항중인 항공기에 비상사태가 발생하는 경우에 대응하기 위한 절차와 방법을 미리 예측하여 수립하는 것이기 때문에 비상사태에 대비한 구체적이고 상세한 절차와 방법이 수록되어야 하며 관련 조직 담당자가 쉽게 이해할 수 있도록 수립되어야 한다.

다. 보안계획은 오래된 정보를 배제하여 시대적 상황변화나 새로운 보안상황에 대응할 수 있도록 수립되어야 한다.

라. 보안계획을 담당하는 직원은 관련기관 및 회사 업무와 부서별 업무분담 내용과 조직이 수시로 변화하기 때문에 주기적으로 파악하여 수립시에 반영되도록 하여야 한다.

(4) 적용대상 및 관리

가. 보안계획은 항공보안 관련 부서, 국내외 모든 지점, 항공승객, 화물터미널, 항공기취급업체, 항공기정비업체 등에게 적용된다.

나. 항공운송사업자로부터 항공화물 보안검색업무 및 화물터미널 출입통제 업무 등의 업무를 위탁받은 업체는 보안계획에서 규정한 사항에 따라 업무를 수행하여야 한다.

(5) 일반관리 지침

보안계획에 대한 일반적인 관리지침은 다음과 같다.

가. 보안계획은 항공보안 업무를 담당하는 공항상주 보안기관, 보안부서 및 국내외 지점 등에 인쇄물 또는 전자파일 형태로 배포한다.

나. 모든 임직원 및 보안용역업체 직원은 보안업무상 인지한 사항을 외부에 누설하여서는 아니 된다.

다. 보안계획이 항공보안 관련 법령 및 국가항공보안계획 등에 부합되는지 매년 1회 이상 검토하여 필요시 개정하여야 한다.

라. 보안계획을 개정하는 경우 개정이유, 주요 내용 및 신구조문대비표 등을 작성하여 지방항공청에(국토교통부장관의 승인을 받아야 하는 경우도 포함) 개정 승인을 요청하여야 한다.

마. 보안계획 개정 승인을 받은 경우 신속하게 동 사실을 관련 기관업체 및 유관부서에 전파하여 동 계획이 차질 없이 이행되도록 하여야 한다.

바. 자체 보안계획 제 · 개정 절차는 다음 그림과 같다.

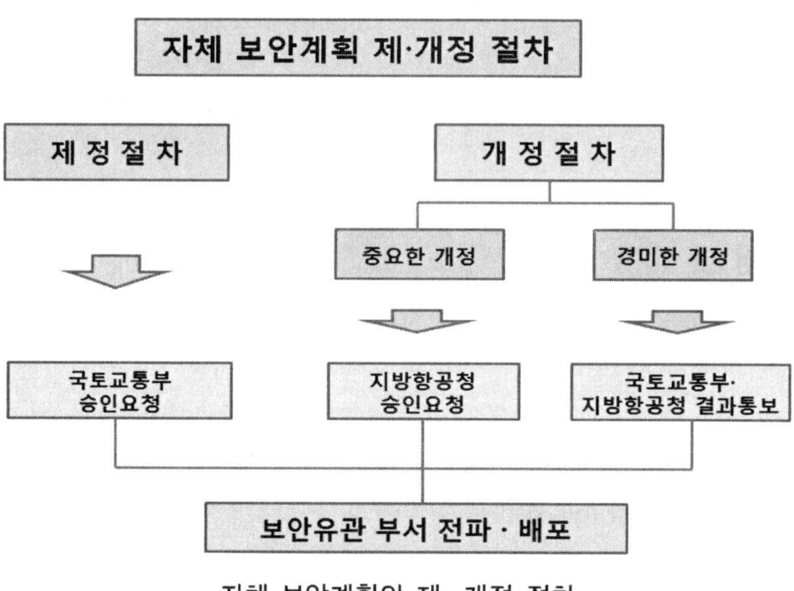

자체 보안계획의 제 · 개정 절차

제2절 탑승수속 보안통제

1. 탑승객 신원확인

항공운송사업자는 탑승수속대 및 탑승구 등에서 해당편 승객에 대하여 다음과 같은 신원확인 절차를 적용하여야 한다.

(1) 탑승수속대

가. 국제선은 승객이 제시하는 여권으로 해당 승객이 본인과 일치 하는지를 확인(인터넷 또는 무인항공권 발급 경우 전자적인 방법도 포함)하여야 한다.

나. 국내선은 국토교통부에서 지침으로 정한 신분증으로 해당 승객이 일치하는지를 확인하여야 한다.

(2) 탑승구 및 항공기 출입문

가. 국제선은 공항지점 운송직원이 탑승구 앞(1차)에서 그림과 같이 승객 항공권과 여권으로 신원을 확인하고, 객실승무원은 항공기 출입문 앞(2차)에서 항공권을 확인하여야 한다.

나. 국내선은 공항지점 운송직원이 탑승구 앞(1차)에서 승객 항공권을 확인하고, 객실승무원은 항공기 출입문 앞(2차)에서항공권을 확인하여 오 탑승을 방지하여야 한다.

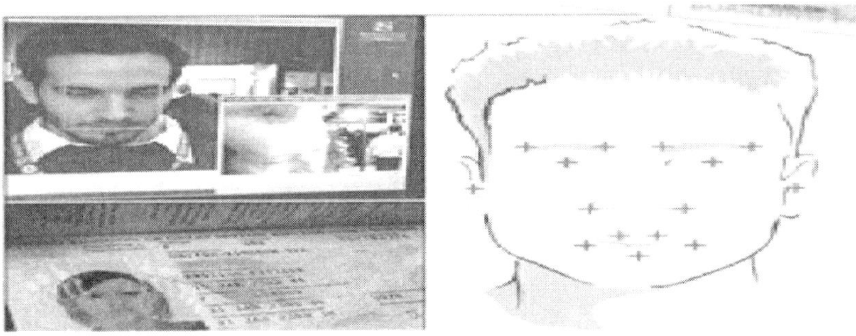

탑승수속대 및 탑승구 여권 등 신원 확인

2. 위탁수하물에 대한 보안대책

항공운송사업자는 공항 및 도심공항터미널 탑승수속 대에서 해당 편 승객 위탁수하물에 대하여 다음과 같은 보안검색 등 보안통제 절차를 준수하는 경우에만 접수하여야 한다.

(1) 접수시 보안통제절차

위탁수하물 접수시 보안통제절차는 다음과 같다.

가. 항공사 탑승수속대 또는 국토교통부장관이 인정한 도심공항터미널에서 탑승수속시 별도의 보안통제 없이 접수가 가능하다.

나. 탑승수속시 항공권, 여권 또는 승객사진이 있는 신분증명서와 승객을 대조하여 이상이 없는 경우에는 접수가 가능하다.(무인기기를 이용할 경우 여권 등 전자적인 방법으로 신원확인)

다. 위탁수하물을 접수시 각 소지자에 대하여 위탁수하물 포장·보관 등에 대한 보안질문(전자적인방법 포함)을 하여 반입제한 물품이 없다고 답변한 경우에는 접수할 수 있다.

라. 의심스럽거나 그 내용물을 알려주지 않는 승객 위탁수하물에 대해 개봉검색 등 보안통제를 실시한 경우에 접수할 수 있다.

마. 승객이 직접 위탁수하물 운송을 위탁하는 경우에는 접수가 가능하지만, 중환자 · 장애인 등 승객이 혼자서 접수할 수 없는 경우는 예외를 인정하여야 한다.

바. 불가피한 상황이 발생하여 국토교통부장관이 대리수속이 필요하다고 인정하는 경우에 접수할 수 있다.

사. 위탁수하물 접수시 의심승객 여부를 주의 깊게 확인하여야 하며, 의심승객의 위탁수하물에 대하여는 공항운영자에게 의뢰하여 정밀검색을 실시하여야 한다.

(2) 접수된 위탁수하물 보호절차

접수된 위탁수하물은 다음과 같은 보호절차를 준수하여야 한다.

가. 승객으로부터 접수된 위탁수하물이 도착지에서 승객에게 반환되거나 다른 항공사에 전달되기 전까지 위탁수하물을 비인가자로부터 접촉되지 않도록 보호하여야 한다.

나. 그림과 같이 도심공항터미널에서 이송된 위탁수하물은 재검색이 완료된 시점부터 항공기에 탑재 전까지 보호하여야 한다.

다. 보안검색이 완료된 위탁수하물의 보호구역 내 운송 처리지역에 대한 비인가자 출입이 불가하도록 통제하며, 보호되지 않은 위탁수하물은 반드시 재검색 후 운송 조치하여야 한다.

라. 위탁수하물을 탑재 및 하기하는 사람은 컨베이어 벨트·차량 등 운송도구를 통하여 비인가 위탁수하물이 섞여 들어오지 않도록 하고, 위탁수하물이 실린 운송도구를 비인가자가 출입할 수 있는 곳에 방치해서는 아니 된다.

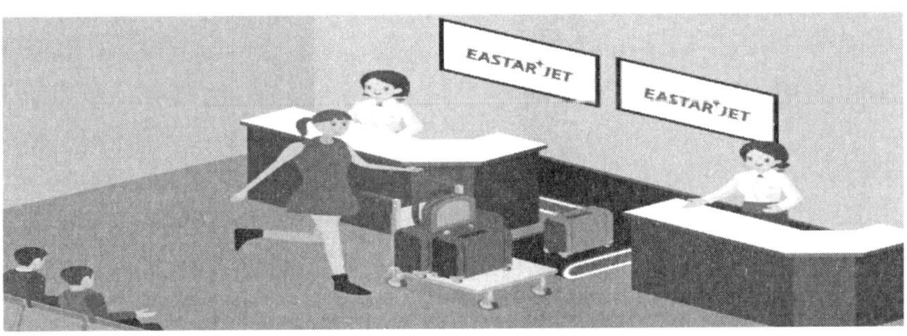

도심공항터미널 위탁수하물 접수

(3) 무주수하물 운송방지 절차

무주수하물에 대한 운송방지는 다음과 같은 절차에 따른다.

가. 항공기에 탑재된 위탁수하물이 실제 탑승한 승객 및 승무원 위탁수하물과 일치 하는지 여부를 확인하여야 하고 승객 숫자와 위탁수하물의 수량이 일치하지 않을 경우 전체 수하물에 대한 개별 확인 작업을 실시한 후 항공기 출발을 지점장이 승인하여야 한다.

나. 보안검색을 완료한 위탁수하물 소유주가 탑승하지 않았거나 출국하지 못한 경우 위탁수하물을 운송하여서는 아니 된다.

다. 승객의 귀책사유가 아닌 특정 사유로 승객이 탑승하지 못한 경우에는 X-Ray 검색 또는 개봉검색 등 보안조치를 취한 후 승객으로부터 위탁수하물을 분리하여 운송할 수 있다.

(4) 위탁수하물 탑재 시 보안대책

위탁수하물 탑재 시 보안대책은 다음과 같은 절차에 따른다.

가. 승객과 위탁수하물 일치여부를 반드시 확인하여야 한다.

나. 승객과 위탁수하물 일치여부와 무주수하물 탑재 확인 및 책임자를 지정하여야 한다.

다. 위탁수하물 운송적합 여부결정, 운송인가자 또는 출발승인 책임자 교육이수 등 자격기준 및 지정 절차를 준수하여야 한다.

라. 환승객·승무원 및 비 동반 위탁수하물 수량을 확인 한다.

(5) 외교행낭 및 우편물 등 보안대책

외교행낭 및 우편물 등에 대한 보안대책은 다음과 같다.

가. 항공기내로 반입하려는 외교행낭 및 우편물(상업서류 송달 포함)의 개봉검색 등 보안검색을 면제하려는 외교행낭은 외부에 외교행낭임을 알아볼 수 있는 표지와 국가표시가 있어야 하며, 외교신서사(外交信書使) 신분을 증명할 수 있는 공문서 및 외교행낭의 수를 표시한 공문서를 소지한 사람과 함께 운송하여야 한다.

나. 항공운송사업자의 우편물은 X-Ray 또는 개봉검색 등 보안검색을 완료한 후 위탁수하물(화물)로 송부하여야 한다.

(6) 비행서류 보안대책

비행서류에 대한 보안대책은 다음과 같다.

가. 공항지점장은 위조된 항공권의 사용 및 허가되지 않은 물품 등의 반입을 방지하기 위하여 미사용 항공권 및 수하물 꼬리표 등의 비행서류는

시건장치가 있는 지정된 장소에 보관하여야 한다.

나. 탑승증명, 수하물표, 승객탑승명세서 등 승객 및 수하물 운송에 관련된 비행서류는 실물 또는 이를 대체할 수 있는 전산자료로 1년 이상 관리 보관하여야 하며, 기장통보서 및 무기운송보고서는 비인가자가 접근하지 못하는 통제된 장소에 보관하여야 한다.

비행서류 보관함

제3절 항공기내 보안통제

1. 기장 등 권한 및 위임

항공기 기내에서 불법방해 행위로부터 항공기의 안전을 확보하기 위하여 「항공보안법」 및 「항공안전법」에 명시된 기상 등 권한과 그 권한 위임에 대하여 설명하고자 한다.

(1) 기장 및 승무원의 권한

가. 기장 및 승무원의 권한 관련법규

1) 「항공보안법」 제22조(기장 및 승무원의 권한)

2) 「항공안전법」 제62조(기장의 권한 등)

3) 「사법경찰의 직무와 그 직무범위에 관한 법률」 제7조

4) 기내범죄 및 기타 행위에 관한 협약(동경조약 제3장)

나. 기장은 항공기내 보안업무에 대해 승무원을 지휘 및 감독할 책임이 있다.

다. 기장 등은 항공기내 불법방해 행위가 발생하였거나 발생이 우려되는 경우에는 필요한 조치를 하여야 한다.

라. 객실승무원 중 선임 승무원은 자체 보안계획의 이행 및 객실 내 항공보안업무에 대한 1차적인 지휘·관리감독 책임이 있다.

마. 기장 및 승무원은 항공기 내에서 항공운송사업자의 자체 보안계획에서 규정한 사항을 이행하여야 한다.

바. 「항공보안법」 제22조(기장 등의 권한)에 따라 기장 등의 요청을 받은 항공기 탑승 업무를 지원하는 항공사 소속 직원 등은 항공기의 보안을 해치는 행위, 인명이나 재산에 위해를 주는 행위, 기내의 질서 문란 및 규율을 위반하는 행위를 하려는 사람에 대하여 그 행위를 저지하기 위한 필요한 조치를 할 수 있다.

사. 기장 등은 운항중인 항공기내 불법 행위자를 사법경찰관리 권한으로 체포할 수 있으며, 항공기내에서 죄를 범한 범인을 직접 또는 해당 관계기관 공무원을 통하여 해당 공항을 관할하는 국가경찰관서에 인도하여야 하고, 불법 행위자가 체포상태로 계속 탑승하는 것에 동의하거나 체포된 사람을 하기시킬 수 없는 특별한 사유가 있는 경우를 제외하고는 체포한 상태로 이륙하여서는 아니 된다.(「사법경찰관리의 직무를 수행할 자와 그 직무범위에 관한 법률」 제7조제2항, 「항공보안법」 제25조제1항, 항공기내에서 범한범죄 및 기타행위에 관한 협약 제7조)

(2) 객실승무원의 권한

객실승무원에 대한 보안대책은 다음과 같은 절차에 따른다.

가. 구두경고 및 경고장을 제시-무시-안전운항 저해시 사무장은 기장과 협의하며, 보안장비(전자충격기, 포승줄 등)를 사용하여 구금조치하고 주

변승객과 격리하여야 한다.

나. 전자충격기는 승객, 승무원의 생명이 위험하고 안전운항이 위태로운 경우에 한하여 소정의 교육을 이수한 승무원이 사용한다.

다. 위협대상(폭파, 납치 등)에 대해서는 정부 및 공항당국에 보안강화조치를 요청하고 해당 정부, 공항 당국의 보안 강화조치에 따라야 한다. 단, 보안강화 조치 미흡 시는 더 높은 수준의 대책 요구를 하여야 한다.

(3) 기장 및 객실승무원의 책임

기장 및 객실승무원에 대한 책임은 다음과 같다.

가. 기장 및 객실승무원은 승객의 인명과 재산 및 항공기의 안전을 확보할 책임이 있다.

나. 항공기 위난시, 필요한 대책 강구하고 승객 대피 후 항공기에서 이탈하여야 한다.

다. 위납사태 발생시 또는 타 항공기 사고발생을 인지한 경우 에는 즉시 관계기관 및 관련부서에 보고하여야 한다.

라. 범인을 구속한 상태로 착륙한 때에는, 구속된 자가 구속된 상태로 계속 탑승을 동의하거나, 하기시킬 수 없는 사유가 있는 경우 외에는 구속한 상태로 이륙하여서는 아니 된다.

마. 범인을 인도할 때에는 직접 관계기관에 인도하며, 범인을 인수한 기장 및 승무원은 항공기에서 구속을 계속할 수 없을 때에는 관계기관에 지체 없이 인도하여야 한다.

(4) 운항 · 객실승무원 일반적인 임무

운항 · 객실승무원 일반적인 임무는 다음과 같다.

가. 승객, 승무원, 수하물, 화물, 항공기 등을 불법방해 행위로 부터 보호하여야 한다.

나. 대한민국의 모든 법적 요건과 국제적 기준을 준수 한다.

다. 운항 중 보안에 관한 최종적인 책임은 기장에 있으며, 모든 승무원은 적극적으로 보안활동에 동참하여야 한다.

라. 승객과 승무원에 대한 업무수행 방해 및 위협행위, 조종 실 무단출입행위 등은 비상상황으로 간주하여야 한다.

마. 특히, 승객, 승무원 및 항공기 안전에 직접 영향을 미치는 행위는 기장이 판단하여 적절한 대응조치를 취하여야 한다.

2. 도착 및 경유지공항 보안대책

운항 및 객실승무원이 도착지 및 경유지 공항에서 체류 중일 때 테러 위협으로부터 안전 확보를 위하여 개인별 및 호텔에서 준수하여야하는 보안대책은 다음과 같다.

(1) 승무원 개인보안

가. 기장 등은 호텔 등 공공장소에서 항공기 테러를 감행할 수 있는 불순분자에 의해 위해물품이 승무원 가방을 이용하여 반입될 여지가 있으므로 방치해서는 아니 되며, 만약 승무원 가방을 잠시 방치했을 경우에는 항공기 탑승 전에 본인의 소유물이 아닌 다른 물품이 들어 있는지를 반드시 확인하여야 한다.

나. 승무원 ID 카드는 항공기 탑승 후에는 분실되지 않도록 별도 보관하여야 한다.

다. 대중시설 및 공공장소에서는 범행 대상이 될 수 있는 공금 및 개인의 돈을 취급 및 노출해서는 아니 된다.

라. 회사 유니폼 등 각종 지급품과 비행자료 관리책임은 개인에게 있으며, 분실 · 유출시 악용될 소지에 대비해 취급에 유의한다.

(2) 승무원 호텔보안

가. 호텔 등 공공장소에서 항공기 테러에 이용될 수 있는 Room List가 타인에게 노출되지 않도록 보관에 유의하여야 한다.

나. 가급적 지상층에 있는 방을 요청하여 배정 받으며, 동료 승무원과 격리된 방은 배정 받지 않도록 한다.

다. 외출 시 사무장에게 행선지, 연락처, 용무 등을 알리며 호텔 전화번호와 주소 등을 숙지하고, 납치 등에 대비하여 2인 1조로 단체 행동을 권장한다.

3. 계류중 항공기 보안대책

항공기가 계류장에 도착 후 승객이 모두 내린 이후부터 항공기가 출발하기 전까지 주기중 항공기에 진입허용대상, 비인가자 접근 방지 및 하기승객 발생 시 다음과 같은 보안대책을 준수하여야 한다.

(1) 기내진입 허용대상

항공기가 공항에 도착한 이후부터 다른 목적지 공항으로 출발하기 전까지 업무수행을 목적으로 하는 다음 사람에 한하여 항공기안으로 진입을 허용할 수 있다.

가. 운항 및 객실승무원, 항공사 및 협력업체 등 신분증 소지와 보호구역 출입증을 패용한 직원은 출입을 허용하여야 한다.

나. 항공보안 업무 등 공무수행을 하는 보안·안전감독관으로서 감독관 증표 또는 공무원증을 소지하고 항공사 직원과 동행하는 사람은 허용되며, 불시평가를 수행하는 항공보안감독관은 항공사 직원과 동행하지 않을 수 있다.

(2) 비인가자 접근시 보안통제

항공기 계류 중 비인가자 접근시 보안통제는 다음과 같다.

가. 승무원을 포함한 모든 직원은 해당 항공편 탑승권을 발급받지 않은 승객 및 기타 상주직원 등 확인되지 않은 사람이 항공기에 접근시에는 다음 그림과 같이 먼저 항공기에 출입을 통제하고 탑승권 또는 신분증의

확인을 요청하여야 한다.

나. 비인가자 및 신원확인이 불가능한 경우 동 인원을 통제하고 즉시 관계기관에 알려 적절한 조치를 하여야 하며, 항공기내 비인가자 불법출입을 인지하였을 경우 관계기관에 알리고 지침에 따라 항공기 보안수색을 실시하여야 한다.

다. 정부 감독관을 포함하여 항공사 소속직원 이외 사람들이 항공기를 출입할 때에는 감독관임을 확인할 수 있는 사진이 부착된 유효한 신분증명서 등을 확인하여야 한다.

비인가자 신원확인 및 출입통제

(3) 이륙전 하기승객 처리절차

항공기 이륙전에 하기 승객 발생시 처리절차는 다음과 같다.

가. 항공기 이륙 전에 자발적인 하기 승객이 발생되는 경우 공항지점에서 즉시 관련 사실을 공항상황실에 통보하여야 한다.

나. 하기승객 처리절차에 따른 공항테러대책협의회 지침에 대한 보안조치 완료 후 공항상황실에 이상 유무를 통보하여야 한다.

다. 공항테러대책협의회 이상유무 확인 후 운항재개 등 최종 의사결정 내용을 통보받은 운송직원은 동 내용을 공항상황실로 통보하여야 한다.

4. 운항중 보안대책

계류장에서 모든 승객이 탑승하고 항공기 이륙 후 목적지 공항에 도착하여 승객 하기를 위하여 출입문이 열리 때까지 운항중 기내순찰 등 다음과 같은 보안대책을 준수하여야 한다.

(1) 기내 순찰요령

객실승무원이 수행하여야하는 기내 순찰요령은 다음과 같다.

가. 객실승무원은 승객 탑승 및 운항 중에는 항공기 안전운항 확보 및 위해행위 방지를 위하여 수시로 기내순찰을 실시하여야 한다.

나. 기내 순찰 중에 안전운항을 저해할 우려가 있는 승객의 의심스러운 행동 및 물품을 발견 시에는 즉시 선임 승무원 및 브리핑 시 약속된 방법으로 기장에게 보고하여 필요한 조치를 하여야 한다.

다. 객실승무원은 승무원 휴게실을 사용하지 않는 경우에는 항상 시건 상태를 유지하도록 하고, 항공기 착륙 전 승무원 휴게실 등 승객이 은신할 수 있는 장소에 대하여 보안점검을 실시한 후 이상 유무를 기록하여야 한다.

(2) 수감중인 자 등 호송절차

수감 중인 자 등에 대한 호송절차는 다음과 같다.

가. 호송기관이 항공운송사업자에게 통보할 사항은 사법경찰관리 또는 법집행 권한이 있는 공무원은 항공기를 이용하여 피의자, 피고인, 수형자, 그 밖에 항공기내 안전에 위해를 일으킬 우려가 있는 사람(이하 "호송대상자"라 함)을 호송할 경우 호송대상자의 인적사항, 호송 이유(죄명 등), 호송방법 및 안전조치, 위험평가를 위한 기타 정보 등(불법행위 가능성, 정신 · 육체적 상태 등)을 사전에 통보하여야 한다.

나. 승객안내 등을 담당하는 지상직원은 호송대상자와 호송책임자의 탑승 실시 전에 기장과 선임승무원에게 호송사실 및 좌석번호 등을 통보하여

야 하며, 특별승객명단에도 이를 기재하여야 한다.

호송용 수갑

다. 운항 및 객실승무원은 안전운항을 위하여 호송책임자에게 요청할 사항으로 호송대상자와 호송책임자의 좌석은 가능한 후미 좌석으로 배정하며 주방 근처, 비상구 옆 좌석 또는 통로 인근좌석에 배정되어서는 아니 된다.

라. 호송대상자 옆에는 호송책임자가 착석하며 호송대상자의 기 내 이동 시에는 반드시 호송책임자가 동행하여야 하며, 이들에게 주류, 철제 식기류, 칼 등을 제공하여서는 아니 된다.

5. 조종실 출입통제

항공기 보호를 위하여 조종실 출입은 허가된 인원 이외는 누구도 조종실에 출입할 수 없도록 다음과 같이 엄격한 보안조치가 이루어져야 한다.

(1) 조종실 출입통제 근거

조종실 방탄출입문

가. 「항공보안법」 제14조(항공의 보안)제3항에 따라 항공운송사업자는 조종실 출입문의 보안을 강화하고 운항 중에는 허가받지 아니한 사람의 조종실 출입을 통제하는 등 항공기에 대한 보안조치를 하여야 한다.

나. 운항전 합동브리핑시 기장은 모든 승무원에게 조종실 출입 절차에 대해 설명하여야 하며, 조종실문은 승객 탑승전 및 운항중에는

항상 잠금 상태를 유지하고, 승객이 모두 하기한 후에 개방하여야 한다.

다. 항공운송사업자는 조종실에서 열거나 잠글 수 있고 무기나 무력에 의한 비인가자의 조종실 진입을 막을 수 있는 방탄문(Enhanced Flight Deck Door)를 최대이륙중량 45,500kg 초과하거나 60인승 초과하는 모든 여객기의 조종실에 설치하여 운영하여야 한다.

(2) 조종실 출입이 가능한 자

항공기 조종실 출입이 가능한 인원은 다음과 같다.

가. 해당 항공기의 운항 및 객실 승무원

나. 적절한 신분증과 운항본부장이 승인한 조종실 출입허가서(Cockpit Auth)를 소지한 국가정보원, 경찰청 및 감독기관의 공무원, 해당 비행 편에서의 임무수행을 위한 사내직원 등은 출입이 가능하다.

다. 공무수행 중임을 증명할 수 있는 신분증 및 조종실 출입요구서(국토교통부 또는 지방항공청 발행)를 소지한 국토교통부 항공보안감독관, 항공안전감독관, 운항자격심사관 등은 출입이 가능하다.

라. 항공사 운항본부장 등의 허가권자로부터 조종실 출입허가를 받은 자는 운항 중 조종실 출입절차에 대하여 기장 및 사무장(선임승무원)과 사전 협의하여야 한다.

마. 운항중인 기내에서 기장 등에 대한 업무방해행위로 인해 타 승객의 생명이 위협되거나, 조종실 파괴 시도 또는 실제 파괴행위로 진행될 것으로 예상될 때에는 기내 청정구역(Clear zone)을 선포하고,모든 승객을 착석시키고, 조종실 앞 통로를 주방카트로 봉쇄하며, 필요 시 협조승객에게 조종실 접근차단을 협조 요청하여야 하고, 만약, 기내청정구역이 선포되면 조종실 보호를 위하여 동 지역에는 누구의 출입도 통제하여야 한다.

바. 운항 중인 항공기의 조종실 내에는 비정상 상황에 대비하여 최소 2명의 승무원이 있어야 하며 1명의 운항승무원이 나가야 할 경우 객실승무원 중 1명이 조종실에 들어와서 2명이 되어야 한다.

(3) 조종실 일반 출입절차

운항 중에 항공기의 일반적인 조종실 출입 절차는 다음과 같다.

가. 객실승무원은 인터폰으로 운항승무원에게 출입허가를 요청하여 득한다.(지정된 암호사용 또는 이름확인)

나. 객실승무원은 화장실에 사람이 없고, 조종실 출입문 근처에 승객이 없음을 확인 후, 조종실 앞 커튼을 치고 정해진 노크 후 Key pad에 Normal Access Code를 입력한다. 이때 출입상황을 모니터할 수 있는 객실승무원 1명이 반드시 조종실출입문(Cockpit Door) 입구에 있어야 한다.

다. 운항승무원은 인터폰 통화, 노크 및 Normal Access Code가 일치하면 Door Switch를 사용하여 문을 개방하며, 만일 의심스럽다면 출입문에 장착된 광폭렌즈(Viewer)를 통하여 외부의 안전을 먼저 확인한 후 출입문을 개방한다.

라. 운항승무원은 조종실 외부로 나갈 시 먼저 인터폰으로 객실승무원에게 출입문 쪽에 승객이 없음을 확인하고 커튼을 칠 것을 요청한 후, 광폭렌즈로 외부의 안전을 확인한 후 출입문을 개방한다.

마. 운항승무원은 청정구역(Clear Zone)에 승객존재여부를 확인하여야 한다. (청정구역 : 조종실과 조종실문 바로 앞에 있는 Galley 및 화장실을 포함함 객실지역 사이의 공간)

바. 조종실 앞에 장착된 커튼을 사용하여 조종실 출입을 은폐하 여야 한다. 운항승무원이 조종실에 진입할 시에는 출입 상황을 모니터 할 수 있는 객실 승무원 1명이 반드시 조종실 출입문 입구에 있어야 하며, 다음 그림과 같다.

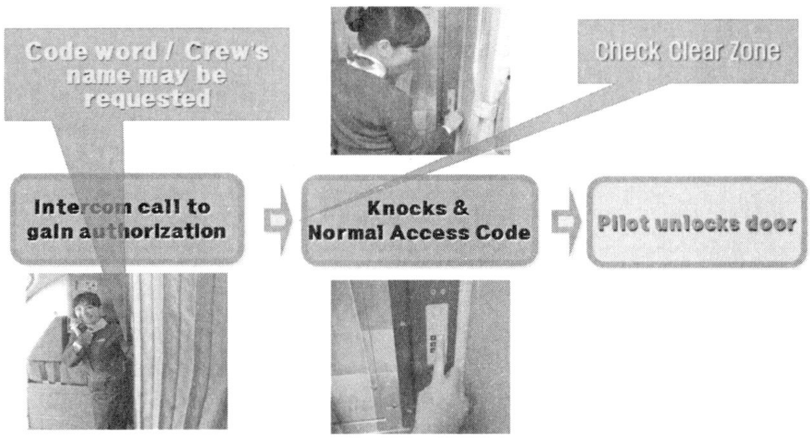

조종실 일반출입절차

제4절 항공기내 불법행위 대응

1. 기내 불법행위

기내 불법행위는 항공기의 안전운항을 저해할 우려가 있거나 운항을 불가능하게 하는 행위를 말하며, 항공기내에서 발생할 수 있는 유형은 다음과 같다.

(1) 불법행위 유형

가. 「항공보안법」 제2조(정의)8항에 따른 불법행위 유형은 운항중인 항공기 납치 및 시도, 항공기에서 인질, 항공기의 파괴 · 손상 및 무단 침입하거나 운영을 방해, 범죄의 목적으로 항공기내로 위해물품 반입, 지상 또는 운항중인 항공기의 안전을 위협하는 거짓정보 제공, 사람을 사상(死傷), 재산 또는 환경에 심각한 손상을 입힐 목적으로 항공기를 이용하는 행위 등으로 명시하고 있다.

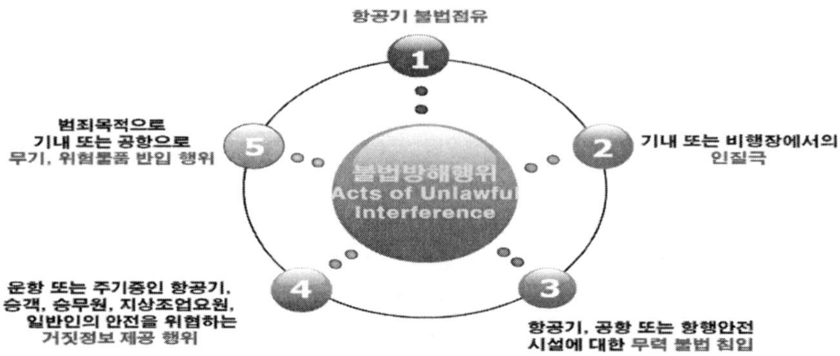

불법방해 행위의 유형

나. 「항공보안법」 제23조(승객 협조의무)를 위반하여 항공기내에서 승객 업무방해 행위는 승무원의 정당한 직무 집행을 방해하거나 승무원과 탑승객 안전한 운항이나 여행을 위협하는 일체의 행위를 말하며, 폭언, 고성방가 등 소란, 기내흡연(전자담배 등), 음주 및 약물 복용하고 다른 사람에게 위해나 성적 수치심 유발, 전자기기 사용, 기장 승낙 없이 조종실 출입기도, 폭행·협박·위계행위를 하거나 출입문·탈출구·기기 조작, 착륙 후 항공기를 점거 및 농성, 기장 등 정당한 직무상 지시를 불이행, 위계 또는 위력으로 기장 등 업무를 방해하는 행위를 말한다.

(2) 승객 협조의무 등 위반자 대응절차

기장 및 기장으로부터 권한을 위임 받은 승무원은 정당한 직무집행을 방해하거나 승무원과 승객의 안전운항이나 여행을 위협하는 행위를 하는 자에 대하여 그 행위를 저지시키기 위한 불법 행위 임을 고지하는 등 다음과 같은 필요한 대응 조치를 하여야 한다.

가. 불법행위가 발생하는 경우 항공기내 보안요원 및 일반 객실승무원은 휴대전화 등을 활용하여 불법행위를 녹화(불가피한 제약이 있는 경우는 제외)하여야 한다.

나. 항공기내 보안요원 및 일반 객실승무원은 폭행행위, 조종실 진입 기도행위, 출입문·탈출구·기기 등의 조작행위와 기내 안전을 위협하는 협

박 · 위계행위, 승무원 업무방해행위, 음주 후 위해행위 등 불법행위를 범한 승객에 대해서는 신속히 제압 및 구금 조치하고, 구금 이후에도 고성 · 폭언 등 위해행위를 지속하는 경우 추가 조치를 포함하여야 한다.

다. 항공기내 보안요원 및 일반 객실승무원은 성적수치심 유발행위, 흡연행위, 단순 소란행위, 기장 등의 정당한 직무상 지시를 따르지 않은 행위 등 불법행위를 중단할 것을 경고할 수 있으며, 경고 이후에도 불법행위를 지속하는 승객은 항공기내 보안요원의 판단에 따라 나항과 같이 처리할 수 있다.

라. 기장 또는 항공기내 보안요원은 도착공항 경찰관서에 사전협조를 요청하여 불가피한 경우를 제외하고는 항공기 출입문 앞에서 불법행위 승객을 인계하여야 한다.

마. 기장 또는 항공기내 보안요원은 라항에 따라 불법행위 승객을 도착공항 경찰관서에 인계하는 경우 가항에 따른 불법행위 녹화자료와 정해진 서식에 따라 피해 · 목격 경위 및 내용 등이 포함된 진술서를 작성하여 경찰관서에 제출하여야 한다.

바. 참고인의 진술이 있는 경우에도 이와 같으며, 항공기내 보안요원 또는 승무원은 도착공항 경찰관이 피해 · 목격내용에 대하여 추가 진술을 요구할 경우 경찰서에 동행하여 조사에 적극 협조하여야 한다.

(3) 불법행위 대응절차

운항 중 발생할 수 있는 불법행위 대응절차는 다음 그림과 같다.

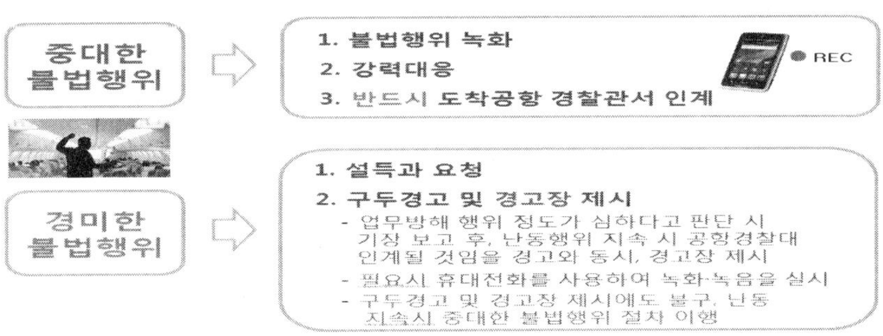

불법행위 대응 및 처리절차

가. 기내에서 불법행위가 발생하는 경우 항공기내 보안요원 및 일반 객실승무원은 휴대전화 등을 활용하여 불법행위를 녹화(불가피한 제약이 있는 경우는 제외)하여야 한다.

나. 항공기내 보안요원 및 일반 객실승무원은 폭행행위, 조종실 진입 기도행위, 출입문·탈출구·기기 등의 조작행위와 기내 안전을 위협하는 협박·위계행위, 승무원 업무방해행위, 음주 후 위해행위 등 중대한 불법행위를 범한 승객에 대해서는 신속히 제압 및 구금 조치(구금 이후에도 고성·폭언 등 위해행위를 지속하는 경우 추가 조치 포함)하여야 한다.

다. 항공기내 보안요원 및 일반 객실승무원은 성적수치심 유발행위, 흡연행위, 단순 소란행위, 기장 등의 정당한 직무상 지시를 따르지 않은 행위 등 경미한 불법행위에 대하여 중단할 것을 경고할 수 있으며, 경고 이후에도 불법행위를 지속하는 승객에 대해서는 항공기내 보안요원의 판단에 따라 상기 나항과 같이 처리할 수 있다.

라. 기장 또는 항공기내 보안요원은 도착공항 경찰관서에 사전 협조를 요청하여 불가피한 경우를 제외하고는 항공기 출입문 앞에서 불법행위 승객을 인계하여야 한다.

마. 기장 또는 항공기내 보안요원은 불법행위 승객을 도착공항 경찰관서에 인계하는 경우 불법행위 녹화자료와 피해·목격 경위 및 내용 등이 포함된 진술서를 작성하여 경찰관서에 제출하여야 하며, 참고인의 진술이 있는 경우에도 이와 같으며, 항공기내 보안요원 또는 승무원은 도착공항 경찰관이 피해·목격내용에 대하여 추가 진술을 요구할 경우 경찰관서에 동행하여 조사에 협조하여야 한다.

2. 주류 및 약물남용 승객 처리절차

(1) 항공기 Push Back 전

가. 과음·약물에 취한 것으로 판단되는 승객은 탑승이 불가하다.

나. 주류나 약물에 취한 것으로 판단되는 승객이 승무원의 업무를 방해하거

나 신변 안전을 위협하는 경우 기장과 운송직원에게 즉시 통보하여야 한다.

다. 승객을 하기할 필요가 있다고 판단되는 경우 기장은 객실사무장 및 공항지점장과 협의하여 하기할 수 있다.

(2) 항공기 Push Back 후 이륙 전

가. 항공기 Push Back 이후 주류나 약물에 취한 것으로 판단되는 승객을 발견한 경우 사무장은 기장에게 즉시 통보하고 협의하여 승객 하기를 위한 탑승구로의 복귀 여부를 결정하여야 한다.

나. 탑승구로 복귀결정시 기장은 관제기관에 통보하고 Company Radio를 통해 공항 지점장에게 이를 사전에 통보한다.

(3) 항공기 이륙 후

가. 항공기 이륙 후 주류나 약물에 취한 것으로 판단되는 승객을 발견한 경우 기장에게 이를 즉시 통보하며, 기장은 사무장에게 필요한 조치사항을 지시한다.

나. 주류나 약물에 취한 것으로 판단되는 승객에게 알코올성 음료를 제공하지 않아야 하며, 해당 승객과 물리적 충돌을 피하기 위해 정중하나 단호한 조치를 취한다.

다. 기장 지시에 따라 객실승무원은 비치된 보안장비를 이용하여 승객을 제압하여 기내 질서를 유지하고 도착시까지 통제한다.

3. 기내보안요원 운영

「항공보안법」 제14조제2항 및 「국가항공보안계획」 7.6.1 및 국토교통부지침 「항공기내 보안요원 등 운영지침」에 따라, 항공운송사업자가 승객이 탑승한 항공기를 운항하는 경우 테러 등 불법행위로부터 승객의 안전 및 항공기 보안을 위하여 탑승시키고 있는 항공기내 보안요원 등의 운영에 관한 내용은 다음과 같다.

(1) 보안요원 임무

항공운송사업자는 항공기내 보안요원에게 다음 사항을 포함하여 임무를 부여하여야 한다.

가. 승객 탑승 전 항공기 객실 내 보안 점검 및 수색

나. 최초 출발 또는 중간경유지공항에서 탑승하는 승객 또는 재 탑승객과 휴대수하물에 대하여 의심스러운 경우 수색 및 점검

다. 운항중 항공기 객실 내 보안 순찰

라. 운항 중 및 경유지에 있는 동안의 객실 내 보안감독

마. 항공기 불법 점거 또는 파괴행위 제지

바. 최소위험폭발물 위치 사용절차에 따른 수행

사. 불법행위 발생시 녹화 및 해당승객 도착공항 경찰관서에 인도

아. 기타 승객의 안전 및 항공기 보안에 필요한 사항

(2) 권한 및 책임

항공기내보안요원 권한 및 책임은 다음과 같다.

가. 항공기내 보안요원은 무기를 휴대하고 탑승할 수 있다.

나. 항공기내 보안요원은 부여된 임무를 수행하여야 하고, 이 경우 항공기내 보안요원을 포함한 일반 객실승무원은 「사법경찰관리의 직무를 수행할 자와 그 직무범위에 관한 법률」 제7조제2항에 따른 사법경찰리 직무도 수행하여야 한다.

다. 항공기내 보안요원(일반 객실승무원 포함)은 객실 내 불법행위 및 항공안전을 해치는 범죄행위 등을 녹화할 수 있으며, 그 행위를 저지시키기 위한 필요한 조치를 할 수 있다.

라. 항공기내 보안요원은 항공기 내에서 불법행위가 발생한 경우 신속하게 대응하기 위하여 일반 객실승무원에게 임무를 부여하여야 하며, 항공기내 주변 승객에게 협조 요청 등 필요한 조치를 요구할 수 있다.

마. 객실 내 거동 수상한 행동을 하거나 보안위반의 경우 항공기내 보안요원이 운항승무원에게 긴밀히 알릴 수 있어야 한다.

바. 항공기내 보안요원은 기밀을 엄수하여 피의자·피해자 기타 관계인의 명예를 훼손하지 아니하도록 하여야 한다.

(3) 무기 등 운영

항공기내 보안요원 무기 등 운영관한 내용은 다음과 같다.

가. 항공운송사업자는 항공기내 보안요원에게 무기와 수갑 및 포승줄 등을 필요시 사용가능하도록 지급 및 탑재하여야 한다.

나. 항공기내 보안요원 등은 현장 상황을 합리적으로 판단하여 무기·수갑·포승줄 등 중에서 가장 적합한 장비를 정확하고 안전하게 사용하여야 하며, 불가피한 경우를 제외하고는 항공기내 보안요원이 무기를 사용하여야 한다.

제5절 폭발물위협 등 비상시 대응

1. 폭발물 위협정보 입수시 대응절차

(1) 대응순서

폭발물 위협정보는 전화, 우편물, E-mail, Fax 등 다양한 수단을 통하여 입수될 수 있으며 대응순서는 폭발물 위협 접수-보고-분석-대응 순이며 다음 그림과 같다.

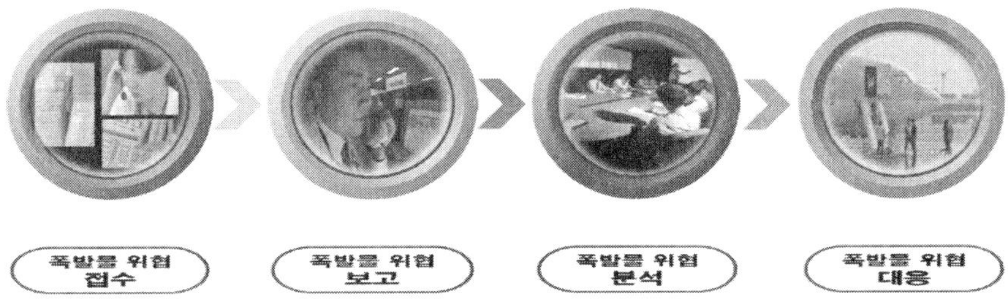

위협정보 입수 시 대응순서

(2) 단계별 조치사항

폭발물위협정보 입수시 단계별 조치사항은 다음 그림과 같다.

가. 입수 및 보고 단계에서 위협 정보를 입수하면 위협 메세지를 있는 그대로 정확하게 기록하고, 전파 체계도에 의거 신속히 관계기관에 보고하여야 한다.

나. 정보 분석단계에서 위협정보에 대한 분석책임은 공항의 합동조사팀에게 있으며, 허위, 불특정, 실제여부에 대한 진위를 분석한다.

다. 대응 단계에서 대응요령은 주기 중 / 운항 중 항공기 및 폭발물 발견 시에 따라 상황에 맞게 적절하게 대응하여야 한다.

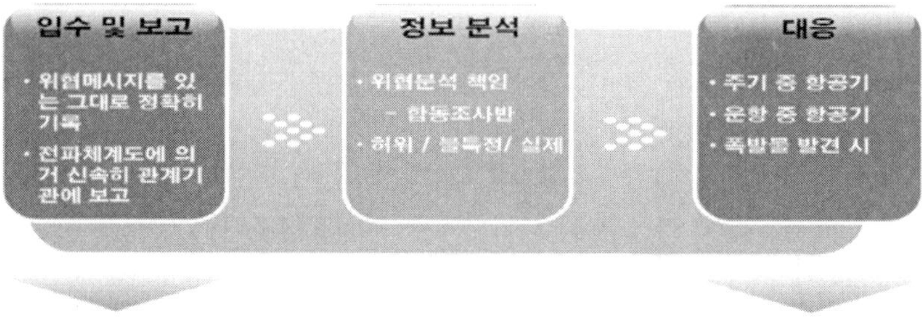

위협정보 입수시 단계별 조치

(3) 대응요령

폭발물 위협정보 입수시 대응요령은 다음과 같다.

가. 당황하지 말고 침착하게 협박자를 리드할 자세를 취하며 필기구준비, 위협내용 집중청취, 통화내용 정확히 기록하여야 한다.

나. 발신지 추적 및 음성녹음을 위한 조치를 하며, 필요시 동료에게 손짓, 신호 등으로 관계기관에 조치를 취하게 하여야 한다.

다. 협박자의 성별, 연령, 언어, 음색, 말씨, 음주여부, 주위 소 음 등 파악, 상황허락 시 다음의 질문을 순서대로 실시하여야 한다.

1) 폭발물(폭탄)은 어디에 있습니까?

2) 언제 폭발합니까?

3) 폭발물은 어떻게 생겼습니까?

4) 전화 주시는 분은 누구십니까?

5) 왜 이런 행위를 하십니까?

라. 폭발물 위협정보 보고양식에 따라 체크하여 수사기관에서 요청시 제출하여야 한다.

2. 주기중 폭파위협시 대응

(1) 객실승무원 조치사항

주기중 항공기 폭파위협시 객실승무원 조치사항은 다음과 같다.

가. 기장과 우선 협의하여야 한다.

나. 항공기 안전거리 밖으로 승객대피 안내, 하기 지연 방지를 위해 지갑이나 기타 귀중품, 서류가방에 한하여 개인보관을 유도한다.

다. 기내 위해물품의 검색은 우선 폭발물처리 전담반이 실시하고, 객실승무원은 기내구조 / 안내 등 검색에 필요한 제반사항에 대 하여 협조하여야 한다.

라. 폭발물처리 전담반이 휴대수하물 / 화물을 항공기로부터 격리, 검사 장소까지 옮기는 작업을 지원하여야 한다.

마. 의심스러운 물건 발견 시 폭발물처리 전담반에게 처리를 인계하여야 한다.

바. 의심스러운 물건 제거 후에도 다른 물건이 기내에 남아 있을 수 있으므로 객실 재점검을 실시하여야 한다.

사. 검색이 완료되면 항공기 출입문을 CLOSE하여야 한다.

아. 휴대수하물 / 일반화물을 소유자와 대조 업무에 협조한다.

(2) 운항승무원 조치사항

주기중 폭파위협시 운항승무원 조치사항은 다음과 같다.

가. 객실사무장과 협의하여 결정하여야 한다.

나. 타 항공기가 없는 비상격리주기장에 주기하여 야 한다.

다. 객실승무원이 수행하는 승객대피 및 수색에 협조하여야 한다.

3. 운항중 폭파위협시 대응

(1) 운항승무원 조치사항

운항중 폭파위협시 운항승무원 조치사항은 다음과 같다.

가. 기장은 비상착륙 실시 여부를 결정한다.

나. 초비상 상황 시 승객들 무릎위에 휴대수하물을 올려놓은 후 점검하고, 승객 휴대수하물이 아닌 것이 있는지를 확인한다.

다. 기장은 파괴 위협정보 입수와 관련한 방송을 실시한다.

라. 기장은 공항경찰의 폭발물 전문가와 교신하여 도움을 요청한다.

마. 기장은 폭발물 피해 최소구역의 전원을 차단한다.

바. 운항승무원은 가능한 신속히 항공기를 착륙하여야 한다.

4. 폭발물 발견시 조치

(1) 운항중 조치사항

운항중 폭발물 발견시 운항 및 객실승무원 조치사항은 다음과 같다.

가. 사무장은 즉시 기장(PIC)에게 보고하여야 한다.

나. 객실승무원은 폭발물의 외형, 크기, 종류, 수량 등 자세한 정보를 기장에게 보고하여야 한다.

다. 폭발물 주위의 승객을 신속히 대피시켜야 한다.

라. 전 승객을 좌석 등받이 또는 좌석 아래로 몸을 대피하도 록 안내하여야 한다.

마. 사무장은 방탄자켓 착용 후 방폭담요로 폭발물을 덮는다.

바. 기장은 관제기관(ATC)에 상황을 통보, 여압이 없는 상태 로 비행이 유지되도록 강하할 것을 추천하여야 한다.

사. 기장은 종합통제실과 협의, 적절한 공항으로 가능한 빨리 비상 착륙 후 비상사태를 선포하여 해당공항에 소방 및 구급차량을 대 기하도록 요청하여야 한다.

(2) 이륙전 또는 하기 전 조치사항

이륙전 또는 하기전 폭발물 발견시 운항 및 객실승무원 조치사항은 다음과 같다.

가. 사무장은 즉시 기장(PIC)에게 보고하여야 한다.

나. 폭발물 주위의 승객을 신속히 대피시켜야 한다.

다. 전 승객을 좌석 등받이 / 좌석 아래로 몸을 피하도록 안내 하여야 한다.

라. 사무장은 방탄자켓 착용 후 방폭담요로 폭발물을 덮는다.

마. 폭발물 처리반이 도착 시까지 폭발물에 대한 접촉을 금지하여야 한다.

바. 전 승객을 신속, 질서정연하게 다음 그림과 같이 하기하도록 안내하고 항공기로부터 100m이상 대피시켜야 한다.

사. 승무원 또는 승객의 휴대품을 필요시 재검색을 실시한다.

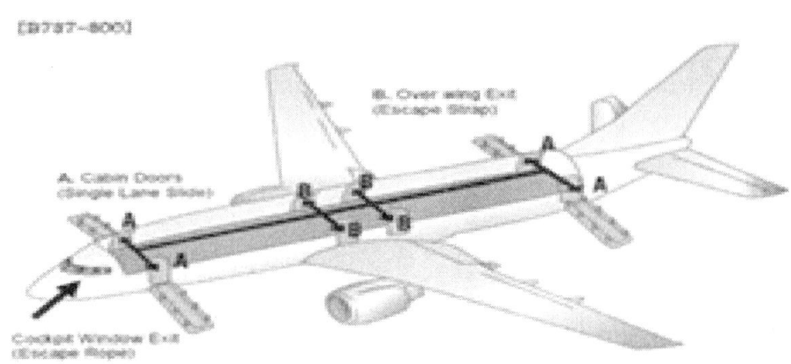

승객 대피시 출입문

(3) 항공기내 최소폭발물 위험위치

기내에서 최소폭발물 위험위치(LRBL : Least-risk bomb location)는 폭탄 / 폭발장치가 폭발 시 항공기상에 영향을 최소화시키는 장소이며 위치는 다음 그림과 같다.

A/C Type	LRBL	Mat, Jacket Location
B737	R2	R side최 후방 승객 좌석 하단

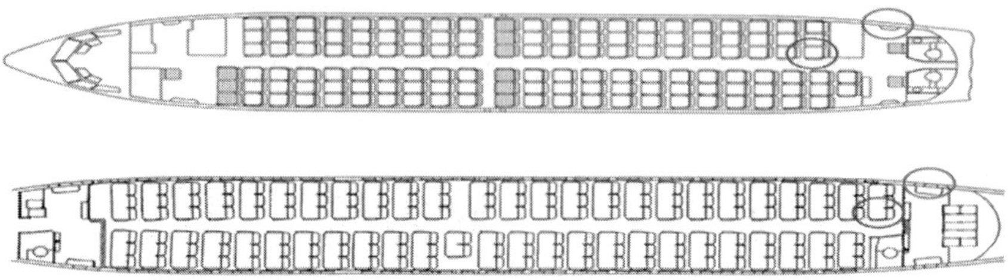

항공기 최소폭발물 위험위치

제6절 항공기 보안점검 및 경비대책

1. 항공기 보안점검

항공운송사업자는 「항공보안법」 제14조 ④항에 의거 항공기의 보안확보를 위하여 운항 전·후에 다음과 같이 보안점검을 하여야 한다.

(1) 직무별 보안점검사항

가. 운항승무원 : 조종실

나. 객실승무원 : 객실, 주방, 화장실 및 승무원 휴게실(배전실포함) 등 승객 은신가능 장소

다. 정비담당 : 항공기 동체, 항공기 외부, 화물칸 내부

라. 지정된 대리인 : 화물칸 또는 필요 시 객실, 화장실 및 승무원 휴게실 등 승객 은닉가능 장소 등 지정된 대리인에 의해 항공기 보안점검이 실시되는 경우 해당구역 점검 총괄책임자에 의해 점검 중 감독 및 점검 후 최종 확인이 시행되어야 한다.

(2) 운항전 보안점검시 확인사항

항공기가 운항하기 전에 실시하는 항공기의 보호대책으로는 항공기의 외부에 대한 외부침입흔적, 항공기의 바퀴부분과 출입문에 대한 보안점검 등으로 이루어지고, 항공기의 내부에 대한 보안점검으로는 기내의 좌석, 수하물 보관 선반, 화장실, 저장품 창고, 주방, 옷 보관 장소 등에 대한 보안점검을 실시하여야 하며 항공기 외부 및 내부에 대한 보안점검시 확인사항은 다음과 같다.

가. 항공기의 외부 보안점검 시에는 주기된 항공기에 외부에 침입흔적이 있는지 알아보기 위하여 출입문의 봉인상태와 개방된 흔적여부, 항공기의 랜딩 기어부위와 바퀴의 타이어와 바퀴 보관대 기어의 상태 및 외부의 침입여부, 지상의 전원이나 공기연결 패널에 대한 점검과 엔진의 공기 흡입구 및 배기구 등, 항공기의 날개부분과 보조날개의 가장자리 플랩 부분에 대한 확인을 실시하여야 한다.

나. 항공기의 내부에 대한 보안점검 경우 주 객실에 대하여서는 천정에 설치된 선반, 외투보관함, 조명시설 부착부분 · 산소마스크 보관대 등, 객실좌석에 대하여서는 좌석상태 · 좌석에 부착된 주머니 · 쿠션 · 구명 자켓 보관 등, 음식을 조리하는 주방, 저장품 보관함 · 냉장고 · 온장고 · 오븐 · 음식용기 · 선반 등, 화장실에 대하여서는 종이 타월 보관함 · 개수통 · 변기 · 선반 등을 대상으로 위해물품 은닉여부를 확인하여야 한다.

(3) 운항 전 · 중 · 후 보안점검 절차

항공기내 운항 전 · 중 · 후 보안점검 절차는 다음과 같다.

가. 기내청소 완료 후 승객 탑승 실시 전 모든 승무원은 각 업무 위치에서 항공기 보안 점검표에 의거 실시하며, 운항승무원은 운항교범(POM)에 명시된 조종실내 보안점검을 실시하고 해당 운항에 영향을 미칠 수 있는 사항은 추가로 점검하여야 한다.

나. 운항 중 보안점검은 운항 중 발생되는 난폭하거나 통제불응 승객은 비행중 안전 및 보안에 위협 요인임으로 비정상 상황에 유의하여야 하

며, 적절한 기내 순찰(Walk Around)을 통하여 승객의 동태를 살피고 업무 수행을 방해하거나 승객 및 항공기에 대한 위협행위에 대비하여야 한다.

다. 경유지 공항 보안점검은 기내에 비인가자 출입 또는 반입 금지 품목의 기내 반입 방지를 위하여 보안활동을 다시 실시하며, 기 내에서 승무원의 감독 없이 승객을 방치하여서는 아니 되며, 경유지에서 승무원이 교대할 시는 승무원 상호간 인계인수를 철저하여야 한다.

라. 착륙 및 승객 하기후 보안점검시 객실승무원은 기내 확인이 되지 않는 물품 및 수하물 또는 다음 운항 안전에 영향을 미치는 의심 품목이 있는지 확인하고 발견 시는 사무장에게 보고하며, 특히 선반(Overhead Bin), 좌석 밑, 기내 화장실에 방치된 물품이 있는지 주의 하여 확인하여야 한다.

마. 항공기 주기 중 보안점검시 공항 운송직원 및 정비사는 항공기 보안을 철저히 하며. 정비사 및 지상조업 직원은 다음편 운항전 비인가자 접근 감시 등 보안활동을 실시하여야 한다.

(4) 기장 및 객실승무원 조치사항

항공기 보안점검시 기장 및 객실승무원이 수행하여야 하는 조치사항은 다음과 같다.

가. 객실승무원은 항공기 운항 전에 무기, 폭발물, 기타 위해물품 및 의심스러운 물건이 있는지 보안점검을 수행하고, 의심이 되는 경우에는 선임승무원이나 기장에게 지체 없이 보고 하여야 하며, 승객이 모두 하기한 경우에는 잔류승객, 잔류물품(Left Behind Item)에 대하여 확인하고 이상이 없는 경우 선임승무원에게 보고하고, 특이사항 발견 시 즉시 기장에게 보고하고 필요한 경우 관계기관에 신고하여야 한다.

나. 모든 승무원이 항공기를 5시간 이상 떠나 있다가 다시 운항을 위해 점검하는 경우 또는 항공보안등급 '주의' 발령시 별도의 서식 보안조치 확인표에 따라 주 2회 이상 점검하여야 한다.

다. 위협 증가 등으로 항공보안등급이 상향된 노선의 운항 편은 별도 지침을 정해 항공보안등급 기준보다 상향된 항공기 보안점검을 실시할 수 있다.

라. 기장은 승무원 및 정비사로부터 항공기 보안점검이 완료되었음을 통보받은 후 승객을 탑승시켜야 한다.

(5) 공항지점 보안점검

항공사 지점 책임자 등은 자체보안 수준관리 지침에 따라 '항공보안등급에 따른 항공기 보안조치 확인'을 다음과 같이 실시한다.

가. 운항 전에 실시하는 점검으로 항공보안등급 평시 및 관심경보 발령시 보안조치 확인표에 따라 주 1회 이상, 경계 및 심각경보 발령 시에는 주 3회 이상 점검을 하여야 한다.

나. 전자적인 방법을 포함하는 항공기 보안점검표는 24시간 이상 보관하여야 한다. 다만, 운항시간이 24시간 이상인 경우에는 운항 종료 시까지 보관하면 된다.

2. 항공기 수색

(1) 일반 원칙

가. 항공기에 대한 수색절차 관련 점검표를 개발해야하고 운항 및 객실승무원을 위한 교육훈련 프로그램을 수립하여야 한다.

나. 국가는 정상적인 운영과 위협 고조시 항공기 보안점검 및 수색을 위한 절차를 수립하여야 한다.

다. 정상출발 항공편에 대한 보안점검은 승객탑승 전 그리고 수하물 적재 전에 실시하여야 한다.

라. 환승지점에서의 기내수색은 항공기에 대한 위협이 고조된 경우 필수적으로 실시하여야 하며 타 항공기에 대한 위협발생시 필요하다고 판단될 때 실시할 수 있다.

(2) 기내 수색절차

가. 항공기가 이륙 전에 자발적인 하기 승객이 발생된 경우 관계기관에 통보 후 관계기관이 판단하여 기내수색을 실시하고 기내수색 전에 폭발물처리반(EOD), 탐지견 등 투입 여부에 대한 수색 범위를 결정하여야 한다.

나. 중복수색을 피하기 위하여 기내 수색은 항공기 내부를 잘 알고 있는 직원에 의해 점검표를 이용하여 각 담당자별 지역을 배분하여 체계적으로 수색되어야 한다.

다. 승객 객실, 주방 및 화장실 등 일반 승객이 출입할 수 있는 지역에 특히 중점을 두며 조종실 또한 주의를 기울려야 한다.

라. 항공기 수색은 밝은 조명하에 실시되어야 하다.

마. 수색은 승객이 탑승하기 전에 실시되어야 하며, 시작전에 비인가자 접근을 통제하고 보안성을 유지하는 것이 필요하다.

바. 폭발물, 무기가 항공기 장비 또는 부품에 은닉되어 있을 가능성이 있을 경우, 고위협 대상 항공기에 대한 수색이 필요하다면, 항공기 승무원 또는 기술지원 인력의 도움을 받아 훈련된 보안요원에 의해 수색되어야 한다.

사. 만약 항공기내 또는 항공기 인접지역에 의심스런 폭발물이 발견되었다면, 안전한 곳으로 사람들을 이동시키고 폭발물처리반이 올 때까지 대기하도록 하는 조동조치가 취해져야 한다.

3. 항공기 경비대책

「국가항공보안계획」7.6.3(주기중 항공기 보호)에 따라 항공운송사업자는 주기중인 항공기 보호를 위하여 다음과 같은 경비대책을 수립 · 시행하여야 한다.

(1) 고려사항

항공기는 승객들에 의한 금지물품 반입에 취약할 뿐만 아니라 주기중이거나 비행을 준비하기 위해 지상에 있는 동안 외부 사람들에 의한 금지물품 반입에도 취약하므로 경비대책 강구시에는 다음사항을 고려하여야 한다.

공항에 주기중인 항공기

가. 항공기에 비인가자의 접근을 방지하는 최초 방어선은 랜드사이드와 에어사이드의 경계선이다. 하지만 이 경계선 내에서 항공기에 대한 비인가자의 접근을 방지하는 것은 항공기 인접지역과 계류장 및 주기장에서의 적극적인 보안대책에 달려있다.

나. 항공기 보안에 대한 근본적인 책임은 항공운송사업자에게 있으므로 자체 보안계획에 수립되어 있는 보안대책에 대한 조정을 위하여 공항운영자의 보안프로그램을 고려하여야 한다.

(2) 항공기 접근통제

항공기 접근통제를 위하여 다음과 같은 내용이 포함된 자체 보안계획을 마련하여 항공기를 보호하도록 하여야 한다.

가. 공항에 주기중인 항공기에 인가받지 않은 자의 접근을 방지할 수 있도록 항공기 출입문 잠금장치, 탑승교 및 스텝카를 항공기로부터 이격시키는 등 통제대책이 반영되어야 한다.

나. 항공기에 무단으로 접근하는 것을 방지하고, 항공기 보호를 위하여 야간에는 경비인력을 배치하는 내책이 있어야 한다.

다. 운항에 투입되지 않은 항공기 출입문은 시건장치와 함께 보안스티커를 부착하여 봉인하고 항공기가 출발하기 전에 개방흔적이 있는지 확인할 수 있어야 한다.

라. 항공기 착륙기어, 엔진은 덮개로 덮어 외부로부터 위험 물질이 반입되지 않도록 하는 보안대책이 강구되어야 한다.

마. 항공기 주기지역은 항상 적절한 조명시설과 CCTV 감시카메라를 설치하

여 항공기에 접근하거나 침입하는 자를 감시할 수 있는 보안대책이 강구되어야 한다.

(3) 주기중 보안순찰

가. 주기중인 항공기 보호를 위한 항공사 경비대책으로는 항공기의 출입 및 접근통제 외에도 계류장에 주기되어 있는 항공기의 안전을 확인하기 위한 보안순찰을 실시하고 공항운영자 운영하는 종합상황실의 CCTV 모니터를 활용하여야 한다.

나. 보안순찰은 도보순찰과 차량순찰이 있으며, 순찰자는 경비원의 근무상황과 항공기 보안상태를 점검하며 항공기에 외부침입이 있었다는 흔적이 있을 때에는 항공기 내부에 대한 수색을 실시하도록 하여야 한다.

다. 항공기 보안요원은 활주로 및 유도로에 있는 항공기에 대한 공격을 방지하고 일상의 보안 임무를 위해 규칙적 및 불규칙적으로 공항전체와 그 주위를 순찰하여야 한다. 필요시 공항 종합상황실과 교신할 수 있는 통신장비를 갖추어야 한다.

라. 순찰도보 및 차량순찰시 취약지점과 어둠을 틈타 잠재적인 불법방해자가 은닉하는 것을 철저하게 수색할 수 있도록 휴대용 조명장비를 갖추어야 한다.

(4) 항공기 출입통제

가. 비인가자의 접근을 방지하기 위해서 운항 예정인 항공기 접근을 통제하는 인원 없이 방치하여서는 아니 된다. 운항 · 객실승무원 및 현장 정비사는 다음의 그림과 같이 항공기로 접근하거나 탑승하는 사람의 보호구역 출입증 및 신분증 등으로 먼저 신원 확인하고 의심이 나거나 수상하면 관계기관에 즉시 신고하여 관계기관 조치에 따른다.

기내 출입인원 출입증 및 신분증 등 신원확인

나. 운항하지 않거나 정비 수리중인 항공기의 모든 출입문은 보안통제를 하여야 하며, 출입 계단이나 여객 탑승교는 제거되어야 한다. 항공기 주변에 방치된 이동형 계단은 비인가자의 출입 수단으로 사용하지 못하도록 조치하여야 한다.

(5) 주기중인 항공기보호 위한 준수사항

항공운송사업자는 보호구역뿐만 아니라 보호구역 외의 지역에서도 항공기 보안 확보를 위하여 자체 보안계획에 포함하여 수립하여야 하며, 주기중 항공기 보호를 위하여 다음 사항을 준수하여야 한다.

가. 야간에 항공기를 주기하거나 주간에 5시간 이상 주기가 예상되는 경우 비인가자가 항공기에 접근하거나 항공기 안으로 진입할 수 없도록 대책을 수립하여야 한다.

나. 탑승교 또는 탑승계단과 접속한 상태로 주기중인 항공기 출입문을 잠그지 아니한 경우 비인가자가 항공기 안으로 진입하지 못하도록 필요한 조치를 하여야 한다.

다. 정비사는 정비작업 중 비인가자의 출입 및 물품의 기내 반입 사실을 발견 시 이를 통제하여야 하며, 정비작업 후에는 출입 문을 닫고 기내 진입이 가능한 탑승 장비를 제거하여야 한다.

라. 항공기 경비 중 비인가자 또는 기내반입금지 물품 발견 시에는 지체 없이 관계기관에 신고하여야 한다.

항공기 탑승장비

(6) 운항 관련부서 보안대책

유관 관련부서의 보안대책은 다음과 같다.

가. 기장은 운항 전에 정비사로부터 각 출입문에 봉인되었던 보안스티커의 비정상적인 상태 유무를 확인 후 출발하여야 한다.

나. 기장은 도착지 공항에서 항공기가 주기하게 될 경우에 대비하여 운항 전 브리핑 시 승객하기 완료 후 비인가자의 기내 출입을 철저히 통제하도록 보안사항을 강조하여야 한다.

다. 객실승무원은 승객 탑승 전에 객실 전반에 무기, 폭발물, 기타 위험성 물품 및 의심스러운 물건이 있는지를 반드시 항공기 보안점검표에 의거 기내 보안점검을 수행하여야 하며 이상 유무에 대한 결과를 사무장과 기장에게 보고하여야 한다.

라. 정비사는 항공기 외부에서 수행되는 수하물, 기내식, 기내청소, 급유, 정비 등의 지상조업중인 조업사 직원에 대한 보안감독을 실시하고 비인가

자의 항공기 불법 접근을 적극 감시 및 통제하여야 한다.

마. 정비사는 보안관련 문제 발생 시는 다음의 그림과 같이 기장 또는 공항 지점장에게 즉시 통보하고, 필요시 관계기관에도 통보하여야 한다.

보안 문제발생시 관계기관 상황보고

제 7 장

항공화물 및 기내식 보안

제1절 항공화물보안 개요

제2절 화물터미널 보안대책

제3절 항공화물 보안검색

제4절 항공위험물 보안통제

제5절 기내식 및 저장품 보안통제

제6절 항공기 정비시설 보안통제

제7장 항공화물 및 기내식 보안

제1절 항공화물보안 개요

1. 항공화물보안 개요

항공화물보안이란 불법적인 항공범죄의 예방, 대응 및 저지를 위하 여 화물 검색 활동 등 안전운항 확보를 위한 제반 활동을 말한다. 항공화물에 대한 이해를 돕기 위하여 항공화물 특성, 운송체계, 화물기종류, 항공화물의 특징 및 분류 등으로 구분하여 설명하고자 한다.

(1) 항공화물 특성

가. 유행품 등 수요기간이 짧은 물품과 선박, 항공기 등 부품의 신속한 조달, 긴급한 의약품·구호물자, 시간이 지나면 가치가 소멸되는 신문 등 긴급을 요하는 화물운송수요를 충족시켜 준다.

나. 고유 성질상 변질 상품(과일 등)의 신속한 수송으로 원격지 시장의 확대와 기존시장에 대하여 판매경쟁력을 높일 수 있으며, 급격한 수요변화에 대응하여 판매시기를 잃지 않는다.

다. 최소의 포장과 경량화로 포장 및 운임비 절감, 신속하고 안전한 운송으로 보험료 저렴, 운송기간이 짧아 그 만큼 상품 투자자본의 이자절감과 화물취급회수가 줄어 도난·파손 위험 감소, 수요에 적시, 적량을 빈번하게 조달할 수 있어 발착지 등에서 보관시설비 및 보관비 절감 등 기회비용을 절감할 수 있다.

라. 항공화물은 중량과 용적에 대한 제한이 심하고, 고가운임이다.

2. 항공화물 운송체계

(1) 항공화물 운송방법

가. 항공화물은 운송을 의뢰한 화주로부터 소비자인 화물인수자에게 운송되는 과정에서 통상적으로 화물운송업자를 통하여 운송하게 되는데, 이는 화물운송업무가 대기업이나 대량화주의 전체적인 업무비중에서 차지하는 비율이 미미하기 때문에 전문적인 화물운송업자에게 화물운송을 의뢰하게 되는 것이다.

나. 항공화물의 운송체계에서 화주가 직접 화물을 운송 의뢰하는 방법과 화물운송업자를 통하여 화물을 운송하는 방법이 있는데, 일반적으로 화물운송업자를 통하여 운송하는 경우가 대부분이다.

(2) 항공화물 운송과정

항공화물 운송과정은 다음 그림과 같다.

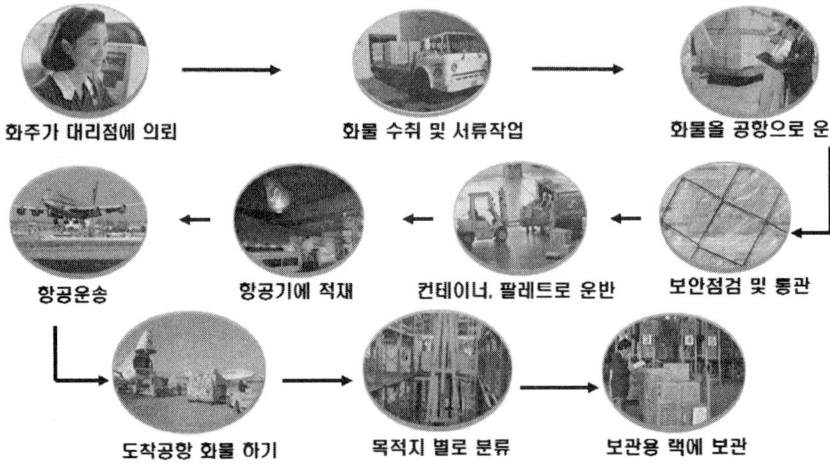

항공화물의 운송과정

가. 항공사와 협약을 맺은 대리점은 화주로부터 화물운송 예약을 접수 받을 수 있으며, 화물운송장 번호를 항공사로부터 발급받고 화물에 관한 서

류들을 취합하며, 해당 화물을 서류와 함께 화물터미널로 운송하여야 한다.

나. 화물이 화물터미널에 도착하면 보안검색요원의 보안점검과 함께 통관 업무절차를 밟고 터미널 안쪽으로 입고하여야 하며, 입고된 화물은 항공기에 적재될 수 있도록 해당 항공편 검수관의 체크 하에 컨테이너 및 팔레트 넷트작업을 실시하여야 한다.

다. 패킹작업이 완료된 화물은 항공시간에 맞춰 램프지역으로 이동한다. 화물이 외부에 노출됨으로 보안과 파손에 주의해야 한다.

라. 항공기 무게중심(weight & balance)에 맞게 안전하게 포지션을 배치하고 다음 그림과 같이 적재기(Loader)로 선적한다.

적재기에 의한 화물선적

마. 도착지에 도착한 화물은 하기 후 화물 종류에 따라 혹은 항공사 별로 해당 창고 지역에 배정된 후 보관하여야 하며, 수탁인(Consignee)은 통관 절차를 거쳐 수취한다.

(3) 항공화물 운송시 주의사항

가. 항공화물은 항공기에 탑재되는 형태 및 운송의뢰자의 구분 에 따라 승객 위탁수하물, 일반화물, 우편물, 외교행낭, 기내저장품 등 여러 형태로 운송될 뿐만 아니라 운송되는 모든 화물에 대한 보안검색을 완벽하게 수행하기에는 현실적으로 어려운점이 있기 때문에 테러범들이 이러

한 취약점을 이용하여 테러행위를 시도하지 못하도록 화물을 포장하고 운송하는 과정에서부터 보안에 주의하여야 한다.

나. 항공운송사업자는 항공화물 운송을 위하여 항공보안법, 동법시행령, 동법 시행규칙, 국가항공보안계획 및 국토교통부 화물보안 고시 등 제 법규를 준수하여야 한다.

3. 화물운송 항공기 종류

항공화물은 화물만을 운송하는 화물전용기와 여객과 화물을 함께 운송할 수 있도록 제작된 화물혼용기(콤비) 및 여객기 화물칸을 이용하여 화물을 운송하는 방법이 있으며, 항공화물은 출발지에서 도착지까지 동일한 항공기로 직접 기종점운송을 하거나 중간에 다른 항공기로 화물을 환적하여 운송하는 경우가 있다.

이륙중인 화물전용 항공기

(1) 화물전용 항공기

화물전용기는 화물의 용적과 중량을 고려하여 화물수송량이 많은 노선에 투입되기 때문에 주요 항공화물시장이 있는 노선에 운항되고 있으며, 화물전용기로 사용되는 항공기는 대형 항공기인 보잉747F, 330F 또는MD-11F급 항공기이며, 화물적재량은 기종에 따라 80~100톤 정도이다. 보잉747F 화물칸 내부는 다음 그림과 같다.

화물전용 항공기 보잉747F 화물칸 내부

(2) 화물혼용 항공기(콤비)

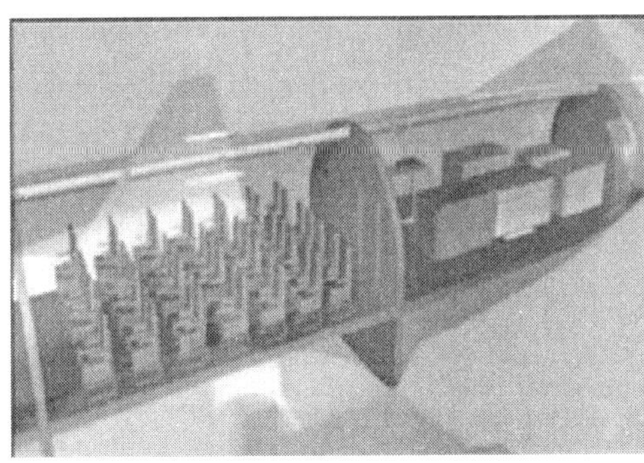

화물혼용 항공기 내부구조

화물혼용 항공기는 다음 그림과 같이 항공기의 일부는 여객탑승용으로 일부는 화물탑재용으로 사용하는 항공기로서 화물 운송량이 비교적 많은 항공노선에 운항되고 있으며, 화물혼용으로 사용되는 항공기는 대형급인 보잉 747급 항공기가 보통이며 화물 적재량 30 ~40톤 정도이다.

화물혼용 보잉747 콤비기종 구조 및 화물 로딩중

(3) 여객기 화물운송

여객기에 의한 화물운송은 일반적인 여객기의 수하물운송을 위한 화물칸에 화물을 같이 운송하는 것으로서 항공화물수송량이 화물전용기나 화물혼용 항공기를 투입할 만큼 많지 않은 항공노선에서 운송하는 형태로서 항공기의 규모와 관계없이 운항되는 여객기 수하물 칸의 여유있는 공간을 이용하는 형태로서 항공기 크기에 따라 다르겠지만 화물적재량은 보통 10톤 정도가 된다.

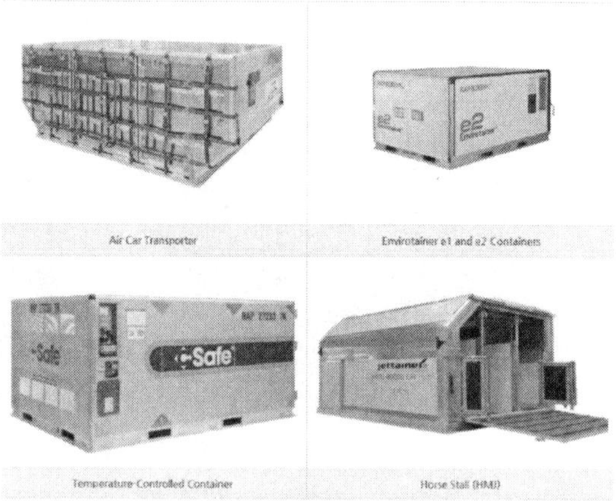

화물기 특수장비(ULD)

(4) 화물기 특수장비(ULD)

가. 항공화물운송은 벌크화물운송이나 화물을 낱개로 운송하기에는 적합하지 않기 때문에 항공운송을 위해서는 화물을 Unit Load화하는 작업이 반드시 필요하다.

나. 항공화물의 Unit Load화는 다음 과 같이 팔레트, 카 트랜스포터, 컨테이너, 말 전용컨테이너 등 특수한 탑재용기에 적재가 가능하도록 화물을 일정한 용기에 담거나 용기단위로 적재하여 운송할 수 있도록 포장하는 것을 말하며, 이러한 업무는 일반적으로 항공화물운송업자가 담당하는 것이 보통이다.

다. 화물의 Unit Load화는 화물을 항공기에 탑재하거나 하기 하는 하역시간을 단축하여 항공기의 가동율을 높일 수 있는 이점과 항공기 화물칸의 공간이용을 극대화 할 수 있는 이점이 있으며, 또한 화물의 도난이나 손상을 방지할 수 있는 효과도 있다.

4. 항공화물 특징 및 분류

(1) 항공화물 특징

가. 항공사 자체보안실시 책임

나. 항공화물의 특성상 100% 검색이 어려움

다. 항공화물의 긴급성, 크기, 밀도, 본질의 다양성

라. 항공기 자체 무기화 가능성

마. 타 산업 보안과의 연관성 있음

바. 관련 산업종사자에 의한 테러가능성이 높음

사. 국제적으로(TSA 등) 화물보안 강화 추세

(2) 항공화물 분류

항공화물은 화물을 취급하는 방식에 의한 분류와 화물의 특성이나 수요자의 요구에 분류방식으로 나누어 고칠힐 수 있는데, 화물을 취급하는 방식에 의한 분류는 예비화물, 정규화물, 긴급화물, 귀금속, 위험화물, 가축 및 금지화물 등으로 나누어진다.

가. 예비화물은 항공운송을 의뢰한 화물이 아니고 항공운송이 적합하다고 판단되는 화물로서 항공화물운송의 잠재적 수요가 되는 물품으로서 항공운송의 장점인 안전성, 정시성, 신속성이 요구되고 비교적 운송비용이 저렴하고 부가가치가 높은 화물이다.

나. 정규화물은 일반적으로 수출입절차에 의하여 운송되는 화물을 말하며 비교적 상품주기가 짧아 신속한 운송이 요구되는 화물로서 항공운송이 불가피한 물품이 이에 해당되며 신문, 생화, 어패류, 부식성 물품, 야채, 과일, 등을 말한다.

다. 긴급화물은 상품의 수명이 신속한 운송에 절대적인 영향을 미치는 혈액, 혈청, 혈소판, 이식수술을 위한 장기 등이 긴급항공화물로 분류되고, 항공기 및 선박 또는 기계 등의 부품은 고장수리를 위하여 긴급히 운송하지 않으면 큰 손실을 입게 되는 종류의 상품도 긴급화물로 분류된다.

라. 귀금속은 고도의 안전과 주의가 필요한 화물로서 선박운송에 의하여서는 목적달성이 어렵거나, 국제해상강도 등 도난·탈취의 가능성이 있는 금괴, 보석 등으로서 특별한 보안대책이 필요한 화물이다.

마. 위험화물은 운송과정에서 특별한 용기에 담거나 대단한 주의가 필요하고 충격이 있어서는 안되는 화물로서, 탄약이나 화학약품과 같이 폭발성이 있거나 석유류와 같이 인화성이 있는 물질 및 압축가스나 방사능물질이 위험물질로 분류된다.

바. 살아 있는 동물은 특별한 운송장비가 필요하고 운송기간 중에 동물들 먹이와 식수를 제공받아야 하므로 사료와 식수를 먹고 견딜 수 있는 시설이나 장비가 필요한 화물이다.

사. 금지화물은 특별한 보안대책이나 국가의 허가 없이 일반적으로 항공운송이 금지된 화물로서 무기, 폭약, 마약 등은 허가 없이 항공기로의 운송이 금지되어 있는 것이다.

(3) 항공화물보안 기본원칙

항공화물보안 기본원칙은 다음과 같다.

가. 예방이 치료보다 우선

나. 모든 위탁화물은 불법방해 행위로부터 안전하게 보호

다. 화물운송 경로의 보안 확보

라. 물품이 항공운송업자에게 전달되기 전 보안확보 필요

제2절 화물터미널 보안대책

1. 화물터미널 출입통제

(1) 보호구역내 보안통제

가. 화물터미널 보호구역 설정을 위하여 (공항)테러대책협의회 등 관계기관과 협의하여야 하며, 관할 지방항공청장의 승인을 받아 보호구역을 지정받아야 한다.

나. 보안구역은 보안울타리 또는 장벽 등을 설치하여야 하며, 보호구역 안의 보안울타리 또는 장벽을 정상적인 상태로 유지하여야 하며, 화물선적 등을 위한 조업구역 등은 일반지역과 보호구역 간의 경계가 구분될 수 있도록 적색선으로 표시한다. 화물조업에 필요한 최소한의 경우는 예외로 할 수 있다.

다. 보호구역 안으로 진입하는 출입구에는 물리적 방어기능을 갖춘 장벽 또는 이와 유사한 시설물을 설치하여야 한다. 화물조업에 필요한 최소한의 경우는 예외로 할 수 있으며 이 경우 경비를 통해 보안통제를 실시하여야 한다.

라. 화물터미널의 보호구역으로 출입하려는 모든 인원, 차량, 장비, 물품 등에 대하여 신원확인 및 보안검색을 실시하여야 하며 보안검색을 거부하는 경우에는 출입을 금지하여야 한다.

마. 화물터미널의 항공보안검색요원 · 항공경비요원 등은 보호구역으로 출입하려는 자에 대하여 출입증을 확인하여야 하며 금속 탐지기, X-Ray 검색기 등을 이용하여 위해물품 반입을 통제하여야 한다.

바. 화물터미널은 출입구역 등 보호구역이 상시 확인 가능하도록 CCTV, 보안경비 등 적절한 감시체계로 운영되어야 한다.

인천공항 화물터미널 전경

(2) 출입통제 원칙 및 방식

가. 출입통제 원칙

1) 터미널에는 인가된 인원 및 차량만 출입하도록 한다.
2) 비인가자의 출입은 철저히 통제하여야 한다.
3) 인가된 인원들은 보안에 필요한 임무를 이해하고 수행할 수 있도록 보안교육을 받아야 한다.

나. 출입통제 방식

1) 보안 경비 등의 직원을 포함한 모든 출입 입원은 출입증을 확인할 수 있도록 항상 패용하여야 한다.
2) 비운영시간에 출입구 폐쇄 또는 잠금 장치를 실시한다.
3) 24시간 운영되는 화물터미널의 경우 심야 감시체제(CCTV 24시간 보안경비, 기타 감시 등)를 운영한다.
4) 다음 그림과 같이 허용된 출입구만 이용한다.

화물터미널 허용된 출입구만 이용

(3) 접근통제 및 보안조치

보안검색 완료된 화물은 다음 그림과 같이 접근통제 및 보안조치를 하여야 한다.

가. 화물보관

1) 보안검색이 완료된 화물은 비인가자의 출입이 통제되는 지역에 보관하여 외부침입으로부터 보호하여야 한다.
2) 화물의 접수처 및 보안검색이 완료된 시점부터 항공기출발 전까지 보안활동이 보장되어야 한다.
3) 모든 화물은 보호구역 안에서 지정 화물 보관장소 외의 다른 장소나 감시를 할 수 없는 지역에 방치하여서는 아니 된다.
4) 방치된 화물이 발견되면 해당 화물에 대하여 보안검색을 실시하는 등 보안조치를 시행한다.

보안검색 완료 화물 접근통제

나. 지상이동 : 보안검색이 완료된 화물은 외부로부터 공항보호구역 또는 항공기내로 이동 시키는 경우 폭발물 및 불법 위해물품이 반입되지 않도록 잠금 장치가 설치되거나 보안 상태가 감시되는 차량 또는 컨테이너로 운송한다.

다. 단위화물탑재용기(ULD) 및 화물 처리장비에 대한 점검 및 보관요령은 화물 작업 전 컨테이너 및 팔레트, 화물처리장비는 위해 물질이 없음이 확인 되어야 하며, 비인가자 출입이 통제되는 보안구역에 보관한다.

2. 항공화물 보안통제

(1) 항공화물에 대한 보안조치

항공화물에 대한 보안대책은 9.11테러 이후 승객 및 수하물에 대한 보안대책이 강화됨에 따라 불법행위를 시도하려는 테러범들이 화물을 이용하기 시작하면서 강화되기 시작하였다. 항공화물은 운송하는 과정에서 다음과 같은 보안조치가 마련되어 있어야 화물을 안전하게 운송할 수 있을 것이다.

가. 항공화물을 항공기에 타재하기 위하여 분류하고 포장하는 과정에서 위험물품이 은닉되지 않도록 보안대책이 강구되어야 한다. 이러한 보안대책으로는 화물의 분류 및 포장작업은 지정된 장소에서 이루어져야 하고, 작업에 참여하는 직원에 대한 철저한 신원조사와 작업장에 CCTV카메라를 설치하여 모든 작업과정을 관찰할 수 있는 보안조치가 이루어져야 한다.

나. 포장이 완료된 화물을 항공기에 탑재하기 위하여 운송하는 도중에 위해물품이 은닉되지 않도록 컨테이너 또는 밀폐된 포장용기에 포장하여 인가된 보안차량에 의하여 운송되도록 하여야 한다.

다. 승객의 위탁수하물 등은 항공기에 탑재되기 전에 X-Ray 검색장비나 폭발물탐지장비에 의한 보안 검색을 실시하여야 하고, 대형 화물의 경우에는 운송되는 화물 중에서 일정비율을 무작위로 선정하여야 하고, 대형 화물의 경우에는 운송되는 화물 중에서 일정비율을 무작위로 선정하여 화물용 X-Ray 검색장비 등에 의한 보안검색을 실시하여야 한다.

라. 화물대리점이나 국제물류주선업체에 위임되어 화물의 분류 및 포장업무가 수행되는 경우도 항공사 화물보안 프로그램과 동등한 수준 이상의 보안조치가 이루어지도록 하여야 한다.

마. 보안통제가 완료된 항공화물은 보세운송사업자가 소유한 보세운송차량이나 국토교통부장관의 허가를 받은 화물자동차운송사업자 소속의 차량으로 운송하여야 하고, 운전자는 화물운송종사자 자격증을 취득하고 보안교육을 이수한 자가 운송하여야 한다.

(2) 항공화물 접수시 보안조치

화물을 항공기로 운송을 의뢰하는 화주 또는 상용화주가 포장한 화물을 항공기에 탑재하기 위하여 공항의 화물터미널에서 접수하는 화물에 대하여는 다음과 같은 보안조치가 이루어져야 한다.

가. 공항의 화물창고 등 보안장치장에 접수되는 화물은 CCTV 등 보안성이 확보된 장소에서 처리되어야 한다.

나. 접수된 화물은 화물의 특성에 따라 독립되어 분리된 보안장소에서 보관할 수 있도록 조치하여야 한다.

다. 보안검색이 완료된 화물은 일반인의 접근통제를 할 수 있는 보안장치가 있어야 한다.

라. 항공화물은 신원조회를 거쳐 보안교육을 받은 직원이 취급하도록하고, 보안책임자를 두어야 한다.

마. 화물과 관련되는 모든 보안서류는 비인가자가 접근하지 못하도록 하며, 항공사 직원 또는 허가된 항공사 대리인만이 취급할 수 있도록 한다.

3. 보안통제 담당직원 자격

(1) 보안통제업무 대상자

항공화물의 보안통제를 담당하는 대상자는 다음과 같다.

가. 상용화주업체의 보안업무감독자
나. 보안업무감독자로부터 위임받아 항공화물을 통제하는 직원
다. 보안검사 또는 탐지장비를 사용하여 검색을 실시하는 사람
라. 항공화물관리지역으로 접근 또는 출입 자를 통제하는 사람
마. 항공화물을 직접 포장하고 운반하는 사람

(2) 보안통제 담당자 자격 및 절차

항공화물의 보안통제를 담당하는 자는 경찰청의 신원조회를 받아야 하며, 신원조사결과 범죄와 마약 또는 알코올중독 경력이 없어야 한다. 다만 경범죄 및 업무상 과실 또는 중대한 과실이 아닌 교통사고 등은 제외한다.

4. 상용화주 보안통제

(1) 적용범위 및 책임

가. 국토교통부고시 제2018-44호('18.1.15)에 따라 "상용화주 항공화물 보안기준"에서 정한 상용화주란 「항공보안법」 제17조2(상용화주)1항과 「시행규칙」 제9조2에 따라 지방항공청장 지정을 받아 항공화물에 대하여 보안검색을 하는 자를 말한다.
나. 이 기준은 「항공보안법」 제17조2제1항 및 「시행규칙」 제9조3(상용화주 지정절차 등)에 따라 지방항공청장이 지정한 상용화주와 상용화주 화물을 운송하는 운송사업자 · 차량과 운전자에 적용한다.
다. 공항이외 지역에서 화물기에 탑재하기 위해 운송되는 항공화물에 대한 보안통제 책임은 항공운송사업자에게 접수하기 전까지는 상용화주에게 있으며 접수 이후에는 항공운송사업자에게 있다.
라. 상용화주로 지정받으려는 자는 지정신청서를 제출할 때에 신원조회의뢰서를 국토교통부장관에게 제출하여야 하며, 국토교통부장관은 경찰청에 신원조사를 의뢰하여 신원조사결과를 상용화주에게 통보하여야 한다. 다만 공항운영자로부터 보호구역출입증을 발급받은 사람은 신원조사대상에서 제외한다.

마. 상용화주는 항공화물 보안통제를 담당하는 직원에 대한 경찰청 신원조사 결과를 보안통제 업무를 하는 동안 계속 보관하여야 하며 항공보안 감독자가 요청시는 이를 제시하여야 한다.

(2) 지정 및 승인절차

가. 상용화주로 지정받고자 하는 자는 다음과 같은 구비서류를 첨부하여 관할 지방항공청에 제출하여야 한다.
  1) 상용화주 지정신청서
  2) 항공화물보안프로그램
  3) 국제물류주선업 등록증(국제물류주선업자만 해당)
  4) 화물운송 거래실적
  5) 화물 보안통제를 담당하는 자의 명단 및 신원조회 의뢰서
  6) 보안통제 취급직원 교육이수 증명서

나. 지정신청서를 접수한 관할 지방항공청장은 상용화주이 지정을 위해 항공보안감독관 등 관계공무원으로 하여금 심사를 할 수 있도록 하고, 필요시 전문가를 위촉하여 실시할 수 있다. 지방항공청장이 심사를 완료하고 상용화주로 지정하고자 하는 때에는 상용화주명, 지정번호, 지정일자 등을 포함하여 상용화주 지정서를 교부하며, 항공화물보안프로그램 승인 결과와 상용화주로 지정받은 자를 항공운송사업자에게 통보하여야 한다.

제3절 항공화물 보안검색

항공기에 탑재하여 운송되는 항공화물은 항공운송사업자의 책임으로 보안검색을 실시하여야 한다. 항공화물을 항공기에 탑재할 때에는 여객기와 화물전용기로 구분하여 다음 그림과 같이 각각 정해진 규정대로 보안검색을 실시하여야 한다.

1. 항공화물 보안검색 방법

(1) 보안검색 방법

가. X-Ray 검색

모든 탑재화물은 폭발물 또는 기타 불법 위해물질이 없다는 것을 확인하고자 X-Ray 검색장비로 검색을 실시하여야 하며, 검색을 마친 후 항공기 탑재전에 섞임이 발생하여서는 아니 된다.

나. 개봉검색

화물이 특별한 경우에 해당되면, 화물에 폭발물 또는 기타 위험물질이 없음을 확인하기 위해 개봉하여 그 내용물을 검색 하여야 한다.

다. 폭발물 탐지기 및 탐지견(정부기관 소속) 검색

X-Ray 검색 또는 개봉검색 후에 폭발물이 있다고 의심되는 때에는 폭발물 / 흔적 탐지장비 또는 폭발물 탐지견을 이용하여 보안검색을 하여야 한다.

라. 압력실(Decompression chamber)을 사용한 검색

대형화물의 경우 압력실을 사용한 검색을 실시할 수 있으며, 국적항공사에서는 아직 운영하고 있지 않는 검색방법이다.

탑재화물 보안검색방법

(2) 항공기별 보안검색 방법

가. 여객기 탑재 화물(위탁수하물)

항공운송사업자가 여객기에 탑재하는 화물에 대한 보안검색을 실시할 때에는 항공기에 탑재하기 전에 X-Ray 검색장비를 사용하여 보안검색을 하여야 하며, 다음의 하나에 해당하는 경우에는 화물을 개봉하여 그 내용물을 검색하여야 한다. 이 경우에 폭발물이 있다고 의심되는 화물에 대하여는 폭발물 탐지장비를 사용하여 보안검색을 하여야 한다.

1) X-Ray 검색장비가 미설치 또는 정상작동하지 않는 경우
2) 무기류 또는 위해물품이 은닉되어 있다고 의심되는 경우
3) X-Ray 검색장비에 의한 검색결과 내용물 판독불가 경우
4) 보안에 위협이 증가하는 등 특별한 사유가 발생한 경우

나. 화물기 탑재 화물(Cargo)

항공운송사업자가 화물기에 탑재하는 화물에 대한 보안검색을 할 때에는 항공기에 탑재하기 전에 포장된 화물의 개봉검색, X-Ray 검색장비, 폭발물 탐지장비 및 탐지견(정부기관 소속), 압력실을 사용한 보안검색 등 어느 하나에 해당하는 방법에 의하여 보안검색을 실시하여야 한다.

다. 상용화주 화물

항공운송사업자는 화물기에 탑재하는 화물에 한하여 항공보안법에 의한 항공화물보안기준을 갖춘 상용화주와 보안검색책임 및 절차 등에 관하여 상호협약을 체결한 때에는 그 상용화주 운송화물에 대하여는 상용화주가 실시한 보안검색을신뢰하는 경우 별도 보안검색을 하지 않을 수도 있다.

2. 항공화물 보안검색 절차

(1) 일반적인 보안검색 원칙

항공운송사업자는 운송된 통제화물이 다음 사항에 해당되는 때에는 보안통제가 되지 아니한 화물로 취급하여 화물 접수를 거부하거나 「항공보안법 시행령」에 의거 다음 그림과 같은 보안검색 절차에 따라 실시하여야한다.

① X-ray 검색(판독) → ② 검색완료화물 보호 → ③ 항공기 탑재

항공화물 보안검색 절차

가. 항공화물보안신고서를 동반하지 않고 운송하거나 부적절하게 작성된 서류 또는 의심 가는 경우에 보안검색을 하여야 한다.

나. 혼재화물인 경우 항공화물보안신고서에 보안검색이 완료된 항공화물과 완료되지 아니한 항공화물로 구분하여 기재되지 아니한 경우에 보안검색을 하여야 한다.

다. 보안통제가 되지 않고 운송된 화물과 혼재된 화물 중 보안통제가 되지 아니한 화물에 대하여 보안검색을 하여야 한다.

(2) 접수 및 보안검색 절차

항공화물 접수 및 보안검색 절차는 다음과 같다.

가. 화주 또는 운송업체의 화물을 접수하는 경우 반드시 화물 의뢰인의 신분을 확인하여야 한다.

나. 화물 접수시 외관상 불법훼손 여부, 전선노출 또는 내용물 유출여부 등을 확인하며, 이상 발견후 화주의 설명 및 적절한 보안검색이 수행되지

않은 경우 화물운송을 금지하여야 한다.

다. 화물에 대한 외관검사를 하는 경우 기계의 나사 또는 플라스틱 용기에 긁힌 흔적, 비정상적인 무게와 형태, 이상한 냄새, 훼손 또는 개조된 징후, 임의 조작된 표시, 서류와 불일치하는 물건 등의 불법훼손 또는 침입 흔적을 확인하여야 한다.

외관검사 대기화물

라. 항공운송사업자와 우편물을 취급하는 기관(이하 "국제우편 물류센터"라 한다)간에 협약을 체결한 경우 국제우편물류센터가 우편물에 대한 보안검색을 실시할 수 있으며, 우편물을 운송하는 항공운송 사업자는 상호 협의하여 특정 항공운송사업자를 지정하여 연1회 이상 우편물 보안검색에 대한 이행실태를 확인하여야 하고 우편물에 대한 보안검색 수준은 항공보안등급에 따라 결정하여야 한다. 보안검색이 완료되지 아니한 화주의 화물 및 우편물을 운송해서는 아니 된다.

국제우편물류센터

마. 보안검색을 완료한 화물은 항공기 탑재 전까지 지정된 장소에 보관하고 비인가자의 접근을 통제하여야 하며, 지정된 장소에는 경비요원을 배치하여 인가된 직원만 출입이 가능하도록 하여야 한다.

바. 상업서류송달업자가 접수한 물품에 대하여 위탁수하물과 같은 방법으로 보안검색을 실시하여야 한다.

사. 보안검색이 완료된 화물·우편물·기내물품 등을 외부로부터 공항 보호구역 또는 항공기 안으로 이동시키는 경우 위해물품이 반입되지 않도록 경비요원에 의한 호송을 받거나, 시건 장치가 되어 있는 컨테이너에 보관하여 운송하는 등 보안통제 절차를 이행하여야 한다.

아. 화물처리장비, 단위화물탑재용기 등은 비인가자의 접근을 통제하여야 하며, 화물 적재작업 전 내·외부에 위해물품이 존재하는지 여부를 확인하여야 한다.

자. 다른 국가에서 출발하여 국내공항에서 환적되는 화물 및 우편 물중 보안검색이 면제되는 대상에 대해서는 전자·문서 형태의 증명서류 등을 통해 최종 출발지 국가에서 적정한 보안통제가 이루어졌는지를 확인하여야 한다. (외교행낭)

차. 화물 및 우편물에 대해 보안검색을 완료한 경우에는 전자문서 형태의 보안 증명서 또는 보안표식을 이용하여 화물 및 우편물의 최종 도착지까지 보안검색이 완료된 상태임을 확인할 수 있도록 한다.

3. 기타 보안검색

(1) 비인가된 폭발물 또는 기타 불법 위해물질 발견시

보안검색 후 화물에 비 인가된 폭발물 또는 기타 불법 위해물질이 발견 시 다음 사항을 이행하여야 한다.

가. 폭발물 또는 기타 불법 위해물질이 포함되어있는 화물에 대하여 통제 및 격리하여야 한다.

나. 각 지점의 비상연락망에 의거 관련기관에 통보하여야 한다.

다. 의심화물의 화주가 운송 요청한 화물은 다른 화물에 대하여 격리보관 및 관련기관에 통보하여야 한다.

(2) 항공화물 및 우편물 보안검색시 유의사항

항공화물 및 우편물 보안검색시는 다음 사항에 유의하여야 한다.

가. 검색대상 화물·우편물은 포장 단위별로 검색하며, 다만 화물 전체를 검색할 수 있는 장비가 있는 경우는 예외로 한다.

나. 화물 접수시 신고된 선적서류를 확인하여야 하며, 만약 신 고된 선적서류상 화물의 출·도착지, 접수자 서명 등이 누락된 경우에는 화물접수를 거절할 수 있다.

다. 정기적인 거래를 하지 않은 화주 또는 운송업체 화물을 접 수하는 경우는 반드시 화주의 신분 확인 후 접수하여야 한다.

라. 고위험 화물 또는 우편물로 분류된 경우에는 통상적인 보 안검색 이외에 그 내용물을 확인하기 위한 개봉검색 등 추가적인 보안 조치를 실시하여야 한다.

마. 화물운송을 의뢰하는 대리점에 대해서는 등록 여부(물류정 책 기본법에 의한 국제물류주선업 등) 확인 후 접수하여야 한다.

제4절 항공위험물 보안통제

1. 항공위험물 개요

항공위험물이란 폭발성물질, 가스류, 인화성액체, 가연성물질, 산화성물질, 독극물, 방사성물질, 부식성물질 등으로서 항공기에 의하여 운송되는 위험물을 포장, 적재, 저장, 운송 또는 처리하는 위험물취급자는 항공상의 위험방지 및 인명의 안전을 위하여 '항공위험물 운송기술기준' 등에 따른 위험물취급의 절차 및 방법에 따라야 한다. 보안검색요원은 항공위험물에 대한 위험성의 본질을 이해하고 보안 위험성이 있을 경우에 취해야 할 위험물안전취급 및 비상조치절차 등을 이해하고 있어야 항공안전을 보장할 수 있을 것이다.

(1) 항공위험물 분류기준

이와 같은 항공위험물 분류기준은 다음과 같다.

가. 폭발성물질은 화학적 반응에 의하여 주위에 손상을 줄 수 있는 정도의 온도, 압력 및 속도로 가스가 자체 발생할 수 있는 고체 또는 액체물질을 의미하며 화공품은 가스가 발생하지 아니할 경우에도 폭발성물질에 포함한다. 이러한 폭발성 물질에는 수류탄, 총류탄, 불꽃놀이 폭약, 사제폭발물 등이 있다.

나. 가스류는 섭씨 50도 이상 또는 섭씨 50도 이하에서 반응을 일으킬 수 있는 압축가스, 액화가스 등과 운송을 위하여 압력을 가하여 액체상태의 용매에 용해시킨 용해가스 등을 의미하며 부탄가스, 라이터가스, 프로판가스, 수소가스, 헬륨가스, 독가스 등이 있다.

다. 인화성액체는 약 섭씨60도 이하인 액체로서 자신의 인화점 이하에서 운송되어야 하는 액체이거나, 액체로 운송되는 과정에서 일정온도 이상에서 인화성 가스를 방출할 수 있는 물질은 의미하며 가솔린, 캠핑연료, 에탄올, 메탄올, 아세톤, 벤젠 등이 있다.

라. 가연성물질은 운송도중 접하게 되는 조건에서 쉽게 연소하거나 마찰에 의하여 발화할 수 있는 고체물질, 물질이 자체적으로 반응하여 자연발화를 할 수 있는 물질, 물과 접촉할 때 인화성가스를 방출하는 물질 등을 의미하여 셀로로이드, 리본마그네슘, 티타늄파우더, 나트륨 등이 있다.

마. 산화성물질은 물질자체가 연소하지는 아니할지라도 산소를 발생하거나 다른 물질의 연소를 유발하거나 돕는 물질로서 폭발적으로 분해하기 쉽거나 급속하게 연소하는 물질, 충격 또는 마찰에 민감한 물질, 다른 물질과 쉽게 위험한 반응을 하는 물질을 의미하며 과산화수소, 질산암모늄비료, 칼슘염소산염, 유기과산화물 등이 있다.

바. 독극물 및 전염성물질은 사람이 삼키거나 흡입 또는 피부접촉에 의하여 사망 또는 중상을 일으키거나 건강에 해를 끼치기 쉬운 비소, 살충제와 같은 독극물과 감염성물질로서 병원체를 함유하고 있어 사람이나 동물에게 질병을 일으킬 수 있는 박테리아, 바이러스, 기생충과 같은 전염성물질을 의미한다.

사. 방사선물질과 부식성물질은 사람이나 동물에 방사능농도 제한치를 초과하는 방사능물질과 화학반응에 의하여 접촉할 경우에 생체조직에 심각한 손상을 줄 수 있는 질산염이나 수은과 같은 부식성물질을 의미한다.

2. 위험물 운송규정 및 절차

(1) 위험물 운송규정

가. 항공위험물운송 국제기준

위험물의 운송을 위한 국제기준은 '국제민간항공조약'의 부속서 18과 세부지침인 「위험물 항공안전운송 기술지침서」, 「DOC 9284」에 수록되어 있다. 부속서 18과 기술지침서는 국제민간항공기구의 위험물패널 회의를 통하여 2년마다 개정되어 발간된다. 위험물 항공운송관련 업무를 담당하는 항공사, 화주업체, 위험물 포장업체, 위험물 전문 교육기관 등은 국제항공운송협회가 발간하는 위험물규정을 일반적으로 사용하고 있다. 유엔의 위험물운송규정은 위험물 국제운송을 위한 모델을 제시하고 있으며, 항공운송과 관련한 국제기구 또는 각국의 규정도 유엔의 모델규정이 제시하는 원칙에 따라 제정되고 개정되고 있다.

나. 항공위험물운송 기술기준

우리나라는 위험물의 항공운송을 위하여 국제민간항공협약 부속서 18의 기준을 받아들여 항공법에 위험물운송, 위험물 포장 및 용기의 검사, 위험물취급에 관한 교육 등의 내용을 반영하였고 국제민간항공기구의 기술지침서(doc9284)에서 제시하는 위험물의 분류 포장 용기의 기준 및 교육훈련 등 세부적인 기준을 수록한 항공위험물운송 기술기준을 제정하여 위험물의 항공운송업무에 준수하도록 하고 있다. 항공법 및 항공위험물운송 기술기준에 따라 항공위험물의 포장과 용기의 안전성을 검사하고 인증하는 전문검사기관을 지정하였고, 위험물취급 전문 교육기관도 지정하여 위험물취급자에 대한 안전의식을 고취하고 위험물취급의 전문성을 향상을 기하도록 하고 있다. 또한 항공위험물 감독관을 두어 위험물의 화주, 위험물포장업체, 항공운송사업자, 위험물취급 전문교육기관, 위험물포장 및 용기의 검사기관 등에 대해 위험물의 국제기준과 항공위험물운송 기술기준 이행에 대한 지도, 감독업무를 수행하도록 하고 있다.

(2) 위험물 항공운송절차

가. 위험물의 안전한 항공운송을 위해서는 위험물을 분류하고 포장하여 위험물 표찰을 부착하는 단계부터 시작되기 때문에 항공운송을 의뢰하는 화주는 위험물 운송을 의뢰할 때 항공위험물운송 기술기준에서 정한 책임사항을 성실하게 준수하여야 한다.

나. 화주가 책임사항을 성실하게 준수하는 것은 위험물이 일반화물로 운송되는 것을 방지할 수 있는 최선의 방법이다. 이를 위하여 화주가 화물을 항공운송 사업자에게 운송을 의뢰할 때 위험물이 포함되어 있지 않다는 확인서명을 하도록 규정하고 있다.

다. 위험물을 운송하는 항공운송사업자는 위험물 탑재정보를 항공기 기장에게 제공하는 기장통보서를 작성하여 기장에게 확인시켜주고 서명을 받아야 한다.

라. 위험물의 항공운송과 관련된 화주신고서, 운송장, 기장보고서, 위험물취급자 교육기록 등은 위험물의 안전수송여부를 알 수 있는 귀중한 자료이므로 1년간 보관하도록 규정하고 있다.

3. 위험물 분류 및 포장

(1) 위험물 개요

가. 위험물이란 '항공위험물운송 기술기준'의 위험물 목록에 지정되어 있거나, 사람의 건강과 안전, 재화와 환경에 위해를 줄 수 있는 물질 또는 물품으로 정의하고 있다.

나. 위험물은 어느 특정 물질 또는 물품이 가지는 속성때문에 항공운송 도중에 일어나는 기압, 온도의 변화 및 진동에 의하여 사람의 건강과 안전 또는 환경에 크게 위험을 가할 수 있는 물질 또는 물품이다.

(2) 위험물에 대한 분류

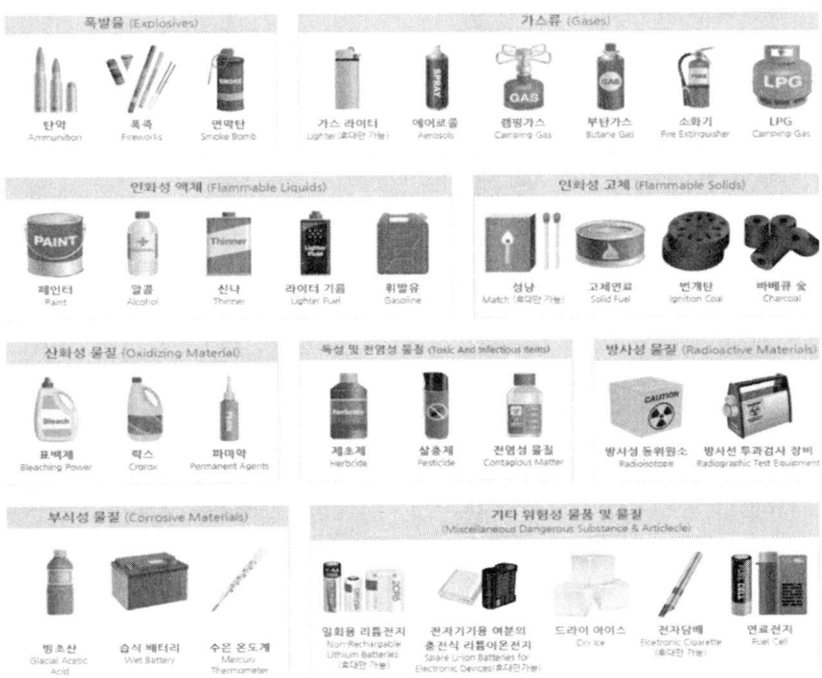

위험물의 특성 및 종류에 의한 분류

위험물에 대한 분류는 상기 표에서 보는 바와 같이 유엔의 위험물운송 전문가 회의에서 위험물의 특성별로 9개의 종류로 분류하여 표준화하였으며,

위험물의 특성과 종류에 따른 분류내용은 다음과 같다.

가. 제1류는 폭발물(탄약, 폭죽, 연막탄 등),

나. 제2류는 가스류(가스라이터, 에어로졸, 부탄가스, LPG 등)

다. 제3류는 인화성 액체(알콜, 신나 등)

라. 제4류는 인화성 고체(자연발화성 물질이 물과 반응하여 인화성 가스를 발생하는 물질, 성냥, 고체연료, 번개탄 등)

마. 제5류는 산화성물질과 유기과산화물(표백제, 락스 등)

바. 제6류는 독성물질과 전염성물질(제초제, 살충제 등)

사. 제7류는 방사선물질(방사선 동위원소, 투과검사장비 등)

아. 제8류는 부식성물질(빙초산, 습식 배터리, 수은 온도계 등)

자. 제9류는 기타 위험성물품 및 물질(리듐전지, 전자담배 등)

제5절 기내식 및 저장품 보안통제

1. 기내식보안 개요

(1) 기내식보안 개념

가. 기내식이란 항공기가 운항하는 도중에 승객 및 승무원에게 제공되는 식사, 음료수, 술, 조리된 음식물 등으로 장거리를 운항하는 여객기는 반드시 운항거리에 따라 1~2회의 식사를 제공할 수 있는 기내식을 탑재하고 있다.

기내식 (콜드 밀과 샌드위치)

나. 저장품이란 항공기가 운항하는 도중에 승객에게 제공되는 신문, 잡지, 헤드폰, 담요, 베개, 칫솔, 치약 등의 편의용품과 승객에게 판매할 목적

으로 탑재하는 화장품, 담배, 양주, 기념품 등의 면세품으로서 여객기에 필수적으로 탑재되는 물품을 말한다.

다. 기내반입금지 위해물품이란 「항공보안법」 제21조(무기 등 위해물품 휴대금지) 및 관련규정에 따라 항공기 객실 및 화물칸으로 반입이 금지되는 물품을 말한다.

(2) 기내식 보안대책 목적

항공기에 탑재되는 기내식 및 저장품에 대한 보안대책 목적은 승객 및 승무원의 식사제공을 위한 기내식과 승객에게 제공되는 음료수 및 승객에게 판매되는 면세품 등의 저장품은 항공기에 탑재하는 과정에서 항공기 안전운항을 저해할 수 있는 폭발물 및 불법방해 물질 또는 승객이나 승무원의 신체를 위해할 수 있는 위해물질이 은닉되지 못하도록 이들 물품의 기내반입을 방지하기 위해서이다. 불법방해 행위로부터 보호는 모든 조직, 보안기관 및 관련 항공사의 주의 깊은 계획 수립이 필요하다. 기내식 물품 및 저장품을 준비, 보관하는데 사용되는 건물은 국가항공보안 책임당국에서 인가된 보안계획에 기술된 보안대책이 강구되어야 한다.

(3) 일반 보안원칙

기내식 물품 또는 저장품에 은닉되어 항공기에 탑재되어 불법방해 행위에 사용되는 물품의 반입을 방지하기 위하여 취해야 할 일반원칙은 다음과 같다.

가. 폭발물, 무기 등의 위험물이 은닉되지 않도록 기내식 물품 및 저장품이 준비, 저장 배송되는 건물에 보안대책이 강구되어야 한다.

나. 모든 운송품에 대한 보안유지가 되도록 기내식 물품이 운송되어야 하며 항공기에 탑재하는 동안에도 보안대책이 유지되어야 한다.

다. 기내식 물품 또는 저장품이 지정된 항공편에 탑재되고 있는지 그리고 외부 침입을 방지하기 위해서이다.

라. 항공기에 탑재되는 신문, 잡지, 헤드폰, 비디오테이프, 담요, 베개, 편의용품 등의 설비품과 장비품은 보안검색을 거친 후에 항공기에 탑재되도록 하여야 한다.

2. 기내식의 제조 및 운송과정

(1) 제조 및 탑재절차

기내식 운반차량

가. 기내식은 다음 그림과 같이 항공사 산하 기내식 공급공장, 자회사 또는 계약을 체결한 기내식 업체로부터 공급받는다.

나. 기내식 공장에서는 각종 기내식 공장에서는 각종 기내식을 대량으로 공급하며 비행기에 들어가는 만큼 엄격한 보안과정과 위생 절차를 거쳐야 들어갈 수 있는 곳이다.

다. 기내식이 완성되면 기내식 카트에 대량으로 담겨 트럭에 탑재하고 그 트럭이 항공기에 접안하여 직원이 기내식 카트를 끌고 항공기 안에 들어가 각 갤리에 보관한다.

라. 기내식을 담은 카트는 오픈 전까지 항상 보안씰(Seal)로 보안장치가 이루어 져야 하며 씰 번호도 관리를 해주어야 한다.

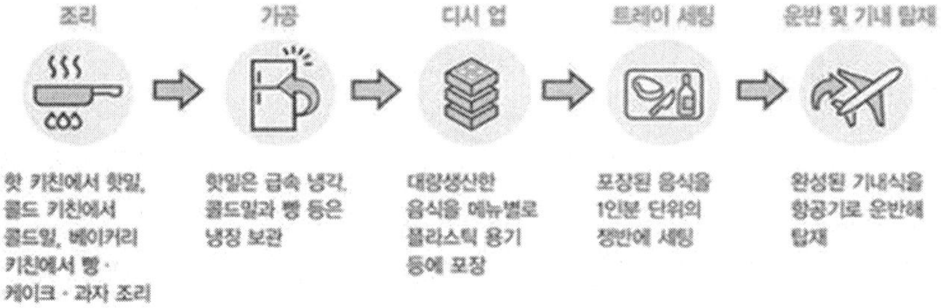

기내식 제조 및 탑재과정

(2) 운송과정

기내식 운반 차량은 공항당국으로부터 허가된 차량으로만 운송할 수 있으며 공항에 출입 시 항상 보안검색을 받아야 한다. 그림과 같이 기내식 용도로 만들어진 대형 트럭으로 주로 운반하며 소량의 기내식을 운반할 때는 등록되어 있는 일반 소형 승용차로도 운반되어 진다.

3. 기내식 및 저장품시설 보안조치

항공기의 기내식은 항공사가 자체적으로 기내식 공장을 운영하여 기내식을 제조하는 방법과 기내식을 전문적으로 생산하는 회사 또는 다른 항공사로부터 기내식을 공급받아 기내에 반입하는 방법의 두 가지 형태가 있다. 어떤 형태의 기내식을 공급받든지 기내식을 제조하는 회사 및 제조공장은 국가의 항공보안 프로그램에 포함된 보안시설과 보안장비를 갖추고 보안교육을 이수한 자에 의하여 제조되어야 한다.

(1) 조리 · 저장시설

기내식을 제조하기 위하여 재료를 준비하거나 저장 및 조리하는데 사용되는 건물은 보안을 유지하기 위하여 다음과 같은 보안조치가 시행되어야 한다.

가. 출입문, 창문 등 건물 내로 들어갈 수 있는 지점에서 인가되지 않은 자 또는 차량이 출입을 통제할 수 있는 보안통제가 이루어져야 한다.

나. 기내식을 조리하는 건물이나 시설물 및 기내식 보관창고 등은 보안성을 갖춘 울타리 등으로 차단되어야 하고, 비인가자 접근을 조기 발견할 수 있도록 보안경비용 CCTV 카메라나 경비요원을 배치하여 시설물을 보호하여야 한다.

다. 기내식의 조리지역과 기내식을 저장하여 보관하는 지역은 보안완료지역으로 보호되어야 하고, 출입이 인가된 자 외에는 출입할 수 없도록 통제되어야 하며 외부 접근이 차단되도록 하여야 한다.

(2) 물리적 보안

가. 기내물품 및 저장품을 준비, 저장하는 데 사용되는 건물은 항상 보안유지하기 위한 물리적 보안대책은 모든 문, 창문 및 기타 건물 내로 들어갈 수 있는 접근지점은 보안성을 갖추고 비인가자가 건물, 주차장 및 운송차량 주차지역 등 주위시설로 진입하지 못하도록 계속적으로 엄격한 출입통제가 되어야 한다.

나. 주방, 음식 저장 및 조리지역, 보세물품 저장지역 같은 특정지역은 제한된 '보안완료지역'으로 간주하여 어떠한 침입, 방해 및 물품오염 등으로부터 보호되어야 한다.

다. 필요시 기내식 물품 및 저장품을 준비 저장하는 것과 관련된 모든 건물 주위에 적절한 보안 울타리가 쳐져야 하며, 직원, 방문자 및 차량 등의 출입은 보안요원에 의해 통제되어야 한다.

라. 조리된 음식 및 기타 상용물품을 운반하는 카트가 항공기에 탑재되기 전에 보관되는 냉동보관 시설은 열쇠, 씰, CCTV 또는 물리적 경비요원 배치 등에 의해 보호되어야 한다. 이러한 지역은 즉각적인 접근이 없을 경우 보안성을 갖추어야 하며 항상 접근이 통제되어야 한다.

(3) 접근통제대책

기내식을 제조하는 장소에 인가되지 않은 자의 접근을 방지하고, 기내식을 제조하는 직원의 식별을 용이하게 하며, 기내식 제조의 보안성을 유지하기 위하여 다음과 같은 접근통제대책이 이루어져야 한다.

가. 기내식 제조 또는 보관하는 보호구역에 출입하는 자는 신원조사를 거쳐 인가된 자만 출입할 수 있도록 하고, 출입이 인가된 자는 식별이 용이한 상의를 입고 상의 상단의 잘 보이는 곳에 출입증을 패용하도록 하여야 한다.

나. 기내식을 제조하는 직원의 차량 및 방문차량은 기내식을 제조하거나 저장하는 시설과 차단된 울타리 바깥쪽에 주차하도록 하여야 한다.

다. 기내식을 제조하거나 저장하는데 참여하는 직원의 개인 소지품이나 휴대품을 보안완료지역에 가지고 들어가는 것을 방지하기 위하여 보안완료지역과 차단된 바깥쪽에 소지품 보관 및 탈의실과 휴게실을 설치하여야 한다.

라. 기내식 제조 및 저장시설을 운영하는 자는 업무와 관련된 방문자의 출입을 허용할 경우에는 출입대장에 방문자의 인적사항과 출입일시, 출입목적 등을 기록하여 유지하여야 하며, 방문자에게 출입증을 패용하도록 하고 건물 내에서는 항상 책임자가 인솔하도록 하여야 한다.

4. 기내식 물품 및 저장품 준비

(1) 원재료 및 장비보안

기내식 제조에 사용되는 장비나 그 부품 및 원재료는 반입되는 과정에서 위해물품이나 기내 반입금지물품이 들어있는지 확인하기 위하여 다음과 같은 보안조치를 하여야 한다.

가. 기내식 제조에 사용되는 장비나 그 부품을 반입할 때에는 개봉 또는 분해하여 반입금지물품이 들어있는지 확인하여야 한다.

나. 기내식 제조에 사용되는 원재료를 납품받을 경우 원재료에 위해물품이 포함되어 있는지 확인하기 위하여 원재료를 잘게 잘라보거나 냉동육과 같이 생산자가 부착한 봉인이 있는 경우 봉인이 훼손되거나 외부침입흔적이 없는지 확인하여야 한다.

다. 기내식에 제조에 사용되는 원재료에 대하여 위해물품이나 금지물품이 들어있지 않다는 생산자 또는 납품자 확인서가 있는 경우에는 별도 보안검색을 생략할 수 있으며, 원재료가 반입된 후에는 사용될 때가지 보안성을 갖춘 장소에 보관되어야 하고, 외부인이 출입할 수 없도록 하여야 한다.

(2) 반입물품 운송 및 탑재보안

항공기에 반입되는 기내식이나 저장품을 운송하거나 항공기에 탑재하기 위해서는 운송업자 또는 탑재에 종사하는 자는 다음과 같은 보안절차를 이행하는 등의 보안대책을 강구하여야 한다.

반입금지물품 보안점검

가. 기내식 제조업자 및 기내 저장품을 항공사에 납품하는 자가 기내식 또는 저장품을 운송할 때에는 기내식 및 저장품의 내용과 수량, 물품의 제공자, 수취인 등을 상세히 기술한 서류를 품목별로 작성하여 제출하여야 한다.

나. 기내식 및 저장품운송에 사용되는 차량은 적재함에 대한 보안대책을 갖추도록 하여야 한다. 또한 차량을 사용하지 않을 경우에는 항상 시건장치를 하여야 한다.

다. 기내식 및 저장품을 탑재하기 전에 운송차량에 인가되지 않은 물품의 탑재 여부를 확인하기 위하여 차량의 적재함은 보안담당자에 의하여 검사하여야 하며, 화물탑재가 완료될 때까지 보안성이 유지되어야 한다.

라. 물품이 탑재된 후에는 적재함을 보안담당자가 봉인하여야 하며, 봉인번호를 물품의 배송 인가증에 표시하여야 한다.

마. 봉인에 사용되는 봉인장비는 보안이 유지되는 곳에 보관하고, 차량이 운전자 없이 방치되는 일이 없도록 하여야 하며, 봉인에 이상이 있는 경우 즉시 보안담당자에게 통보하여야 한다.

(3) 기내식카트 및 컨테이너 보안

'저장품' 운송에 사용되는 기내식카트나 컨테이너에 시건되거나 보안씰을 부착할 경우 내부로 침입하지 않도록 튼튼해야 하며 다음 그림과 같이 기내식 카트 또는 컨테이너에 대한 보안 점검이 실시되어야 한다. 그리고 보안점검을 하는 자는 물품서류(배송 노트 또는 항공사 기내식주문)를 점검하여 기록하고 본인 서명을 하여야 한다.

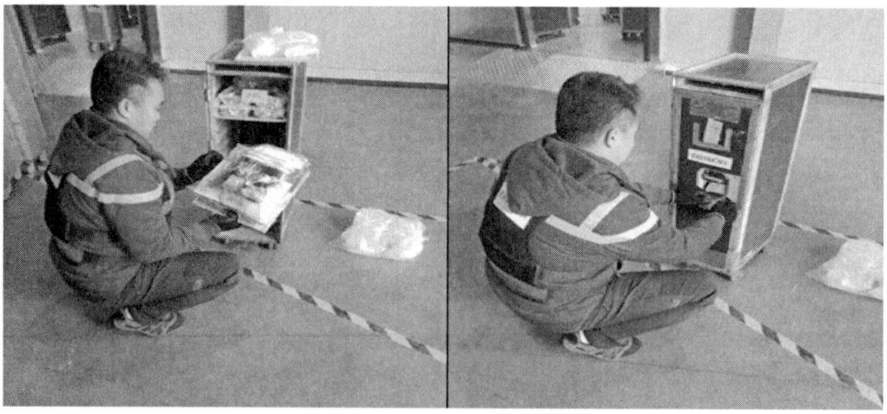

기내식카트 보안점검 및 보안씰 부착

(4) 차량 수색 및 봉인

가. '저장품' 운송에 사용되는 차량은 적재함으로 들어가는 모든 출입지점에 보안 대책을 갖추도록 하여야 한다. 이러한 지침을 충족하지 못하는 차량은 "저장품" 운송에 사용되어서는 아니되며, 차량은 사용하지 않을 경우 항상 잠겨 있어야 한다.

나. 물품 탑재 바로 직전에 차량에 비인가 물품이 탑재되지 않았는지 확인하기 위하여 차량 적재함은 차량운전 및 보조직원이 아닌 지정된 책임자에 의해 검사하여야 하며 화물탑재가 끝날 때까지 보안성이 유지되어야 한다.

다. 물품이 탑재된 후 적재함은 보안 유지를 위하여 각 문에 보안씰을 붙여야 하며 기타 접근 가능지역에도 보안씰을 붙여야 한다. 차량이전자 씰 형태로 외부조작 방지 장치가 설치된 경우 다음 그림과 같이 차량의 모든 적재함 진입지점에 설치되어야 한다. 일단 보안씰이 설치되면 보안씰 번호가 각 차량 탑재 배송 인가증에 표시되어야 한다.

라. 차량 보안유지를 위하여 사용되는 보안씰은 보안유지 된 곳에 보관하고 중앙통제소에서 발급하여야 하며 검사를 수행하는 책임자가 차량에 부착하여야 한다. 이러한 업무에 대한 기록 및 신원자료는 기내식 센터에 유지 보관되어야 한다. 차량은 운전자 없이 방치하여서는 아니되며, 불가피하게 방치시 운전자가 돌아와서 탑재물 및 보안씰 보안 상태를 점검하고 외부 침입 흔적이 있을 경우 기내식 센터의 지정된 보안관리자에게 통보해야 한다.

(5) 물품탑재 및 운송 · 배달

가. 운송 차량이 여러 기내식 물품 및 기타 관련 저장품을 여러항공기로 운송하여야 할 경우 해당 차량의 보안씰은 첫 번째 항공기에 탑재할 때 차량운전자에 의해 개봉되어야 한다.

나. 보안지역 내에서 연속 배달시 연속 배달차량에 대하여 다시 보안씰을 부착할 필요는 없으나 차량운전자는 해당 차량 적재함에 대하여 보안이 유지되도록 하여야 한다.

다. '저장품'에 대한 보안은 준비 및 저장지역에서부터 관련 항공기에 탑재되어 항공사가 접수하는 시점까지 보안이 유지되어야 한다.

항공기에 탑재되는 기내식

라. '저장품' 은 항공사 또는 지정된 기내식 대리점 또는 항공사로부터 인가 받아 운영하는 제3자에 한하여 운송되도록 하여야 한다.

마. 가능하면 기내식 시설과 항공기 사이를 운행하는 차량은 공항의 서비스 도로로 운행하도록 하고 위협상황의 경우 기내식이 보안 제한구역 외부에 위치하여 있을 때 기내식 차량에 보안 에스코트가 제공되어야하며 차량운송관련자는 보호구역 출입증 또는 회사 사원증을 제시하여 자신의 신분을 항공사측에 밝혀야 한다.

(6) 보호구역내 기내식 시설운영

보호구역 내에 위치한 기내식 준비, 저장 시설에서 기내식 작업시 해당 지역으로 반입되는 기내식 물품과 기타 저장품은 비보호구역의 준비 및 저장 시설에서 작업되어 상용물품으로 구분되어 항공기에 탑재되는 물품에 적용되는 보안 요건과 동일한 보안 요건을 적용되도록 하여야 한다.

(7) 기내 판매품 및 저장품 보안

기내에서 사용되는 기내식 카트나 면세품 카트 및 음식조리용 커피포트나 주방용품을 기내에 반입할 때에는 모두 개봉검색을 한 후에 반입하여야 하고, 기내 저장품을 항공기에 반입하고자 할 때에도 개봉하거나 촉수검사 등 보안점검 및 인계인수를 완료한 후에 반입하도록 하여야 한다. 특히 보안성 인가를 받지 않은 자가 포장 또는 봉인한 다음의 물품에 대하여는 개봉하여 검색하거나 촉수검사 등의 보안검색을 실시한 후에 기내에 반입하여야 한다.

가. 신원 불확실한 자에 의해 운송된 핸드폰, 노트북 등 전자제품
나. 일반 제조업자에 의해 포장되었거나 봉인된 여행편의용품 및 상품, 응급처리키트, 담요, 베개, 생수 및 음료수, 주방용품 등

(8) 항공사 보안 대책

항공사, 객실승무원 또는 지정 대리점은 기내식 및 저장품관련 서류를 항공기 탑재시 관련 항공사가 입회하여야 한다. 항공사, 객실승무원 또는 지정 대리점의 입회가 어려울 경우(예: 이른 아침 항공편), 대안으로 모든 기내식 및 저장품이 탑재되어 있는 컨테이너와 기내식 카트에 1회용 보안씰을 부착하고 서류에 개수를 표시할 경우 보안조치로 간주될 수 있다. 보안씰이 정상적으로 손상없이 붙어있는지 그리고 운송서류와 일치하는지 확인하는 것은 항공사, 객실승무원 또는 지정 대리점의 책임이다. 이외에 불법방해 행위 징후가 보이는 컨테이너 또는 기내식 카트는 비상용 물품으로 분리하여 금지 물품이 들어 있지 않은지 확인하기 위하여 촉수검사를 실시하고 검사결과 이상이 없어도 새로운 컨테이너 또는 기내식 카트로 대체하여야 한다.

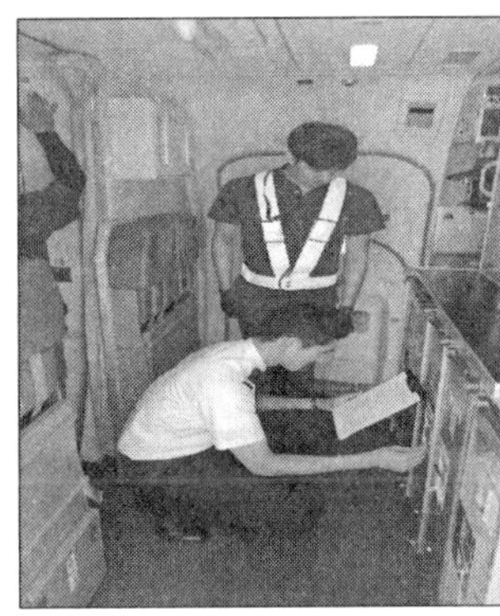

기내 탑재후 인계인수

제6절 항공기 정비시설 보안통제

1. 정비시설 보안개요

(1) 보안책임자 책무

가. 정비시설 보안책임자는 소관 정비시설의 보안관련 업무를 총괄하며, 부재상황이 예상될 시에는 보안업무 공백을 방지하기 위하여 대행자를 지

정할 수 있다.

나. 보안책임자의 주요 책무는 비인가자의 정비시설 출입 통제, 보호구역 반입 위해물품에 대해 관리대장 등 기록운영, 침입자발생 또는 위해물품 반입 등 비정상 상황발생시 관계기관 보고, 관계기관 연락체계를 분기별로 현행화 및 비정상 상황에 대처하는 것이다.

(2) 보호구역 설정

정비시설의 안전과 보안유지를 위하여 해당 시설의 운영자는 보호구역 지정을 공항운영자에게 요청하여야 하며, 공항운영자는 항공기의 안전과 보안유지를 위하여 공항테러보안대책협의회 등과 협의하여 보호구역을 설정하고, 지방항공청장의 승인을 받아 보호구역으로 지정하여야 한다. 보호구역을 설정하고자 할 경우 위험평가 결과를 고려 하여야한다.

2. 정비시설 출입 및 보안통제

시설에 출입하려는 차량, 장비, 물품에 대하여 다음 그림과 같이 출입통제와 신원확인 및 보안검색 등을 실시하여야 한다.

(1) 일반통제

가. 출입증 소지자가 보호구역으로 진입하거나 보호구역 안에 있는 경우 항상 복장외부의 잘 보이는 곳에 출입증을 패용하여야 한다.

항공기정비고 정비작업 중 보안통제

나. 시설을 운영하지 않는 시간에는 잠금장치 등을 이용하여 출입구를 폐쇄한다.

다. 24시간 운영되는 정비시설의 경우에는 상시감시체제(CCTV, 24시간 보안경비, 감시체제 등)를 운영한다.

라. 모든 출입자는 경비원의 검문검색을 받아야 하며, 정비시설 내 비인가

자 또는 비인가된 위험물품 발견시에는 사실을 인지한 사람이 즉시 관계기관에 신고하여야 한다.

바. 용역회사 등을 통한 위탁업체에서 경비업무를 수행하는 정비시설은 법적 요구사항을 충족한 자를 배치토록하고 경비요원에 대한 관리감독을 철저히 하여야 한다.

(2) 인원출입 통제사항

가. 정비시설(보안제한구역) 출입자는 출입증을 확인한다.
나. 휴대용 금속 탐지기 등을 이용 신체를 검색하여야 한다.
다. 소지품 · 휴대품을 확인하여 위해물품 반입을 통제 한다.
라. 보안검색 거부자는 보호구역 출입을 금지시켜야 한다.

(3) 정비작업중 보안통제

가. 정비시설 내에서 지상조업이 이루어지는 경우, 보안책임자는 조업요원에 대한 업무감독을 철저히 하여야 한다.
나. 정비사는 정비작업 중에 불필요한 인원·물품 등 기내 출입 및 반입시 이를 통제하여야 하며, 정비작업 후에는 출입문 잠금 등 외부침입자가 발생하지 않도록 보안조치를 철저히 시행하여야 한다.

(4) 위기시 보안통제

항공보안 위협이 증가되어 높은 수준의 경비가 요구되는 공항에서는 정비시설 내 위해인물 출입 또는 위해물품이 반입되지 않도록 출입문을 봉인조치하거나 경비원을 배치하여야 하며 경비원을 배치할 수 없는 경우 이를 대체할 보안대책을 수립하여야 한다.

3. 항공기 보호의무

항공기는 승객들에 의하여 위험물품이나 금지 물품이 반입되는 것에도 취약하지만 계류장에 주기중이거나 운항을 준비하기 위하여 지상에 계류하는 동안에 외부 사람들에 의해서도 위험물품이나 금지물품이 반입되는 것에도 취약하기 때문에 비인가자가 항공기에 진입하거나 접근하는 것을 방지하여야만 보안을 유지하고 항공기를 보호할 수 있다. 이와 같은 항공기 보호를 위한 보안대책은 항공기가 주기하고 있을 때와 보안순찰 등으로 구분 될 수 있다.

(1) 주기중 보안대책

항공운송사업자가 항공기 보호를 위한 보안 프로그램을 작성시는 해당 공항의 공항보안 프로그램을 고려하여야 하며, 항공기 출입 통제를 위하여 다음과 같은 내용이 포함된 보안 프로그램을 마련하여야 한다.

가. 주기중인 항공기에 인가받지 않은 자의 접근을 방지할 수 있도록 항공기 출입문 잠금, 탑승교 및 스텝 카를 항공기로 부터 이격, 야간 경비인력 배치, 조명시설 등 보안대책이 있어야 한다.

나. 운항에 투입되지 않는 항공기의 출입문은 시건장치와 함께 봉인스티커를 부착하여 항공기가 출발하기 전에 개방흔적이 있는지 확인할 수 있는 보안대책이 있어야 한다.

다. 항공기의 착륙기어, 엔진은 덮개로 덮어 외부로부터 위험 물질이 반입되지 않도록 하는 보안대책이 강구되어야 한다.

(2) 보안순찰 및 상황조치

항공기의 출입 및 접근통제 외에도 계류장에 주기되어 있는 항공기 안전을 살피기 위한 보안순찰과 종합상황실 CCTV모니터를 이용하여 다음과 같은 보안대책을 이행하여야 한다.

가. 항공기 보호를 위한 보안순찰은 도보순찰과 차량순찰이 있 으며, 순찰자는 경비원의 근무상황과 항공기의 보안 상태를 점검하며 항공기에 외

부침입이 있었다는 흔적이 있을 때에 는 항공기 내부에 대한 수색을 실시하도록 하여야 한다.

나. 항공기보호를 감시하기 위한 CCTV 카메라는 취약지점을 확인할 수 있도록 각도를 조정하되, 주기장 전체를 관찰할 수 있는 용도와 취약지역을 확대하여 볼 수 있는 장비로 설치되어야 하며, CCTV 영상 감시중 이상이 발견되면 즉시 항공기 경비원에게 연락하고 점검반을 투입하여야 한다.

제 8 장

항공보안자격 및 교육훈련

제8장 항공보안 자격 및 교육훈련

제1절 항공보안 교육훈련

1. 교육훈련지침

(1) 관련규정

항공보안법 제28조에서 국토교통부장관은 항공보안에 관한 업무수행자의 교육에 필요한 사항을 정하여야 하며 보안검색 업무를 감독하거나 수행하는 사람은 국토교통부장관이 지정한 교육기관에서 검색방법, 검색절차, 검색장비의 운용, 그 밖에 보안검색에 필요한 교육훈련을 이수하여야 한다.

(2) 적용범위

가. 국가민간항공보안 교육훈련지침은 항공보안법 제10조 제2항에 따라 자체 보안계획을 수립하는 공항운영자, 항공운송사업자, 항공기취급업체, 항공기정비업체, 공항상주업체, 항공여객·화물터미널운영자 등(이하 "공항운영자등"이라 한다)에 대하여 적용한다.

나. 국가민간항공보안 교육훈련지침에서 교육훈련 대상자는 다음 각 호와 같다.

1) 공항보안책임자 또는 공항보안감독자
2) 항공사보안책임자 또는 항공사보안감독자
3) 보안검색감독자 또는 항공경비감독자
4) 항공보안교관 및 사내 보안교관
5) 보안검색요원 및 항공경비요원

6) 항공기승무원 및 탑승수속 담당 직원
7) 화물보안 업무요원 및 화물터미널 운영요원
8) 폭발물처리요원 및 폭발물 위협분석관
9) 항공교통관제사
10) 공항운영자 및 항공운송사업자의 전화 접수자 및 안내요원
11) 공항운영자의 보안 유관 부서의 장 또는 동등 직급자
12) 항공운송사업자의 보안 유관 부서의 장 및 중간관리자
13) 공항운영자 및 항공운송사업자의 중간관리자급
14) 화물터미널운영자의 각 부서의 장 또는 동등 직급자
15) 기내식 시설 운영자 각 부서의 장 또는 동등 직급자
16) 지상조업체 조직내의 각 부서의 장 또는 동등 직급자
17) 급유시설 조직내의 각 부서의 장 또는 동등 직급자
18) 공항 및 항공기 청소업체의 각 부서의 장 또는 동등 직급자
19) 공항운영자의 공항 운영 관련 근무 직원
20) 승객운송 직원, 항공기 정비사
21) 승객 · 위탁수하물 일치여부 확인직원 및 위탁수하물 수송 직원
22) 항공운송사업자의 총기류 등 무기류 운송 접수 담당 직원
23) 기내식, 지상조업체, 급유업체, 공항지역 및 항공기 청소요원
24) 이동지역 안전관리자 및 항공보안장비 유지보수요원
25) 공항운영자, 항공운송사업자 등 일반 직원
26) 면세점 등 보호구역내 상주업체(부서)장 또는 동등 직급자 및 그 직원

(2) 교육훈련 책임

가. 항공보안 교육훈련과 관련하여 국가정책 및 국토교통부에게 책임이 있으며 국가항공보안 교육훈련의 기본방침은 다음 각 호와 같다.

1) 항공보안 수준 표준화
2) 위협증가시 신속한 보안 강화능력 배양
3) 최신 항공보안 변화에 대한 적극 대응

4) 위기사태 발생시 신속한 대응 능력 함양
5) 국제적 수준에 맞는 항공보안 체제 유지
6) 현장적응력이 강한 전문 보안요원 양성
7) 항공 관련 업무 수행자에 대한 보안 의식 함양

나. 국토교통부장관은 국가민간항공보안 교육훈련지침을 제정 · 시행하며 효율적인 교육훈련을 위하여 필요한 조사 · 연구를 실시하며, 공항운영자, 항공운송사업자, 항공보안 교육전문 훈련기관, 그 밖의 관련조직 등의 교육훈련계획 수립과 운영에 필요한 사항을 지도한다.

다. 국토교통부장관은 항공보안 교육훈련의 발전을 위하여 필요한 경우에는 항공보안 관계 전문가를 자문위원으로 위촉할 수 있으며 효율적인 교육훈련기준을 개발하고 정보를 수집 교환하기 위하여 국제민간항공기구 및 외국 정부 등과 협력하며, 다른 체약국으로부터 교육훈련 정보 제공을 요청 받은 경우에는 이를 제공할 수 있다.

라. 국토교통부장관은 교육훈련지침을 관리 · 시행하고, 보안교육 업무를 조정할 보안교육훈련조정관을 지정하여 다음 각 호의 업무를 수행하게 한다.

1) 공항운영자 등의 항공보안 교육훈련 교과과정 검토 및 조정
2) 교육기법 및 교육장비에 대한 검토 및 조정
3) 교육훈련지침의 효율성 평가
4) 향후 보안 교육관련 정책 방향 제시
5) 소속기관에서 실시하는 교육훈련에 관한 지도 · 감독
6) 기타 협조 및 협력체제 유지를 위한 공항운영자등의 보안교육훈련 조정자 및 교관들과의 정기적인 회의 개최

2. 교육훈련과정 운영

(1) 교육훈련 구분

가. 항공보안업무 수행자에 대한 교육 훈련과정은 담당 직무에 따라 다음 각 호와 같이 구분하여 시행한다.

1) 항공보안 관련 신규 채용자 또는 최초 임명자 등에게 직무를 부여하기 이전에 직무와 관련한 기본적인 지식과 기량을 전수하기 위한 초기교육(Initial Training)
2) 초기교육을 이수한 자를 대상으로 업무의 시범 및 관찰과 실제업무의 수행을 통하여 받는 직무교육(OJT, On-the-Job Training)
3) 소관 업무 내용의 변경 또는 추가와 신기술의 도입 등에 따라 필요한 지식과 기량을 전수하기 위하여 정기적으로 실시하는 정기교육(Recurrent Training)

나. 공항운영자 등은 항공보안업무 수행자의 보안의식 제고와 보안업무 능력향상 등을 위해 필요한 경우에는 교육과정 외의 특별교육과정을 개설하여 운영할 수 있다.

(2) 교육기관 분류 및 평가

가. 국토교통부장관은 항공보안업무 수행자의 전문성 제고를 위하여 다음 각 호의 교육과정을 「운항기술기준」에 따라 지정한 항공훈련기관에서 실시하게 할 수 있다.
1) 항공보안 교관 교육과정
2) 국토교통부장관이 인정하는 ICAO 항공보안 교육 과정
3) 항공보안감독관 초기교육 또는 정기교육 과정
4) 공항 및 항공사보안책임자 · 감독자 등의 초기 또는 정기교육과정
5) 그 밖에 국토교통부장관의 승인을 받은 특별교육 과정

나. 항공보안법 제28조에 따라 보안검색교육기관은 다음 각 호의 교육을 실시한다.
1) 보안검색요원의 초기 · 직무 또는 정기교육과정
2) 보안검색감독자 초기 또는 정기교육과정
3) 항공경비요원 초기 또는 정기교육과정
4) 항공경비감독자 초기 또는 정기교육과정
5) 공항 및 항공사 보안책임자 및 감독자 등의 초기 또는 정기교육과정 그 밖의 특별교육 과정

다. 보안검색교육기관의 교육훈련지침 및 평가방법과 관련하여 보안검색교육기관은 별표 2에 따른 훈련지침을 준수하여 교육을 실시하여야 하며 시행규칙 제15조 제1항 제4호에 따른 교육평가방법은 다음 각 호에 따른다.

1) 시험과목, 시험의 실시요령, 판정기준, 시험문제출제, 시험방법·관리·보관·시험장, 시험감독 및 채점 등은 자체 실정에 맞게 보안검색교육기관의 장이 정한다.

2) 교육생은 총 교육시간의 90퍼센트 이상 출석하여야 하고, 성적은 100점 만점의 경우 80점 이상을 득하여야 수료할 수 있다. 다만, 컴퓨터교육(CBT) 형태의 보안검색훈련 프로그램으로 평가할 경우에는 해당 프로그램별 평가기준에 따른다.

(3) 교육훈련 실시

가. 교육대상자가 속한 공항운영자 등은 교육 중 해당 교육을 자체적으로 실시하거나 국토교통부장관이 지정한 전문 교육기관에 위탁하여 교육을 실시한다. 다만, 보안검색감독자 및 보안검색요원에 대하여는 법 제28조에 따라 국토교통부장관이 지정한 교육기관에 위탁하여 교육을 실시한다.

나. 다음 각 호의 교육은 반드시 평가를 실시하여 일정 점수이상을 획득한 자에 한정하여 교육을 이수한 것으로 한다.

1) 항공보안교관 교육과정
2) 항공보안감독관 초기교육 과정
3) 공항보안감독자 및 항공사보안감독자 초기교육 과정
4) 보안검색감독자 및 항공경비감독자 초기교육 과정
5) 보안검색요원, 항공경비요원 초기교육, 직무교육 및 정기교육과정

다. 보안검색요원 등에 대한 자격인증과 관련하여 보안검색교육기관의 장은 국가항공보안계획 제10.2호에 따라 항공보안교관·보안검색요원·항공경비요원에 대한 자격인증을 시행하여야 한다.

라. 보안검색교육기관의 장은 자격을 인증한 항공보안교관·보안검색요원·항공경비요원에 대하여 별지 제2호서식의 인증서를 발급하여야 하며 자격인증을 위해 항공보안법 제33조제1항에 따라 지정한 항공보안감독관이 입회할 수 있도록 하여야 한다.

마. 정기교육 대상자는 초기교육 또는 정기교육을 수료한 날이나 자격인증을 받은 날부터 1년 이내에 정기교육을 이수하여야 하며 정기교육을 부득이한 사유로 이수하지 못한 사람이 1년이 경과한 날부터 30일 이내에 정기교육을 이수한 경우에는 1년 이내에 정기교육을 이수한 것으로 본다.

바. 정기교육 대상자가 정기교육을 이수하지 못한 경우 해당 업무의 수행자격은 정지되며, 자격이 정지된 이후 6개월 이내에 정기교육을 이수하면 자격을 회복할 수 있다. 다만, 해외 파견 등 불가피한 사유로 교육을 이수할 수 없는 경우에는 그 기간 중 1년의 범위에서 자격을 회복할 수 있는 정기교육 이수기간에서 제외한다.

(4) 항공보안교관의 자격

가. 항공보안교관은 국가민간항공교육훈련지침에 따라 항공전문교육기관 및 보안검색교육기관에서 교육·강의를 담당하는 자를 말하며 사내보안교관은 공항운영자 등이 자체 보안교육계획에 의하여 보안교육을 실시하는 사내직원을 말한다.

나. 항공보안 교관의 자격·경력 등과 관련하여 항공보안법 시행규칙 제15조 제1항 제2호 및 운항기술기준에 따른 교관의 자격·경력 등은 다음 각 호의 어느 하나에 해당하는 자로서 국제민간항공기구(ICAO), 국제항공운송협회(IATA), 미국 교통보안청(TSA), 항공훈련기관에서 교관교육과정을 이수한 자이어야 한다.

1) 항공보안관련 업무 경력 3년 이상인 자
2) 보안검색장비 관리, 유지 또는 보수경력이 3년 이상인 자
3) 보안장비 제작사에서 해당과정에 맞는 교육을 이수한 자

다. 전임교관 이외의 교관은 항공보안 관련 기획업무 또는 해당분야에 2년

이상 경험을 가진 자로서 국토교통부장관 또는 교육기관의 장이 임명하는 자를 말한다.

라. 항공기 승무원, 탑승수속 직원, 항공교통관제사, 화물보안 업무요원(화물보안검색요원은 제외)등에 대하여 항공보안교육을 자체적으로 실시하는 경우 교관의 자격기준은 다음 각 호의 어느 하나와 같다.

1) 국제민간항공기구(ICAO), 국제항공운송협회(IATA), 미국 교통보안청(TSA), 항공훈련기관의 교관 교육과정을 이수한 자로 항공보안 경력이 1년 이상인 자

2) 항공보안 업무 또는 해당 분야실무 경험 2년 이상인 자 중 기관의 장 또는 소속의 장이 임명한 자

마. 교육기관의 장은 항공보안교관의 자질 향상과 교육의 효율성 제고를 위하여 국제민간항공기구(ICAO), 국제항공운송협회(IATA), 미국 교통보안청(TSA) 및 항공훈련기관 등에서 실시하는 세미나, 국제회의, 교육 등에 교관들을 2년에 1회 이상 참여하도록 하여야 한다.

제2절 교육과정

1. 보안종사자 교육

(1) 공항보안책임자 및 감독자

가. 공항보안책임자는 국가항공보안계획에 따라 자체 보안계획 시행을 총괄하고 공항안전 및 보안업무 등에 대한 지도 · 감독업무를 총괄 수행하는 자로서 공항운영자가 지정한 자를 말하며, 공항보안감독자는 공항안전 및 보안업무 등에 대한 지도 · 감독업무를 수행하는 자로서 공항보안책임자의 추천을 받아 공항운영자가 지정한 자를 말한다.

나. 공항보안책임자 및 공항보안감독자 자격과 관련하여 공항운영자는 보안

책임자나 감독자를 지정하려면 별표 4의 공항보안책임자 초기교육 과정(책임자 8시간이상, 감독자 16시간이상)을 이수하였거나 지정 후 6개월 안에 이수하도록 하여야 한다.

다. 국제민간항공기구(ICAO), 국제항공운송협회(IATA), 미국 교통보안청(TSA) 등에서 실시하는 항공 또는 공항보안 관리자 과정을 이수한 경우에는 공항보안책임자 초기교육을 이수한 것으로 본다.

라. 공항운영자는 보안책임자 또는 감독자에 대하여 별표 4의2의 정기교육 과정(책임자 4시간이상, 감독자 8시간이상)을 이수하도록 하여야 한다. 다만, 공항보안책임자가 국제민간항공기구(ICAO), 국제항공운송협회(IATA), 아시아태평양경제협력체(APEC) 등에서 주관하는 항공보안세미나, 항공보안 관련 국제심포지엄 또는 관련 국제회의에 2일 이상 참석한 경우에는 정기교육을 이수한 것으로 본다.

(2) 항공사보안책임자 및 감독자

가. 항공사보안책임자는 국가항공보안계획에 따라 자체 보안계획 시행을 총괄하고 항공사 안전 및 보안업무 등에 대한 지도 · 감독업무를 수행하는 자로서 항공운송사업자가 지정한 자를 말하며 항공사보안감독자는 항공사 안전 및 보안업무 등에 대한 지도 · 감독업무를 수행하는 자로서 항공사보안책임자의 추천을 받아 항공운송사업자가 지정한 자를 말한다.

나. 항공사보안책임자 및 항공사보안감독자 자격과 관련하여 항공운송사업자가 보안책임자 또는 감독자를 지정하려면 별표 5의 초기교육 과정(책임자 8시간이상, 감독자 16시간이상)을 이수하였거나 지정 후 6개월 안에 이수하도록 하여야 한다.

다. 항공사보안책임자 또는 감독자가 국제민간항공기구(ICAO), 국제항공운송협회(IATA), 미 교통보안청(TSA) 등에서 실시하는 항공사의 보안관리자 과정을 이수한 경우에는 초기교육을 이수한 것으로 본다.

라. 항공운송사업자는 보안책임자 및 감독자에 대하여 별표 5의2의 정기교육 과정(책임자 4시간이상, 감독자 8시간이상)을 이수하도록 하여야 한

다. 다만, 항공사보안책임자가 국제민간항공기구(ICAO), 국제항공운송협회(IATA), 아시아태평양경제협력체(APEC) 등에서 주관하는 항공보안세미나, 항공보안 관련 국제 심포지엄 또는 관련 국제회의에 2일 이상 참석한 경우에는 정기교육을 이수한 것으로 본다.

(3) 보안검색감독자 및 항공경비감독자

가. 보안검색감독자 또는 항공경비감독자는 보안검색요원 또는 항공경비요원의 업무 수행실태 등을 감독하는 자로서 공항운영자 또는 항공운송사업자가 지정한 자를 말한다.

나. 공항운영자 등은 보안검색 초기교육과정(40시간이상) 및 별표 6의 초기교육(8시간이상)을 이수한 자를 보안검색감독자로 지정한다. 다만, 교육 일정 등의 사유로 인하여 별표 6의 교육과정 이수가 곤란한 경우에는 지정한 날로부터 3개월 안에 이수하도록 하여야 하며보안검색감독자에 대하여 별표 6의2에 따른 정기교육(8시간이상)을 이수하도록 하여야 한다.

다. 공항운영자등은 항공경비 초기교육과정(30시간이상) 및 별표 7의 초기교육(8시간이상)을 이수한 자를 항공경비감독자로 지정한다. 다만, 교육 일정 등의 사유로 인하여 별표 7의 교육과정 이수가 곤란한 경우에는 지정한 날부터 3개월 안에 이수하도록 하여야 하며 항공경비감독자에 대하여 별표 7의2에 따른 정기교육(8시간이상)을 이수하도록 하여야 한다.

(4) 보안검색요원

가. 보안검색요원은 불법방해행위를 하는데 사용될 수 있는 무기 또는 폭발물 등 위험성이 있는 물품을 탐지 및 수색하기 위한 보안검색 업무를 수행하는 자를 말한다.

나. 공항운영자등은 보안검색요원이 검색 업무를 수행하기 전에 보안검색교육기관으로부터 별표 8에 따른 보안검색요원 초기교육(40시간이상) 및 별표 8의2의 직무교육(80시간이상) 이수 여부를 확인한 후에 보안검색 업무를 수행하도록 하여야 하며 보안검색요원에 대하여 연 1회 이상 별

표 8의3의 정기교육(8시간이상)을 이수하도록 하여야 한다.

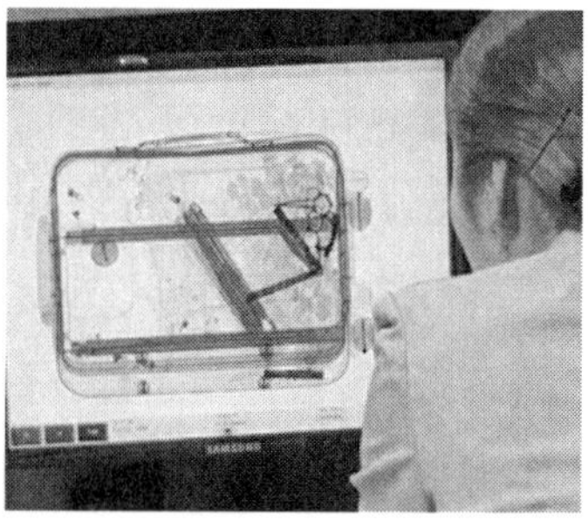

X-Ray이미지 판독

다. 공항운영자등은 보안검색요원이 보안검색업무를 수행하는 중에 국토교통부장관이 인정하는 관계기관이나 공항운영자등이 실시하는 불시평가에서 합격하지 못한 경우에는 보안검색교육기관에서 8시간 이상 재교육을 받은 후에 보안검색업무를 수행하도록 하여야 한다. 이 경우 정기교육을 이수한 것으로 본다.

(5) 항공경비요원

가. 항공경비요원은 공항 내의 공항시설 또는 항공사의 중요시설, 항공기 등을 보호하고, 보호구역의 출입을 통제하는 업무와 승객 아닌 자 및 물품 등에 대한 검색 또는 신원확인 업무를 수행하는 자를 말한다.

나. 공항운영자 등은 항공경비요원에 대하여 별표 9와 별표 9의2의 초기교육(30시간이상) 및 직무교육(24시간이상)을 이수하도록 하여야 하며 항공경비요원에 대하여 별표 9의3에 따른 정기교육(8시간이상)을 이수하도록 하여야 한다. 다만, 경비업법 및 청원경찰법에 따라 매월 실시하는 교육에 정기교육 내용이 포함된 경우에는 정기교육을 이수한 것으로 본다.

다. 공항운영자 등은 항공경비요원이 항공경비업무를 수행하는 중에 국토교통부장관이 인정하는 관계기관이나 공항운영자 등이 실시하는 불시평가에서 합격하지 못한 요원에 대하여는 보안검색교육기관에서 8시간 이상 재교육을 받은 후 항공경비업무를 수행하도록 하여야 한다. 이 경우 정기교육을 이수한 것으로 본다.

라. 항공경비요원 중 상주직원 출입초소에서 X-Ray 검색장비를 사용하여 X-Ray 판독업무를 수행하는 자는 보안검색요원 초기교육(40시간이상), 직무교육(80시간이상) 및 정기교육(8시간이상)을 이수하여야 한다.

(6) 항공화물보안 업무요원

가. 공항운영자 등은 공항에서 화물보안 검색업무를 수행하는 자에게 보안검색요원 초기교육(40시간 이상), 직무교육(80시간 이상) 및 정기교육(8시간 이상)을 이수하게 하여야 한다.

나. 보안검색 외의 화물보안관련 업무를 수행하는 자에 대하여는 별표 13과 별표 13의2의 초기교육(8시간이상) 및 정기교육(2시간 이상)을 이수하도록 하여야 한다.

(7) 폭발물처리요원 및 폭발물처리분석관

가. 폭발물처리요원은 폭발물, 생화학 물질, 그 밖에 폭발의 위험이 있거나 의심되는 물질을 발견하거나 신고를 접수한 경우 초동 조치를 하는 등 폭발물 처리를 위하여 공항운영자가 임명한 사람을 말한다.

나. 공항운영자 등이 폭발물처리요원을 채용하는 경우에는 군 또는 공항, 보안관련 조직에서 폭발물처리 또는 생화학처리업무를 4년 이상 식섭 수행한 경력이 있는 자를 대상으로 하고, 채용된 폭발물 처리요원에 대하여는 별표 14에 따른 폭발물처리요원 직무교육(8시간 이상)을 이수하도록 하여야 한다.

다. 공항운영자 등은 폭발물처리요원에게 별표 14의2에 따른 정기교육(4시간이상)을 이수하도록 하여야 한다. 다만, 해당 연도에 국가정보원, 국방부, 경찰청 등에서 실시하는 폭발물처리관련 교육, 정부 또는 국제민간항공기구(ICAO) 등 국제기구에서 주관하는 대테러 워크숍 및 세미나에 참석한 경우에는 정기교육을 이수한 것으로 본다.

라. 폭발물처리분석관은 폭발물의 위협분석을 위하여 공항보안책임자나 항공사보안책임자의 추천을 받아 공항운영자나 항공운송사업자가 지정한 자를 말한다.

마. 공항운영자 등은 폭발물 위협 분석자에 대하여 별표 15와 별표 15의2의 초기교육(4시간이상) 및 정기교육(1시간이상)을 이수하도록 하여야 한다.

2. 항공관련 운영자 교육

방폭복과 폭발물처리로봇

(1) 운항 · 객실승무원, 탑승수속직원 및 유지보수 요원

가. 항공운송사업자는 승무원에 대하여 별표 10의 초기교육(8시간이상)과 별표 10의2의 정기교육(2시간이상)을 이수하도록 하며, 탑승권 발급업무를 수행하는 직원에 대하여는 별표 11의 초기교육(3시간이상)과 별표 11의2의 정기교육(1시간이상)을 이수하도록 하여야 한다.

나. 항공보안장비 유지보수요원은 국토교통부 고시인 항공보안장비 종류, 운영 및 유지관리에 관한 기준에 따라 검색장비를 관리 · 유지하기 위하여 보안검색장비 운용자가 지정한 자를 말한다.

다. 공항운영자 등은 항공보안장비 유지보수요원에 대하여 별표 12의 초기교육(40시간이상)와 별표 12의 2의 정기교육(8시간이상)을 이수하도록 하여야 한다. 다만, 항공보안장비 종류, 운영 및 유지관리에 관한 기준에서 정한 "장비제작사 또는 설치업체에서 교육을 이수한 사람 또는 파견된 전문기술자"에 해당하는 자는 초기교육을 이수한 것으로 본다.

(2) 항공교통관제사 및 전화접수자/안내요원

가. 국토교통부장관 또는 공항운영자는 항공교통관제사에 대하여 임용 후 6개월 안에 별표 16의 초기교육(4시간이상)을 이수하도록 하여야 한다. 다만, 교육과정이 개설되어 있지 않은 경우에는 그러하지 아니하다.

나. 국토교통부장관 또는 공항운영자는 항공교통관제사에 대하여 별표 16의 2의 정기교육(1시간이상)을 이수하도록 하여야 한다. 다만, 한국공항공사 항공기술훈련원 항공교통관제사 교육과정이나 해당 항공교통관제사

의 소속기관이 월 1회 이상 실시하는 자체 교육에서 별표 16의2의 교육내용이 포함된 경우에는 정기교육을 이수한 것으로 본다.

다. 공항운영자 등은 폭발물의 위협을 받을 수 있는 전화 접수자 및 안내요원에 대하여 별표 17의 폭발물 위협 대응에 대한 교육(2시간이상)을 이수하도록 하여야 한다.

(3) 보안유관부서 직원 및 일반직원

가. 공항운영자 등은 다음 각 호의 어느 하나에 해당하는 직원에 대해서는 별표 18의 교육(3시간이상)을 이수하도록 하여야 한다.

1) 공항운영자의 각 부서의 장 또는 이와 동등한 직급을 가진 자
2) 항공운송사업자의 보안 유관 부서의 장 및 중간관리자
3) 공항운영자 및 항공운송사업자의 중간관리자급
4) 화물터미널운영자 각 부서의 장 또는 동등 직급자
5) 기내식시설 운영자 각 부서의 장 또는 동등 직급자
6) 지상조업체 조직 내의 각 부서의 장 또는 동등 직급자
7) 급유시설 조직 내의 각 부서의 장 또는 동등 직급자
8) 공항 및 항공기 청소업체의 각 부서의 장 또는 동등 직급자
9) 면세점 등 보호구역내 상주업체(부서)의 장 또는 동등 직급자

나. 제1항에 따른 직원 외의 다음 각 호의 어느 하나에 해당하는 직원에 대하여는 별표 18의2의 교육(2시간이상)을 이수하도록 하여야 한다.

1) 공항운영자의 공항 운영 관련 근무 직원
2) 승객 운송 직원, 항공기 정비사
3) 승객 · 위탁수하물 일치여부 확인직원 및 위탁수하물 수송직원
4) 항공운송사업자의 총기류 등 무기류 운송 접수 담당 직원
5) 화물터미널 운영 요원 및 기내식 요원
6) 지상조업체 요원, 급유업체 요원 및 이동지역 안전관리자
7) 공항 지역 청소요원 및 항공기 청소요원
8) 면세점 등 보호구역내 상주업체(부서)의 직원

3. 보안검색교육

(1) 보안검색교육기관 지정

가. 보안검색 교육기관으로 지정받으려는 자가 갖추어야 하는 시설·장비 및 인력 등의 지정기준에 대하여는 국토교통부령으로 정한다.

나. 항공보안법 시행규칙 제15조에서 법 제28조 제2항에 따라 보안검색교육기관으로 지정받으려는 자는 보안검색교육기관 지정신청서에 다음 각 호의 사항이 포함된 교육계획서를 첨부하여 국토교통부장관에게 제출하여야 한다.

1) 교육과정 및 교육내용
2) 교관의 자격·경력 및 정원 등의 현황
3) 교육시설 및 교육장비의 현황
4) 교육평가방법
5) 연간 교육계획
6) 교육규정

검색경으로 차량 하부검색

다. 항공보안법 제28조제2항에 따른 보안검색교육기관의 시설·장비 및 인력 등의 지정기준은 별표와 같다. 국토교통부장관은 제출된 신청서류를 심사하여 그 내용이 지정기준에 적합한 경우에는 보안검색교육기관으로 지정하고, 보안검색교육기관 지정서를 발급하여야 하며 보안검색교육기관은 변경이 있는 경우에는 그 변경내용을 국토교통부장관에게 보고하여야 한다.

(2) 보안검색교육기관 교육훈련지침

가. 교육실시는 주 5일, 일 5시간 내지 8시간을 연속적으로 실시함을 표준으로 하되, 교육기관 운영상 불가피한 경우에는 국토교통부장관으로부

터 허가를 받아야 한다.

나. 교관은 보안검색 교육생이 다음 각 목의 사항을 수행할 수 있는 능력을 구비하도록 교육하여야 한다.

한서대학교 항공보안교육센터

1) X-Ray 운영자는 모니터에 나타나는 지정된 테스트물품을 구별할 수 있어야 하고, 모니터 화면에 나타나는 유·무기물을 구분하기 위한 색깔을 분별할 수 있어야 한다.
2) 육안식별이 가능한 문형금속탐지기 및 X-Ray 시스템에 색깔 및 경보 인지, 출입증 구분 능력, 신분확인 능력 및 병 · 라벨 · 에어졸캔 등 포장물 표시 판독능력이 있어야 한다.
3) 수하물에 대한 물리적 검색을 실시하는 검색요원은 수하물을 개봉하여 구석구석까지 손을 넣어 확인 및 검색할 수 있어야 한다.
4) 승객에 대한 물리적 검색을 실시하는 검색요원은 한쪽 손으로 또는 금속탐지기를 이용하여 승객의 모든 신체부위까지 검색할 수 있어야 한다.
5) 검색요원은 일반운영 환경에서 금속탐지기 및 X-Ray 시스템에 의해서 발생되는 경보음과 육성을 듣고 대응조치를 할 수 있어야 한다.

(3) 보안검색요원 교육

가. 초기교육

보안검색요원은 근무에 배치되기 전에 별표 8에 기술된 위험물품 판독실습 및 종합실습을 국토교통부장관이 인정한 컴퓨터 교육프로그램(CBT프로그램) 및 테스트 물품(파이프폭탄, 다이나마이트 폭발물 및 모의 권총) 등을 활용하여 실습훈련을 실시하여야 한다.

나. **직무교육** : 직무교육은 초기교육과정 수료자에 한하여 실시하여야 한다.

1) 초기 교육내용을 기초로 하여 별표 8의2에 기술된 검색장비 사용방법, 위험물 및 위해물품 식별방법, 승객 신체 및 휴대물품 보안검색방법, 비정상 상황의 보안검색, 위탁수하물, 화물, 우편물 등에 대한 보안검색방법, 상주직원 및 물품 보안검색방법, 수 검색방법, 위해물품 적발시 행동 및 처리절차, 위해물품 적발시 해당지역 폐쇄조치 및 승객대피방법 등의 교육내용이 포함되어야 한다.
2) 보안검색 경력이 있는 직원의 감독 하에 신입직원이 직무교육 기간 내에 검색대를 통과하는 여객의 신체 및 물건에 대하여 단독으로 임무수행이 가능할 때 검색임무를 부여한다.
3) 신입직원이 검색요원 및 절차를 인지하고 이해하는지 확인하기 위하여 검색요원의 업무를 수시로 감시, 체크하고 단점을 보완토록 교육기록부에 기재 후 반복교육을 실시하여야 한다.
4) 실제 상황에서 테스트용 파이프폭탄, 다이나마이트 폭발물(폭발물세트의 4대 구성요소 포함) 및 모의 권총을 적발할 수 있어야 한다.

다. **정기교육** : 모든 검색요원은 최소한 아래 사항에 대한 교육훈련을 매년 받아야 한다.

1) 교육내용은 별표 8의3에 기술된 관련 법 및 규정 변경사항, 항공보안 관련 새로운 위협, 위협상황에 대한 정보 및 보안 위해물품, 보안관련 사고·사례 분석, 기본 검색절차 및 기법 반복, 미신고 항공위험물 인지 및 승객·승무원에 관한 규정 등 교육내용이 포함되어야 한다.
2) 별표 8에 기술된 내용에 대한 지식을 항상 유지할 수 있도록 교육을 실시하여야 한다.

(3) 보안검색감독자 과정

가. **초기교육** : 보안검색감독자 교육은 보안검색 요원 중 업무를 성공적으로 수행할 수 있는 우수한 자를 선발하여 실시하여야 한다.

1) 보안검색감독자 교육은 별표6의 내용을 포함한 교육을 실시하여야 한다.
2) 보안검색감독자 초기교육과정을 입과하기 전에 보안검색요원 초기교육과정을 수료하여야 한다.
3) 보안검색 감독자에 대하여는 정기적으로 ICAO, FAA 등 관련규정의 변경된 내용에 대한 추가 교육을 실시하여야 한다.
4) 보안검색감독자에 대한 평가는 보안검색 요원 초기교육과정 평가요소와 감독자로서 근무편성, 교육훈련, 돌발상황 발생시 조치능력 등을 중점적으로 실시한다.

나. **정기교육** : 보안검색감독자는 다음 사항에 대하여 매년 정기교육을 받아야 한다.

1) 보안검색감독자 정기교육과정은 별표 6의2에 기술된 최근 보안사고 사례분석, 국·내외 보안관련 위협분석, 승객 및 휴대 물품 검색절차 변경사항, 검색감독자 임무, 검색대 사건관리, 항공보안 인적요소 등 교육내용을 포함하여야 한다.
2) 이 과정에서는 새로운 위험정보 소개, 보안검색 경험과 보안사고를 분석하고 기본적인 검색절차와 기술 등이 재검토될 수 있도록 하여야 한다.

제 9 장

항공보안 수준관리

제9장 항공보안 수준관리

제1절 항공보안 수준관리

1. 관련규정

(1) 정보제공

항공보안법 제30조(항공보안을 위협하는 정보의 제공)에서 국토교통부장관은 항공보안을 해치는 정보를 알게 되었을 때에는 관련 행정기관, 국제민간항공기구, 해당 항공기 등록국가의 관련 기관 및 항공기 소유자 등에 그 정보를 제공하여야 하며 시행규칙 제17조 법 제30조에 따라 국토교통부장관이 정보를 제공하여야 할 대상은 다음 각 호와 같다.

가. 시행령 제2조제2항제1호에 따른 행정기관

나. 해당 항공기 등록국가 및 운영국가의 관련 기관

다. 항공기 승객이 외국인인 경우 해당 국가의 관련 기관

라. 국제민간항공기구(ICAO)

(2) 수준관리 목적 및 방침

가. 국가항공보안 수준관리지침은 항공보안법 제33조 및 시행규칙 제19조제4항에 따라 항공보안 점검활동 등의 수준관리에 관하여 필요한 사항을 규정함을 목적으로 한다.

나. 국가항공보안 수준관리 지침의 수행 방침은 다음 각 호와 같다.

1) 보안지침 및 절차의 효과적인 시행 확인

2) 국가 항공보안 관련 지침의 준수여부 확인

3) 법령 · 규정 등의 지속적인 제 · 개정을 통한 효율성 확보
4) 국가항공보안계획의 적정성과 효율성 점검
5) 국가민간항공보안 교육훈련지침에 따른 적절한 교육 이수여부 확인
6) 적절한 불법방해행위 조사
7) 불법방해행위 발생 즉시 보안대책 및 통제에 대한 검토 및 재평가 실시

(3) 수준관리 적용대상

국가항공보안 수준관리 지침의 적용대상은 다음 각 호와 같다.

가. 공항운영자(용역업체를 포함한다)
나. 대한민국에 취항하는 모든 국내외 항공운송사업자(용역업체포함)
다. 항공기취급업체 · 공항상주업체 · 항공화물터미널운영자 · 도심공항터미널 운영자 등
라. 항공교통관제기관
마. 그 밖에 국토교통부장관이 정하는 사업자

(4) 국내 · 외 규정 및 협약

가. 국내법규 및 규정

1) 항공보안법
2) 항공사업법, 항공안전법, 공항시설법
3) 국가 보안시설 및 보호장비 관리지침
4) 국가항공보안계획
5) 국가항공보안 우발계획
6) 공항건설 및 유지 · 보수에 관한 지침
7) 국가민간항공보안 교육훈련지침
8) 항공보안감독관 업무규정
9) 항공보안장비 종류, 운영 및 유지관리 등에 관한 기준

10) 항공기내 보안에 관한 표준운영지침
11) 상용화주 항공화물 보안기준
12) 액체 · 분무 · 겔류 보안통제지침

나. ICAO 부속서 및 관련 규정

1) 국제민간항공 협약 부속서 17
2) 국제민간항공기구 발행 "불법방해행위로부터 민간항공 보호를 위한 ICAO 보안지침서"
3) 국제민간항공기구 발행 긴급조치

2. 관련기관 업무

(1) 국가정보원

가. 불법행위 대응 능력 배양을 위한 항공보안 점검, 불시평가 관련 기법의 연구 발전
나. 점검 및 불시평가 관련 기술 · 교육훈련 등 지원
다. 기타 항공보안 점검 · 불시평가 관련 기법의 연구발전
라. 점검 및 불시평가 실시
마. 공항 상주기관 합동점검반 편성 · 운영

(2) 국토교통부

가. 국가 항공보안 수준관리 지침 수립 및 관리
나. 국가 항공보안 수준 관리 대책 시행 관리, 감독
다. 국가 항공보안 수준관리를 위한 인적, 물적 자원 및 재정 확보
라. 현장조사, 보안평가, 보안점검 및 불시평가의 실시
마. 항공보안감독관 운영
바. 항공보안수준관리관련 국제민간항공기구와의 연락 및 협력업무
사. 공항운영자, 항공사 등의 자체 점검 실시 여부에 대한 감독

(3) 공항운영자, 항공사, 도심공항터미널운영자, 항공기취급업체 등

가. 국가항공보안 수준관리 지침에 따른 자체 수준관리 계획의 수립·이행
나. 자체 점검 및 불시평가 요원 임명
다. 자체 점검 및 불시평가 요원에 대한 교육실시
라. 기타 공항 점검 및 불시평가 관련 업무

3. 감독활동(Monitoring Activities)

(1) 점검활동 수행

가. 국토교통부장관은 항공보안감독관으로 하여금 공항운영자 및 항공사 등에 대하여 연간 감독계획에 따라 보안평가, 보안점검, 현장조사 및 불시평가 등의 점검활동을 수행하게 하여야 한다.
나. 국토교통부장관은 항공보안법 제33조제2항에 따라 제1항에 따른 보안점검 등을 관계기관과 합동으로 실시할 수 있다.
다. 국토교통부장관이 특별히 필요하다고 인정하는 경우에는 제1항에 따른 점검 이외에 관계기관과 합동 또는 단독으로 특별점검을 실시 할 수 있다.
라. 공항운영자, 항공사, 항공화물터미널운영자 및 도심공항터미널운영자 등은 보안검색 수행 실태 등을 확인하기 위하여 보안검색위탁업체, 기내식 제조업체 등에 대하여 자체 보안점검 및 불시평가 등을 실시한다.
마. 보안점검 등을 실시하는 경우에는 점검 7일전에 점검계획을 점검대상자에게 통지하여야 한다. 다만, 불시평가의 경우에는 사전에 통지하지 아니하고 실시할 수 있다.
바. 국토교통부장관은 점검활동을 수행하는 경우 국가항공보안 우발계획에 따른 위험평가 및 위협분석 또는 항공보안 위해요소 진단 결과를 반영하여 점검 횟수 및 우선순위를 조정할 수 있다.

(2) 점검계획 보고

항공보안감독관은 점검활동을 수행하려는 경우 다음 각 호의 사항을 포함한 점검계획을 소속 기관장에게 보고 후 실시하여야 한다.

가. 점검 목적
나. 점검 대상
다. 점검 기간
라. 점검관
마. 주요 점검 항목
바. 그 밖에 점검활동 수행에 필요한 물품

(3) 점검 수행자

보안평가, 보안점검, 현장조사 및 불시평가를 수행할 수 있는 사람은 다음 각 호와 같다. 다만, 불시평가의 경우에는 제1호의 사람 또는 제1호의 항공보안감독관이 요청하는 사람만이 실시할 수 있다.

가. 항공보안법 제33조제1항에 따라 지정된 항공보안감독관
나. 항공보안감독관과 같이 합동으로 참여하는 관계기관 공무원, 공항 및 항공사 보안책임자 또는 감독자
다. 그 밖에 국토교통부장관이 지정하는 사람

4. 항공보안감독관

(1) 권한 및 교육

가. 현장조사, 보안평가, 보안점검 및 불시평가를 수행하는 항공보안감독관의 권한은 다음 각 호와 같다.
  1) 보안절차를 점검할 목적으로 국가에 등록되었거나 운용중인 항공기를 점검하거나 구치할 수 있는 권한
  2) 공항에 대한 전부 또는 부분 점검할 수 있는 권한

3) 보안대책 및 절차 효율성에 대한 점검 및 불시평가를 할 수 있는 권한
4) 공항운영자, 항공사 또는 공항 상주업체 등에게 점검업무 수행에 필요한 자료를 요구할 수 있는 권한
5) 점검업무 수행을 위하여 항공기 및 공항시설에 출입하여 검사할 수 있는 권한
6) 임무수행을 위해 필요한 무전기, 카메라, 음성 및 영상기록장치, 사전 승인된 무기, 모의 폭발물 등과 같은 장비를 공항 보호구역 또는 항공기 위탁 수하물칸으로 반입 및 운반할 수 있는 권한
7) 보안기준이나 보안절차 점검을 위하여 관련자에 대한 질문을 할 수 있는 권한

나. 보안평가, 현장조사, 보안점검 및 불시평가를 실시하는 책임자는 제9조에 따른 점검활동 수행자들에게 점검 목적, 주안점 및 점검대상의 보안 현황 등에 대하여 사전 브리핑을 실시한다.

다. 불시평가를 실시하는 책임자는 불시평가 실시 전에 불시평가 수행자에게 다음 각 호의 사항에 대한 특별 사전교육을 실시하여야 한다.
1) 불시평가 계획
2) 공항 구조 및 보안통제 특성
3) 불시평가 물품 사용방법 및 회수절차
4) 불시평가 시 준수사항
5) 불시평가 성공 또는 실패 시 대처법

(2) 협조사항

가. 공항 보안책임자, 항공사 보안책임자 또는 관련 조직의 책임자는 점검활동 수행자가 보안점검 등을 위하여 필요한 자료를 요청하는 경우 이에 협조하여야 한다.

나. 점검활동 수행자가 제1항에 따른 보안평가 등을 종료한 때에는 점검지연으로 인한 시간부족 등 불가피한 경우를 제외하고는 주요 점검결과 및 점검 중 특이사항 등에 대하여 사후 브리핑을 실시하여야 한다.

다. 불시평가 실시 책임자는 불시평가를 실시하기 전 실제 상황으로 오인하여 공항 또는 항공기 운항의 혼란을 초래하는 것을 방지하기 위해 공항 또는 항공사 책임자에게만 그 내용을 사전에 통보한 후 실시할 수 있다.

라. 불시평가를 사전에 통보받은 공항 또는 항공사 보안책임자는 이 내용을 관련 책임자만이 알 수 있도록 관리하며 불시평가를 받는 보안검색요원 또는 보안요원에게 해당 사실을 누설하여서는 아니 된다.

5. 점검결과 조치

(1) 점검결과 조치사항

가. 국토교통부장관은 점검활동 중 확인된 보안상 취약점 또는 규정 위반사항 등에 대해서는 점검대상자에게 확인서를 작성하도록 하고, 긴급한 경우에는 현장에서 시정조치를 명하여야 한다.

나. 점검활동 결과 나타닌 문제점에 대한 시정조치 등의 우선순위는 다음 각 호와 같다.

1) 시정조치 : 발견된 문제점이 항공보안에 심각한 결과를 초래할 우려가 있거나, 항공보안에 심각하지는 않지만 법 또는 규정에 위반되는 경우

2) 개선권고 : 항공보안 법령 및 규정 등을 위반 또는 규정하고 있지 않으나, 개선 조치할 경우 항공보안에 유익한 결과를 가져오는 방법을 제시하고자 할 경우

3) 현장시정 : 항공보안에 직접적인 영향을 미치시 아니하는 경미한 보안 저해요소로 단기간 내에 시정이 가능한 경우

다. 공항운영자 및 항공사 등은 점검결과를 통보받은 날부터 7일 이내에 시정조치 사항 등에 대하여 이의 신청을 할 수 있으며, 국토교통부장관은 이의 신청이 접수된 날로부터 15일 이내에 검토 결과를 회신하여야 한다.

(2) 보고서 작성

가. 점검활동 수행자는 제8조에 따라 현장조사, 보안평가, 보안점검 및 불시평가 등을 실시한 경우 점검결과 보고서를 작성하여야 하며 최소 3년 이상 보존하여야 한다. 다만, 시정 조치가 완료되지 않은 사항이 있는 보고서 또는 점검표는 조치가 완료될 때까지 보존한다.

나. 점검활동 책임자 및 수행자는 점검활동 과정에서 얻은 정보와 점검활동의 결과를 항공보안업무 관련 이외의 사람에게 공개하거나 제공하여서는 아니 된다. 다만, 다음 각 호에 해당하는 경우에는 그러하지 아니하다.

1) 다른 법률에 따라 공개 또는 제공을 요청받은 경우

2) 소속 기관의 장에게 보고하기 위한 경우

3) 수검자에게 통보하는 경우

다. 국토교통부장관은 항공보안법 시행령 제20조에 따라 지방항공청장에게 위임한 업무와 지방항공청장이 실시한 자체 감독활동에 대하여 연 1회 이상 점검을 실시하여야 한다.

라. 점검을 하는 경우에는 점검 7일 전까지 점검일자, 점검내용 및 점검관 등에 대한 점검계획을 지방항공청장에게 통보하여야 한다.

마. 점검관은 점검 종료 7일 이내에 점검결과를 작성하여 국토교통부장관에게 보고하고, 그 결과를 지방항공청장에게 통보하여야 한다.

바. 점검결과를 통보받은 지방항공청장은 지적사항이 있는 경우 통보 받은 날부터 20일 이내에 지적사항에 대한 개선조치 계획 또는 조치결과를 국토교통부장관에게 제출하여야 한다.

사. 국토교통부장관은 제4항에 따른 개선조치 계획 또는 조치결과에 대한 이행실태 확인이 필요한 경우 확인점검을 실시할 수 있다.

제2절 항공보안 점검유형

1. 현장보안확인 (Field Security Check)

(1) 현장보안확인은 다음 각 호의 사항을 파악하기 위하여 실시한다.

가. 공항 또는 항공사의 보안운영 실태

나. 항공보안장비 유지·보수 실태

다. 보안검색 업무 수행 실태

라. 보호구역 출입증 패용 및 통제 실태

(2) 현장보안확인 대상은 다음 각 호와 같다.

가. 공항운영자

나. 항공사

다. 항공화물터미널운영자 및 공항상주업체

라. 지상조업체(필요한 경우에 한한다)

(3) 현장보안확인 업무는 항공보안감독관 또는 지방항공청장이 지정한 지방항공청 소속 직원이 점검표에 따라 실시하며 현장보안확인은 각 항목에 대하여 주 2회 이상 실시한다.

(4) 현장보안확인을 실시한 점검관은 그 결과를 지방항공청장에게 보고 하고 보고를 받은 지방항공청장은 보안사건 또는 항공보안장비 고장 등 보안업무 수행상 중대한 영향을 미치는 사항이 있는 경우 즉시 국토교통부장관에게 보고하며, 그러하지 않은 경우 월 1회 보고한다.

2. 현장조사(Survey)

(1) 현장조사는 다음 각 호의 사항을 파악하기 위하여 실시한다.

가. 국가항공보안계획 수정에 필요한 보안 요건을 파악

나. 공항 및 항공기 운영에 대한 보안실태 파악

다. 공항운영자, 항공사 등의 상존위협, 보안 취약점 파악 및 항공보안 증진

라. 항공기납치, 파괴행위, 폭발물 위협 등 불법방해행위에 대한 취약요소

유무 파악

(2) 현장조사의 대상은 다음 각 호와 같다.

가. 공항운영자

나. 항공사

다. 항공화물터미널운영자, 공항상주업체, 도심공항터미널운영자

라. 지상조업체(필요한 경우에 한한다)

(3) 현장조사는 최소 2년에 1회 이상 실시하며, 국토교통부장관이 필요하다고 판단할 경우 추가로 실시할 수 있다.

(4) 현장조사에서 확인하여야 하는 사항은 다음 각 호와 같다.

가. 공항보안계획(Airport Security Program)

나. 지방항공보안협의회(Airport Security Committee)

다. 위탁수하물 처리절차(Baggage Handling Procedures)

라. 승객처리절차(Passenger Handling Procedures)

마. 탑승객 검색(Pre-Board Passenger Screening)

바. 에어사이드 출입 통제절차(Airside Access Control)

사. 일반지역과 에어사이드간의 울타리(Landside/Airside Barrier)

아. 공항감시 TV 및 경보장치(CCTV and Alarm)

자. 주요시설보호(Vital Facilities Protection)

차. 화물(Cargo)

카. 기내식(Catering)

타. 공항우발계획(Airport Contingency Procedures)

파. 보안조명(Security Light)

하. 공항운영자, 항공사 등의 자체점검 · 불시평가(Inspection and Test)

거. 항공사 보안계획(Airline Operators Security Program)

너. 미 탑승승객 및 하기승객절차(No Show/Off-Load Passengers)

더. 보안훈련(Security Exercises)

러. 교육(Training)

3. 보안점검(Inspection)

(1) 보안점검의 대상은 다음 각 호와 같다.

가. 공항운영자

나. 항공사(국적항공기가 운항하는 해외지사 포함)

다. 항공화물터미널운영자, 공항상주업체, 지상조업체 및 도심공항터미널운영자

라. 항공교통관제기관

마. 그 밖의 항공관련 운영자

(2) 점검주기는 다음 각 호와 같다.

가. 공항(항공사, 공항상주업체 등 포함)은 1년에 1회 이상 실시

나. 국적항공기 및 국내 취항 외국항공기가 운항하는 해외공항에 대하여 실시하되 대상공항은 매년 다음 각 목을 고려하여 정한다.

1) 신규 취항공항

2) 항공보안사고 또는 사건이 발생하였던 공항

3) 국내 여행객들이 많이 이용하는 공항

4) 국가정보원 등 정보기관에서 정한 취약공항

5) 항공에 대한 위협 증대 공항

(3) 보안점검 시 확인하여야 하는 사항은 다음 각 호와 같다.

가. 공항운영자

1) 우발계획 수립 및 훈련 실시

2) 항공보안조직의 구성 · 업무 및 보안책임자의 지정 등

3) 항공보안에 관한 정보의 전달 및 보고절차

4) 항공보안에 관한 교육훈련 계획 및 실적

5) 공항시설의 경비대책

6) 보호구역의 지정 및 출입통제 절차

7) 승객 · 휴대물품 및 위탁수하물에 대한 보안검색 실시 및 운영상태

8) 보호구역외 공항상주업체의 항공보안관리 실태

9) 보안장비의 관리 및 운용 실태
10) 보안검색 실패 등에 대한 대책
11) 보안검색 기록의 작성 · 유지 상태
12) 그 밖에 항공보안에 관한 사항

나. 항공사

1) 우발계획 수립 및 훈련 실시
2) 항공보안조직의 구성 · 업무 및 보안책임자의 지정 등
3) 항공보안에 관한 정보의 전달 및 보고절차
4) 항공보안에 관한 교육훈련 계획 및 실적
5) 항공기 운항을 위해 항공사가 관리 · 운영하는 항공보안 시설물에 대한 보안대책
6) 항공기 보안대책 수립 및 이행상태
7) 기내식 시설 및 기내 물품 관리 운영 상태
8) 화물에 대한 보안검색 실시 및 이행상태
9) 위해물품 탑재 및 운송 대책 수립 및 이행상태
10) 승객 및 수하물에 대한 일치 여부 이행상태 확인
11) 보안장비의 관리 및 운용 실태
12) 직원에 대한 출입증 관리 실태
13) 그 밖에 항공보안에 관한 사항

다. 항공기취급업체 등

1) 우발계획 수립 및 훈련 실시
2) 항공보안조직의 구성 · 업무 및 보안책임자의 지정
3) 항공보안에 관한 교육훈련 계획 및 실적
4) 직원에 대한 출입증 관리 실태
5) 그 밖에 항공보안에 관한 사항

라. 항공교통관제기관

1) 자체 보안계획 수립

2) 항공보안업무 담당조직 구성·세부업무 및 보안책임자 지정
3) 항공보안에 관한 교육훈련
4) 항공보안에 관한 정보의 전달 및 보고 절차
5) 해당 시설의 경비보안
6) 항공보안장비의 관리 및 운용
7) 공항 보호구역 출입증 관리
8) 항공교통관제기관에 대한 불법방해행위 방지를 위한 통신수단, 항행 및 탐지 인프라 등 시설보안
9) 항공고시보(NOTAM) 등 항행안전정보 전파체계의 보안
10) 그 밖에 항공보안에 관하여 필요한 사항

4. 불시평가(Test)

(1) 불시평가에서 확인하여야 하는 사항은 다음 각 호와 같다.
가. 국가 항공보안 관련 규정 준수 여부 불시확인
나. 보안 업무 수행 능력 확인
다. 보안요원에 대한 근무 태세 확인
라. 보안요원 취약점 파악
마. 비상시 대응 여부 파악

(2) 불시평가의 대상은 다음 각 호와 같다.
가. 공항운영자
나. 항공사
다. 항공화물터미널운영자, 공항상주업체, 도심공항터미널운영자
라. 지상조업체(필요한 경우에 한한다)

(3) 불시평가는 공항운영자, 항공사 및 도심공항터미널운영자의 보안 업무 수행 실태를 확인하기 위하여 다음 각 호의 사항에 대하여 연 1회 이상 실시한다.
가. 승객 및 휴대물품 검색 방법
나. 위탁수하물 검색 방법

다. 출입통제 절차
라. 항공기 보안
마. 화물보안
바. 기내식 보안 운용 실태
사. 보안장비 운용 실태

(4) 불시평가는 다음 각 호의 조건에 따라 실시한다.
가. 항공보안법 및 관련지침 등에 따라 적합하게 실시
나. 대중의 안전을 저해하지 않도록 실시
다. 항공기 및 공항시설 등에 대하여 위험이 발생하지 않도록 실시
라. 재산상의 손실이 발생되지 않도록 실시
마. 운영상 문제가 발생되지 않도록 실시
바. 지정된 점검요원에 의하여 실시

(5) 불시평가에서 나타난 문제점에 대하여는 다음 각 호와 같이 조치한다.
가. 불시평가 물품을 검색하는데 사용한 장비의 정상 작동 여부 확인
나. 장비가 정상 작동되었을 경우 해당 보안검색요원에 대하여는 다음 각 목과 같이 조치
1) 지정된 교육기관에서 교육훈련지침 제20조제3항에 따른 교육 실시
2) 교육평가 후 일정 성적 이상을 획득한 경우 근무 복귀
다. 장비가 비정상 작동되었을 경우 다음 각 목과 같이 조치
1) 장비의 운용을 중지하고 대체 검색방법으로 전환
2) 장비 유지보수 담당 부서에 통보
3) 장비 점검 보수 후 재사용

(6) 항공보안감독관 등은 불시평가를 효율적으로 수행하기 위하여 국제민간항공기구 보안지침서(Doc 8973)를 활용할 수 있다.

(7) 항공보안감독관, 공항운영자, 항공사 또는 도심공항터미널운영자가 불시평가를 실시하기 위하여 사용할 수 있는 물품은 다음 각 호와 같다.
가. 실제 작동되지 아니하고, 플라스틱 또는 합성수지 재질로 만들어진 모의 총기류

나. 폭발물질을 포함하지 아니하고, 실제 폭파되지 아니하는 불시평가 물품이라는 표시를 한 모의 폭발물장치

(8) 불시평가 물품을 사용하려는 자는 사전에 국토교통부장관의 승인을 받아야 하며 불시평가 물품을 승인받으려는 자는 다음 각 호의 서류를 국토교통부장관에게 제출하여야 한다.

가. 불시평가 물품 종류

나. 불시평가 물품 사진

다. 관리책임자 명단

라. 불시평가 물품 보관 및 운용절차

(9) 불시평가 수행자는 보안검색요원이 불시평가 물품을 발견한 경우 즉시 신분을 공개하여야 한다.

5. 보안평가(Audit)

(1) 보안평가의 대상은 다음 각 호와 같고 최소 2년에 1회 이상 실시할 수 있다.

가. 공항운영자

나. 국적 항공사

다. 해외공항

(2) 보안평가는 다음 각 호의 절차에 따라 실시한다. 다만, 해외공항 보안평가를 실시하는 경우에는 제7호를 생략할 수 있다.

가. 평가계획 통보

나. 사전조사 실시

다. 평가팀원 구성

라. 서류검토 및 현장점검

마. 결과 분석 및 결과보고서 작성

바. 시정 조치

사. 조치결과 확인

(3) 보안평가에서 확인하여야 하는 사항은 다음 각 호와 같다.

가. 공항운영자

1) 자체 보안계획 수립 및 개정
2) 국가항공보안계획 반영 적정성
3) 보호구역 출입통제 및 보호대책
4) 승객, 휴대수하물 및 위탁수하물 보안검색 대책
5) 항공시설 경비대책
6) 보안사고 및 대테러 대응능력
7) 항공보안업무 종사자 교육훈련 실적
8) 자체 수준관리 활동

나. 국적 항공사

1) 자체 보안계획 수립 및 개정
2) 국가항공보안계획 반영 적정성
3) 항공기 보호 및 기내보안대책
4) 항공화물 보안검색 대책
5) 보안사고 대응능력
6) 항공보안업무 종사자 교육훈련 실적
7) 자체 수준관리 활동

다. 해외공항

1) 공항 출입통제
2) 승객·휴대물품 보안검색
3) 위탁수하물 보안검색
4) 화물·우편물 보안
5) 공항 수준관리
6) 국적 항공사 및 국내취항 외국적항공사의 항공기 보안
7) 기타 국제민간항공기구 부속서 17(항공보안) 표준 및 권고사항 이행 여부 등

(4) 국토교통부장관은 국가 중요 시설 및 장비에 대한 보안평가를 국가정보원장이 요청하는 경우 합동으로 실시할 수 있다.

6. 보안사고 조사

(1) 국토교통부장관은 민간항공에 대한 불법방해행위 또는 민간항공 보안에 대한 중요한 위반사항이 발생한 경우 보안사고 조사를 실시하여야 한다.

(2) 보안사고 조사는 다음 각 호의 사항에 대하여 파악하고, 필요한 조치를 한다.

가. 사고발생 경위

나. 위반사건에 대한 취약점 파악 및 해당 사고의 설명

다. 위반사항에 대한 책임자 또는 기관 파악

라. 법률 또는 하위법령 등 관련 규정을 위반하여 불법행위를 야기 시켰는지에 대한 조사 및 제재조치

(3) 국토교통부장관은 보안사고 조사 보고서에 재발 방지를 위한 추가 조치 방안 및 시행 책임을 명확히 규정한다.

(4) 보안사고 조사는 국토교통부장관이 지정한 항공보안감독관이 실시하며, 사고 조사 대상 부서에서 신원확인을 요구하는 경우 신분증 또는 관련문서를 제시하여야 한다.

(5) 보안사고 조사는 국가정보원장이 요청하는 경우 국가정보원장이 지정한 자와 합동으로 실시할 수 있으며, 타 체약국 국민이 관련된 경우 해당국가의 전문 조사요원과 합동으로 실시할 수 있다.

(6) 사고 조사를 수행하는 자(이하 "사고조사관"이라 한다)는 공항 또는 항공사의 보안 요건을 준수하며 출입·조사를 수행한다. 다만, 불가피한 사유가 있는 경우로서 국토교통부장관이 인정하는 경우에는 그러하지 아니하다.

(7) 사고조사관은 안전 및 보안 규정을 준수하는 범위 내에서 조사를 한다.

(8) 사고조사관은 보안사고 조사를 종결한 때에 다음 각 호의 사항이 포함된 사고조사보고서를 작성하여 국토교통부장관에게 보고하여야 한다.

가. 사고 개요

나. 사실 정보

다. 원인 분석

라. 사고조사 결과

마. 제13조에 따라 시정조치 또는 개선권고 할 사항

(9) 국토교통부장관은 필요한 경우 보안사고 조사보고서 요약본을 작성하도록 하여 보관하게 할 수 있으며, 관련 국가에서 요청하는 경우 이를 제공할 수 있다.

(10) 사고조사관은 보안사고 조사를 실시하는 동안 항공보안감독관증 또는 사고조사관임을 증명할 수 있는 서류를 휴대하여야 하며 위법적인 방법으로 조사를 하여서는 아니 된다.

(11) 사고조사관의 권한은 다음 각 호와 같다.

가. 보안조사를 위한 모든 지역 출입

나. 모든 관련자에 대한 질문 및 조사

다. 조사를 위한 장비 휴대

라. 확인서 징수 및 시정명령서 발행

마. 조사와 관련한 공항 및 항공기, 기타 부대 시설에 대한 사진 촬영 및 담당자 인터뷰 녹음

(12) 보안사고와 관련하여 조사를 받는 사람은 다음 각 호의 행위를 하여서는 아니 된다.

가. 고의적으로 사고조사관의 업무를 방해 또는 제지

나. 사고조사관이 요청하는 자료 또는 정보 제공 고의 거절

다. 허위 정보의 제공

제3절 모의 훈련(Exercise)

1. 모의훈련 대상 및 목적

(1) 공항운영자는 국가항공보안계획에 따른 모의훈련을 실시하여야 하며, 항공사 및 지상조업체의 장 등 관련자는 모의훈련에 적극 협조하여야 한다.

(2) 공항운영자는 다음 각 호의 목적을 달성하기 위하여 모의 훈련을 실시한다.

가. 공항 또는 항공기 테러와 관련된 모든 부서 및 관련기관의 대응능력향상

나. 우발계획 대응 절차 숙지

다. 비상장비 및 통신 장비 시험운용 및 상태점검

라. 최단시간내 항공기 운항 및 공항운영 정상화

마. 수립된 공항, 항공사 우발계획의 취약점 확인 및 수정

(3) 공항운영자는 모의훈련을 끝낸 경우에는 해당 기록을 최소 3년간 보존하여야 한다.

(4) 국토교통부장관은 국가항공보안계획에 따른 보안 효율성을 확보하기 위하여 공항운영자가 실시하는 모의훈련에 대한 지도 감독을 실시하며 모의훈련에서 문제점을 확인한 경우 공항운영자 및 항공사 등에 대하여 필요한 조치를 요구할 수 있다.

(5) 국토교통부장관은 대테러와 관련한 모의훈련을 실시하는 경우 국가정보원장과 협의하여야 하며, 그 밖의 모의훈련에 관하여는 필요한 경우에 협의할 수 있다.

2. 모의훈련의 종류

(1) 모의훈련의 종류와 시행주기는 다음 각 호와 같다.

가. 종합훈련은 항공기 납치, 폭발물 위협 등 불법방해행위 대응과 관련된 기관이 참여하여 실제 테러 상황과 유사한 환경을 설정하여, 국가항공보안 우발계획에서 정한 기관별 임무 수행 및 대응 상황을 점검하는 훈련으로 2년에 1회 정기적으로 실시하며, 세부사항은 관계기관과 협의한다.

나. 부분훈련은 항공기 납치, 폭발물 위협 등과 관련된 특정 부분에 대한 조직별 대응훈련, 새로운 장비나 기술 시험, 평가를 위하여 실시하며, 또한 종합훈련 시행 과정에서 발견된 취약점, 문제점을 시정하기 위해 공항 운영자 등이 관계기관과 협의하여 2년에 1회 이상 정기적으로 실시하며, 실시 시기는 가능한 한 제1항의 훈련이 실시되지 않는 해에 실시한다.

항공대테러 종합훈련

다. 도상훈련은 종합훈련시 발생되는 비용이나 공항 운영의 피해없이 비상대응 조직의 대응능력을 불시평가하는 훈련으로 공항비상운영센터 내에서 관련 기관의 대표자들이 참석하여 도면과 가상시나리오에 의한 대응훈련을 실시하며, 공항운영자 등이 관계기관과 협의하여 1년에 1회 이상 정기적으로 실시한다.

3. 모의훈련 관련기관별 임무

(1) 종합훈련 등과 관련하여 관계기관은 적극적으로 지원하여야 하며, 훈련과 관련된 관계기관별 임무는 다음 각 호와 같다.

보안기관합동 도상훈련

가. 국토교통부

1) 훈련에 대한 종합적인 지침 제공
2) 기타 훈련관련 요건 및 세부지침 제공
3) 훈련 일정 등의 관리 · 조정
4) 훈련과 관련한 항공교통 관제업무 등의 지원

5) 훈련시나리오 작성 · 검토 지원
6) 기타 관련 사항 지원

나. 공항운영자

1) 관계기관과 협의하여 훈련 계획 수립 · 주관
2) 비상운영센터 가동 등 필요 장비 및 인력 확보
3) 훈련에 따른 항공기 파손 및 손괴에 대한 손해배상 조치 (귀책사유가 공항운영자에게 있을 경우에 한한다)
4) 기타 종합적인 훈련 준비 및 시행업무 수행

다. 국가정보원

1) 훈련관련 일정, 규모, 실시방법 등 전반적인 사항을 조정 · 통제 및 대외기관 협력
2) 훈련시나리오 작성, 검토 등의 지원
3) 기타 관련 조정 업무 담당

라. 경찰청(공항경찰대)

1) 가능한 범위내에서 경찰특공대 및 탐지견 등의 인력 및 장비 지원
2) 훈련에 필요한 경우 대테러 협상실무요원, 통역요원 등 지원
3) 훈련시나리오 작성, 검토 등의 지원
4) 기타 관련 인력을 가능한 범위내에서 지원

여객터미널내 대테러종합훈련

마. 군(군사안보지원사령부 포함)

1) 가능한 범위내에서 대테러 전문 특공대 · 항공기 등 필요 장비 및 인원 지원

2) 시나리오 작성 지원
3) 화생방 테러 훈련시 제독전문 부대 지원
4) 기타 훈련관련 사항 지원

바. 법무부(출입국관리사무소)

1) 훈련에 필요한 출입국 관리 전문 인력 지원
2) 훈련 시나리오 작성 지원
3) 기타 훈련관련 사항 지원

사. 관세청

1) 훈련에 필요한 세관 인력 및 협력사항 지원
2) 훈련 시나리오 작성 지원
3) 기타 훈련관련 사항 지원

항공기사고 해상종합훈련

아. 항공사

1) 종합훈련시 훈련에 주도적으로 참여하며, 항공기 필요시 안전이 확보된 범위내에서 자사 보유 항공기 지원
2) 기타 훈련 관련 인력 및 장비를 가능한 범위내에서 지원
3) 훈련 시나리오 작성시 참여 · 지원

자. 지상조업체 등

1) 훈련관련 인력 및 장비를 가능한 범위내에서 지원
2) 훈련 시나리오 작성시 참여 · 지원
3) 기타 필요사항 지원

제4절 보안검색요원 등의 채용 및 교육훈련

1. 채용기준

(1) 국토교통부장관은 공항운영자, 항공사 및 도심공항터미널운영자의 보안검색요원 또는 항공경비요원에 대한 교육훈련 실시를 감독하여야 한다.

(2) 보안검색요원 또는 항공경비요원(이하 "보안검색요원 등"이라 한다)을 채용하려는 자는 채용대상자의 신원 및 범죄 사실 등을 포함한 이전 경력을 확인하기 위하여 신원조사를 실시하여야 한다.

보안검색요원

(3) 보안검색요원 등을 채용한 자는 해당 보안검색요원 등이 신원조사 기준을 지속적으로 충족하는지 확인하기 위하여 경찰 등 관계기관과 협의하여 5년에 1회 이상 정기적으로 신원조사를 다시 실시한다.

(4) 보안검색요원 등을 채용하고자 하는 자는 지원자로부터 다음 각 호의 사항이 포함된 신청서를 접수하여야 한다.

가. 일반사항(성명, 주민등록번호, 주소, 전화번호)

나. 최근 5년 이내의 경력

다. 보안 관련 교육

라. 기입된 정보가 완전하고 정확하다는 서약

마. 지원자가 범죄를 저지른 사실이 없다는 서약 단, 경범죄, 경미한 교통사고 등은 제외한다.

바. 지원자 서명

사. 최근 1년 이내에 촬영한 사진

(5) 보안검색요원 등을 채용한 자는 제1항에 따라 제출된 신청서를 해당자가 근무하는 동안 보관하여야 하며, 점검 등을 위하여 항공보안감독관 등이 요구하는 경우 제공하여야 한다.

(6) 보안검색요원 등을 채용하고자 하는 자는 지원자에 대하여 다음 각 호의 내용을 인식시키거나 확인하기 위하여 면담을 실시한다.

가. 성격

나. 신청서 서약의 의미

다. 이전 직장 퇴직 사유

라. 확인되지 않은 직장 경력이 있는지 여부

마. 항공보안 당국에서 요구하는 추가 관련 정보

바. 지원자 경력 또는 제공된 정보에 대하여 확인이 곤란한 경우 다음 각 목 1의 자료를 요청할 수 있다.

1) 증빙을 확보할 수 있는 보증인

2) 독립적으로 확인 가능한 증빙서류

2. 자격기준

(1) 보안검색요원의 신체 및 건강 등 자격기준은 국가항공보안계획 부록 3에 따른다.

(2) 항공보안검색요원 자격기준은 다음과 같다.

가. 나이: 만 18세 이상

나. 국적: 대한민국

다. 건강상태 - 정신적 · 육체적으로 양호한 상태일 것

라. 건강상태 - 신체요건

1) 두부 · 안면 · 경부 · 몸통 또는 사지에 검색업무 수행에 지장을 주는 변형 · 기형 또는 기능장애가 없을 것

2) 양쪽 눈이 교정하지 않은 상태에서 0.2이상 이거나, 양쪽 눈이 교정 안경에 의하여 교정한 경우 0.8이상 일 것

3) 색맹 또는 색각이 아닐 것

4) 후각 및 청력이 정상일 것

5) 말하고 쓰는 능력이 정상일 것

6) 약물 의존 또는 알코올중독이 없을 것

마. 신원조사

1) 채용 전 반드시 신원조사 실시
2) 신원조사와는 별도로 최근 5년간의 경력조회 실시

바. 현장 직무교육

검색업무 수행 전 최소 80시간 동안 보안검색대에서 현장 직무교육(OJT) 실시

3. 감독자 채용 및 지정

(1) 공항운영자가 보안검색요원의 감독자를 채용하는 경우에는 국가민간항공보안 수준관리지침 제40조(지원자 면담) 및 제41조(신체 및 건강)에서 정한 사항 이외에 2년 이상의 보안검색 실무경험이 있는 사람을 채용하여야 하며, 채용 후 보안검색감독자로 지정하여야 한다.

(2) 항공사 및 도심공항터미널운영자가 보안검색요원의 감독자를 채용하는 경우에는 제40조 및 제41조에서 정한 사항 이외에 2년 이상의 보안검색 실무경험이 있는 사람을 채용하여야 하며, 채용 후 보안검색감독자로 지정하여야 한다. 다만, 항공사 및 도심공항터미널운영자는 기존의 소속직원 일부를 보안검색감독자로 지정하여 항공보안 업무를 담당하게 할 수 있다.

다. 공항운영자가 항공경비요원의 감독자를 채용하는 경우에는 제40조 및 제41조에서 정한 사항 이외에 2년 이상의 항공경비 실무경험이 있는 사람을 채용하여야 하며, 채용 후 항공경비감독자로 지정하여야 한다.

4. 교육훈련

(1) 보안검색요원 등에 대한 교육은 교육훈련지침에 따라 다음 각 호와 같이 구분하여 실시한다.

가. 초기교육(Initial Training)

나. 직무교육(On-The-Job Training)

다. 정기교육(Recurrent Training)

(2) 보안검색요원 등이 보안검색 업무를 수행하는 동안에는 「국가민간항공보안 교육훈련지침」 제12조의2 제2항에 따라 발급된 인증서를 휴대하여야 하며, 항공보안감독관이 인증서의 확인을 요청하는 경우 이에 협조하여야 한다.

(3) 보안검색요원 등에 대한 교육훈련 주기, 교과내용, 서류 관리, 평가 등에 관한 세부적인 사항은 교육훈련지침에 따른다.

(4) 교육훈련지침에 따라 항공보안교육 훈련을 실시한 자는 다음 각 호의 내용이 포함된 교육훈련 기록 내용을 3년간 보존하여야 하며, 보안검색요원 등이 퇴직한 경우에는 퇴직한 날로부터 최소 90일간 교육훈련 결과를 유지·관리한다.

가. 교육명칭

나. 교육일시

다. 교육장소

라. 교육시간

마. 강사

바. 교육시간표

사. 불시평가 또는 평가 결과(해당과정에 한한다)

아. 참석자 명단 및 서명

(5) 교육훈련지침에 따라 교육 훈련을 실시하는 기관의 장은 국토교통부장관이 요청하는 경우 교육훈련 결과를 제출하여야 하며 교육훈련지침이 교육 목적에 부합하는지와 운영에 따른 문제점이 없는지를 정기적으로 검토한다.

(6) 국토교통부장관은 공항운영자, 항공사, 항공보안 교육기관 및 기타 관련조직이 실시하는 교육훈련에 대하여 다음 각 호의 사항을 정기적으로 점검한다.

가. 항공보안 교육훈련 내용의 적절성 및 현 상황 반영 여부

나. 강의 방법 적절성 여부

다. 교육 시설 및 장비의 적절성 여부

라. 교육 이수자 현황 및 교육결과 자료

마. 현 교육의 문제점 파악 등

(7) 국토교통부장관은 제2항에 따른 점검 결과 본 지침을 충족하지 못한 사실을 발견하였을 경우 해당 미비점에 대한 시정조치를 지시할 수 있으며, 이를 접수한 각 관련 조직은 해당 미비점에 대한 시정조치계획을 제출하여야 한다.

(8) 항공보안교육기관의 장은 다음 각 호의 자료를 유지한다.

가. 각 기관의 보안교육책임자 명단

나. 각 교육훈련기관의 교육강사 명단

다. 각 교육훈련기관의 교육훈련과정

라. 교육훈련기관을 수료한 자에 대한 교육 결과 자료

마. 국토교통부장관이 발행한 교육훈련지침 사본 등

제5절 자체 수준관리지침 및 자율신고제도

1. 지침수립

(1) 공항운영자, 항공사 및 도심공항터미널운영자 등은 보안의 효율성과 효과성을 확보하기 위하여 국가항공보안 수준관리지침에 따라 자체 수준관리지침을 수립·시행하여야 한다.

(2) 국토교통부장관은 공항운영자 등이 수립·시행하는 자체 수준관리 지침이 국가항공보안 수준관리 지침을 준수하며 시행되는 지에 대하여 정기적으로 감독한다.

(3) 공항운영자 등이 수립하는 자체 수준관리 지침에는 다음 각 호의 사항이 포함되어야 한다.

가. 제목

나. 목적

다. 정의

라. 적용범위
마. 책임분장
바. 자체 점검관 및 불시평가 요원 지정
사. 자체 보안점검 방법 및 횟수
아. 자체 불시평가 방법 및 횟수
자. 보안검색요원 등의 교육훈련 요건
차. 점검을 위한 인적, 물적 자원(불시평가 물품 포함)
카. 자체 일일 보안 확인 방법

2. 점검결과 분석 및 이행확인

(1) 보안평가, 보안점검 및 불시평가 결과 나타난 문제점은 다음 각 호와 같이 구분한다.
가. 인적분야
나. 장비분야
다. 규정, 조직분야
라. 기타 환경분야

(2) 인적분야는 문제점이 보안검색요원 등의 업무 미흡 등으로 발생한 것으로 다음 각 호의 사항을 고려하여야 한다.
가. 교육이수 유무, 근무경력
나. 숙련도
다. 인적관계(신원조사 결과 및 이전 근무 경력)
라. 훈련(Exercises)실시 및 참여 여부

(3) 장비분야는 장비의 결함 또는 정비 미흡 등으로 발생한 것으로 다음 각 호의 사항을 고려하여야 한다.
가. 장비의 내구 연수
나. 장비의 유지 보수 실태
다. 장비의 성능

라. 장비의 운용실태(장비 활용도)

(4) 규정, 조직분야는 국가, 공항운영자, 항공사 등의 보안 지침에 명확한 절차나 기준이 수립되어 있지 않아 발생한 것으로 다음 각 호의 사항을 고려하여야 한다.

가. 규정, 지침의 제·개정 여부

나. 보안 조직 운용의 적절성 여부

다. 규정 이행 등의 현실 적합 여부

라. 규정 등의 이행 여부

(5) 기타 환경분야는 공항운영자, 항공사 등의 운영실태 등이 미흡하거나 국토교통부장관이 정한 기준을 충족하지 못하여 발생하는 것으로 다음 각 호의 사항을 고려하여야 한다.

가. 시설개선 등이 불가능한 경우

나. 예산 부족

다. 공항운영자, 항공사 등의 기본 방침이 국토교통부장관의 지침과 상이한 경우

3. 기록관리 및 확인점검

(1) 항공보안감독관은 점검활동을 실시한 후 제54조에 따른 분석 결과를 별표 15에 따라 기록한다.

(2) 항공보안감독관은 점검활동 분석 결과 미비점에 대해서는 항공보안감독관 업무규정 별지 제2호 서식의 시정조치서를 발부하고, 그 결과를 항공보안감독관 업무규정 별지 제4호 서식의 시정조치서 관리대장에 기록한다.

(3) 발부한 시정조치서의 조치사항이 완료될 때까지 보안점검 또는 불시평가 등을 통하여 그 이행여부를 재확인한다.

(4) 시정조치서를 접수한 공항운영자, 항공사 등은 이에 대한 이행계획서를 수립하고, 이행시기를 현장조치, 단기(10일 이내), 중기(10일 이상 3개월 미만), 장기(3개월 이상)으로 구분하여 20일 이내에 국토교통부장관에게 제출

하여야 한다.

(5) 국토교통부장관은 제55조 제1항에 나타난 문제점의 분포도에 따라 다음 연도 감독계획에 개선 대책을 수립하여야 하며 증·감소율에 따라 개선 대책을 재수립하거나 강화하여야 한다.

4. 항공보안 자율신고제도

(1) 항공보안법 제33조의2에서 민간항공의 보안을 해치거나 해칠 우려가 있는 사실로서 국토교통부령으로 정하는 사실을 안 사람은 국토교통부장관에게 그 사실을 신고(이하 "항공보안 자율신고"라 한다)할 수 있다.

(2) 국토교통부장관은 항공보안 자율신고를 한 사람의 의사에 반하여 신고자의 신분을 공개하여서는 아니 되며, 그 신고 내용을 보안사고 예방 및 항공보안 확보 목적 외의 다른 목적으로 사용하여서는 아니 된다.

(3) 공항운영자등은 소속 임직원이 항공보안 자율신고를 한 경우에는 그 신고를 이유로 해고, 전보, 징계, 그 밖에 신분이나 처우와 관련하여 불이익한 조치를 하여서는 아니 된다.

(4) 국토교통부장관은 제1항 및 제2항에 따른 항공보안 자율신고의 접수·분석·전파에 관한 업무를 대통령령으로 정하는 바에 따라 「한국교통안전공단법」에 따른 한국교통안전공단에 위탁할 수 있다. 이 경우 위탁받은 업무에 종사하는 한국교통안전공단의 임직원은 「형법」 제129조부터 제132조까지의 규정을 적용할 때에는 공무원으로 본다.

(5) 항공보안법 시행령 제19조의2에서 국토교통부장관은 법 제33조의2 제4항 전단에 따라 항공보안 자율신고의 접수·분석·전파에 관한 업무를 한국교통안전공단법에 따른 한국교통안전공단에 위탁한다.

(6) 시행규칙 제19조의2 법 제33조의2 제1항에서 "국토교통부령으로 정하는 사실"이란 다음 각 호의 어느 하나에 해당하는 사실을 말한다.

가. 불법방해행위가 시도되거나 발생될 가능성이 있는 사실

나. 법 제10조제2항에 따른 자체 보안계획을 이행하지 아니한 사실

다. 보안검색이 완료된 승객과 완료되지 못한 승객이 접촉한 사실

라. 법 제13조제1항을 위반하여 공항운영자의 허가를 받지 아니하고 보호구역에 진입한 사실

마. 법 제14조제4항을 위반하여 항공기에 대한 보안점검을 실시하지 아니한 사실

바. 법 제15조제1항, 제16조 및 제17조제2항에 따라 보안검색이 이루어지지 아니한 사실

사. 법 제21조를 위반하여 위해물품을 항공기 내에 반입한 사실

아. 법 제31조제2항에 따라 자체 우발계획을 이행하지 아니한 사실

자. 법 제32조에 따른 보안조치를 공항운영자 등이 이행하지 아니한 사실

차. 그 밖에 항공보안을 해치거나 해칠 우려가 있는 사실

(7) 항공보안법 제33조의2제1항에 따라 항공보안 자율신고를 하려는 자는 별지 서식에 따른 항공보안 자율신고서 또는 국토교통부장관이 정하여 고시하는 전자적인 신고방법에 따라 한국교통안전공단에 신고하여야 한다.

(8) 항공보안 자율신고를 접수한 한국교통안전공단은 분기별로 해당 신고 현황을 국토교통부장관에게 보고하여야 한다. 다만, 긴급한 조치가 필요한 신고의 경우에는 신고를 받은 후 지체 없이 국토교통부장관에게 보고하여야 한다.

(9) 보고를 받은 국토교통부장관은 신고사항을 조사하여 항공보안을 위하여 필요한 조치를 하거나 항공보안 대책을 마련하여야 하며 규정에서 정한 사항 외에 항공보안 자율신고의 접수·분석 및 전파 등에 관하여 필요한 사항은 국토교통부장관이 정하여 고시한다.

제6절 항공보안 우발계획

1. 우발계획 수립

(1) 항공보안법 제31조에서 국토교통부장관은 민간항공에 대한 불법방해행위에

신속하게 대응하기 위하여 국가항공보안 우발계획을 수립 · 시행하여야 하며 공항운영자 등은 국가항공보안 우발계획에 따라 자체 우발계획을 수립 · 시행하여야 한다.

(2) 국가항공보안 우발계획 목적은 공항 또는 민간 항공기를 대상으로 일어나는 불법방해행위로부터 인명과 재산을 보호하고 민간항공 운영의 신속한 정상화를 위하여 위협사태 유형별 대응체계수립 및 관련기관 임무 등 행위에 대응하기 위함이며 대외비 보안문서로 관리된다.

(3) 공항운영자 등은 자체 우발계획을 수립 또는 변경하는 경우에는 국토교통부장관의 승인을 받아야 한다. 다만, 국토교통부령으로 정하는 경미한 사항을 변경하는 경우에는 그러하지 아니하다.

(4) 항공보안법 시행규칙 제18조에서 항공보안법 제31조제1항에 따른 우발계획에는 다음 각 호의 사항이 포함되어야 한다.

가. 시행령 제2조제2항제1호에 따른 행정기관의 역할

나. 항공보안등급 발령 및 등급별 조치사항

다. 불법방해행위 대응에 관한 기본대책

라. 불법방해행위 유형별 대응대책

마. 위협평가 및 위험관리에 관한 사항

바. 그 밖에 항공보안에 관하여 필요한 사항

(5) 공항운영자 등이 법 제31조제2항에 따라 수립하는 자체 우발계획에는 다음 각 호의 구분에 따른 사항이 포함되어야 한다.

가. 공항운영자의 자체 우발계획

1) 행정기관의 역할

2) 공항시설 위협시의 대응대책

3) 항공기 납치시의 대응대책

4) 폭발물 또는 생화학무기 위협시의 대응대책

나. 항공운송사업자의 자체 우발계획

1) 공항시설 위협시의 대응대책

2) 항공기납치 방지대책

3) 폭발물 또는 생화학무기 위협시의 대응대책

다. 항공기취급업체 · 항공기정비업체 · 공항상주업체(보호구역 안에 있는 업체만 해당), 항공여객 · 화물터미널 운영자, 도심공항터미널을 경영하는 자의 자체 우발계획

1) 공항시설 위협시의 대응대책

2) 폭발물 또는 생화학무기 위협시의 대응대책

2. 우발계획 승인

(1) 항공보안법 시행규칙 제18조의2에서 국토교통부장관 또는 지방항공청장은 법 제31조제3항 본문에 따라 자체 우발계획을 승인하려는 경우에는 다음 각 호의 사항을 검토하여야 한다.

가. 우발계획과의 적합성

나. 법 제3조에 따른 국제협약 및 「국제민간항공협약」 부속서 17 등과의 적합성

(2) 법 제31조제3항 단서에서 "국토교통부령으로 정하는 경미한 사항"이란 다음 각 호의 사항을 말한다.

가. 기관 운영에 관한 일반현황의 변경

나. 기관 및 부서의 명칭 변경

다. 항공보안에 관한 법령, 고시 및 지침 등의 변경사항 반영

(3) 공항운영자등은 자체 우발계획을 법 제10조제2항에 따른 자체 보안계획에 포함하여 국토교통부장관의 승인을 받을 수 있다.

(4) 항공보안 우발사태 경보등급은 항공보안 상황에 따라 5단계로 구분되며 다음 표와 같다.

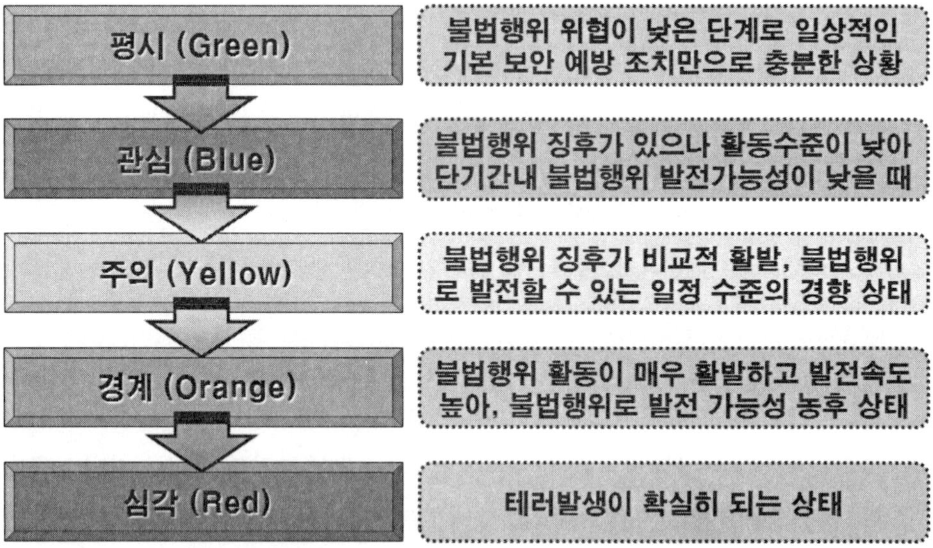

제7절 항공보안감독관

1. 항공보안감독관 지정

(1) 항공보안법 제33조에서 국토교통부장관은 소속 공무원을 항공보안 감독관으로 지정하여 항공보안에 관한 점검업무를 수행하게 하여야 한다.

(2) 국토교통부장관은 대통령령으로 정하는 바에 따라 관계 행정기관과 합동으로 공항 및 항공기의 보안실태에 대하여 현장점검을 할 수 있다.

(3) 국토교통부장관은 제1항 및 제2항에 따른 점검업무의 수행에 필요하다고 인정하는 경우에는 공항운영자 등에게 필요한 서류 및 자료를 제출하게 할 수 있다.

(4) 국토교통부장관은 제1항 및 제2항에 따른 점검 결과 그 개선이나 보완이 필요하다고 인정하는 경우에는 공항운영자 등에게 시정조치 또는 그 밖의 보안대책 수립을 명할 수 있다.

(5) 점검을 하는 경우에는 점검 7일 전까지 점검일시, 점검이유 및 점검내용 등에 대한 점검계획을 점검 대상자에게 통지하여야 한다. 다만, 긴급한 경우 또는 사전에 통지하면 증거인멸 등으로 점검 목적을 달성할 수 없다고 인정하는 경우에는 그러하지 아니하다.

(6) 항공보안 감독관은 항공보안에 관한 점검업무 수행을 위하여 필요한 경우에는 항공기 및 공항시설에 출입하여 검사할 수 있으며 그 권한을 표시하는 증표를 지니고 이를 관계인에게 보여주어야 한다.

(7) 항공보안 감독관이 항공보안에 관한 점검업무 수행을 위하여 필요한 경우 항공기, 공항시설 등에 출입하여 검사할 수 있는 권한을 부여하고 있다. 국가 항공보안 수준관리 지침에 근거한 항공보안 감독관의 출입·검사 권한을 법률로 명시한 것으로, 「국제민간항공협약 부속서」의 이행을 위하여 지침으로 운영되는 사항의 법률적 근거를 마련하여 국제민간항공협약의 표준 및 권고사항에 대한 이행조치를 강화하는데 필요한 조치를 포함하였다

(8) 항공보안법 시행령 제19조의3 법 제33조제2항에 따라 국토교통부장관이 관계 행정기관과 합동으로 현장점검을 실시할 수 있는 경우는 다음 각 호와 같다.

가. 국가원수 또는 국제기구의 대표 등 국내외 중요인사가 참석하는 국제회의가 개최되는 경우

나. 올림픽경기대회·아시아경기대회 또는 국제박람회 등 국제행사가 개최되는 경우

다. 국내외 정보수사기관으로부터 구체적 테러 첩보 또는 보안위협 정보를 알게 된 경우

라. 제1호부터 제3호까지에서 규정한 경우 외에 공항시설 및 항공기의 보안유지를 위하여 국토교통부장관이 필요하다고 인정하는 경우

2. 합동 현장점검

(1) 합동으로 현장점검을 실시하려는 행정기관은 그 필요성 및 점검항목 등에

관하여 미리 국토교통부장관과 협의하여야 한다. 다만, 긴급을 요하는 경우에는 그러하지 아니하다.

(2) 항공보안법 시행규칙 제19조 감독관은 국토교통부장관 또는 지방항공청장의 명에 따라 공항운영자 등의 항공보안에 관한 업무를 점검하여야 하며 감독관이 항공보안 점검을 하는 경우에는 공항운영자등의 정상적인 업무수행을 방해하여서는 아니 된다.

(3) 감독관은 점검결과 항공보안에 관한 법령에 위반한 사실을 발견한 때에는 지체 없이 국토교통부장관 또는 지방항공청장에게 보고하여야 한다. 다만, 긴급한 조치가 필요한 때에는 현장조치 지시를 하고 국토교통부장관 또는 지방항공청장에게 보고하여야 한다.

3. 항공보안감독관 지정기준

(1) 국토교통부장관은 다음 각 호의 어느 하나에 해당하는 소속 공무원을 항공보안감독관으로 지정할 수 있다.

가. 항공보안 업무 실무 경력이 3년 이상이고, 항공안전공무원 교육훈련규정에 따른 직무교육훈련을 이수하고 제3조의2 제1항 및 제2항에서 정한 시험에 합격한 경우

나. 국토교통부장관으로부터 인가를 받은 항공훈련기관 또는 국제민간항공기구(ICAO)・미 교통보안청(TSA)・국제항공운송협회(IATA) 등의 항공보안교육기관에서 항공보안기초, 항공보안감독자, 항공보안감독관초기 과정 및 항공안전공무원 교육훈련규정에 따른 직무교육훈련을 이수하고 제3조의2 제1항 및 제2항에서 정한 시험에 합격한 경우

(2) 감독관으로 지정받으려는 소속 공무원은 별지 제5호서식의 항공보안감독관 서약서를 작성하여 국토교통부장관에게 제출하여야 한다.

(3) 국토교통부장관은 제3조 제1항 따른 교육훈련을 이수한 감독관 후보자에 대해 시험을 실시하여야 하며 시험은 항공보안관련 이론지식과 감독관으로서의 실무능력이 평가될 수 있도록 하여야한다.

(4) 국토교통부장관은 감독관으로 지정된 사람의 업무기량 유지 및 전문성 향상을 위해 정기적으로 시험을 실시할 수 있으며 시험은 다음 각 호의 사항에 대한 숙지여부가 평가될 수 있도록 실시하여야 한다.

가. 항공보안관련 규정 제・개정에 관한 사항

나. 최근 항공보안분야 국제동향

다. 항공보안 상황 유형별 대응 능력

라. 기타 항공보안 감독업무 수행을 위해 필요하거나 이와 관련된 지식 등

(5) 국토교통부장관은 감독관이 다음 각 호의 어느 하나에 해당하는 경우 그 지정을 취소할 수 있다. 단, 제4호 및 제5호의 경우는 당연 취소된다.

가. 점검활동 과정에서 금품 수수 등으로 감독관의 품위를 손상시킨 경우

나. 점검활동 결과 등을 허위로 보고한 경우

다. 감독관의 권한을 남용한 경우

라. 최근 5년 동안 정기교육을 받지 않은 경우

마. 퇴직자

4. 항공보안감독관 업무 및 감독활동

(1) 감독관의 업무는 다음 각 호와 같다.

가. 공항운영자 등에 대한 현장조사, 보안평가, 보안점검 및 불시평가 등 점검활동 수행

나. 국제민간항공기구 등 대외 점검기관으로부터 공항운영자 등에 대한 점검시 입회하여 점검업무 지원 및 협력

다. 항공기 납치 및 폭발사건 등 불법행위에 대한 보안사건 조사에 대한 참여・협력 지원

라. 그 밖에 국토교통부장관이 정하는 업무

(2) 감독관은 공항운영자 등에 대한 현장조사, 보안평가, 보안점검 및 보안평가 등 점검활동을 수행하는 경우 국가항공보안 수준관리지침에 따라야 한다.

(3) 국토교통부장관은 감독관이 점검활동을 수행할 수 있도록 매년 12월 20일까

지 다음 연도의 항공보안 감독계획을 수립하여야 하며, 이를 지방항공청장에게 통보하여야 한다.

(4) 지방항공청장은 제1항에 따른 감독계획에 따라 감독관에 대한 다음 연도의 자체 감독계획을 수립하여 12월 31일까지 국토교통부장관에게 제출하여야 하며 감독계획에는 점검대상 및 점검방법, 점검분야 및 주요점검내용, 점검자, 점검기간, 기타 점검에 필요한 사항 등이 포함되어야 한다.

(5) 감독관이 점검활동을 하는 경우 관련기관 합동으로 실시하거나 감독관 1인 또는 2인 이상이 합동으로 실시할 수 있으며 제7조에 따른 연간 감독계획에 따라 점검활동을 실시하여야 한다. 다만, 감독관이 점검계획 이외의 점검을 하려는 때에는 미리 그 사유를 국토교통부장관 또는 지방항공청장에게 보고하여야 한다.

(6) 감독관은 점검활동을 하는 경우에는 점검표를 활용하고, 점검대상자의 확인서는 별지 제1호 서식에 따라 작성하도록 하여야 하며 감독활동 과정에서 항공보안에 관한 위해요소를 발견한 경우 별지 제2호서식의 시정조치서를 작성하여야 한다.

(7) 감독관은 점검활동을 실시한 후 업무일 기준 10일 이내에 지적사항, 조치사항, 시정조치서에 대한 사항, 개선사항 및 건의사항 등이 포함된 점검결과보고서를 작성하여 국토교통부장관 또는 지방항공청장에게 보고하여야 한다.

(8) 보고를 받은 지방항공청장은 점검결과를 국토교통부장관에게 보고하여야 하며, 연간 종합보고서는 다음 연도 1월 10일까지 작성하여 보고하여야 한다.

5. 점검결과 조치 및 사후평가

(1) 국토교통부장관 또는 지방항공청장은 점검 실시 후 업무일 기준 10일 이내에 시정지시 등을 포함한 점검결과를 해당 점검대상자에게 통보하여야 한다. 다만, 점검결과에 대한 추가 사실확인 등이 필요한 경우에는 업무일 기준 10일을 초과하여 점검결과를 통보 할 수 있다.

(2) 시정조치서를 발부 할 경우 감독관은 시정조치 여부를 확인하고, 이에 대한

기록을 최소 3년 이상 보존하여야 하며 항공보안 제도개선과 감독업무의 통일성 등을 위해 점검대상자를 상대로 감독활동에 대하여 사후 평가를 실시 할 수 있다.

(3) 사후평가는 「항공보안법」 제33조의2에 따른 항공보안자율신고 보고서를 활용하거나, 점검대상자를 무작위로 선정하여 설문 또는 면담 등을 통해 실시 할 수 있다.

(4) 감독관은 점검을 시작하기에 앞서 점검대상자(항공시설인 경우에는 그 소유자 또는 관리자를 말한다) 또는 관계직원에게 감독관임을 확인할 수 있도록 별지 제3호 서식에 의한 항공보안감독관 증표를 제시하여야 한다. 다만, 불시에 보안평가를 하는 경우에는 증표를 제시하지 아니할 수 있다.

(5) 감독관은 점검을 실시함에 있어 필요하다고 인정할 때에는 다음 각 호의 조치를 취하여야 한다.

가. 「항공보안법」 또는 같은 법에 따른 명령 등에 위반한 사실을 발견한 경우에는 별지 제1호 서식에 따른 확인서 등의 작성

나. 관계서류 및 물품 등의 검사

다. 관계직원에 대한 질의

라. 기타 점검에 필요한 조치

(6) 감독관이 제2항 제1호에 따라 확인서를 작성한 경우에는 관련업체의 장 또는 해당 직원에게 서명을 받아 징구하여야 한다.

(7) 감독관은 점검 중에 긴급한 조치를 취하지 아니할 경우 항공보안에 막대한 지장을 초래할 수 있는 위해요소를 발견하였을 때에는 이를 즉시 국토교통부장관에게 보고하여야 한다.

6. 항공보안감독관 교육훈련 등

(1) 국토교통부장관 및 지방항공청장은 감독관의 자질 향상을 위하여 감독관 최초 지정 또는 정기교육 등을 이수한 날로부터 연 1회 이상 다음 각 호의 어느 하나에 해당하는 교육 등이 이수될 수 있도록 하여야 한다.

가. 항공안전공무원 교육훈련 규정에 따른 20시간 이상의 항공보안감독관 정기교육 과정

나. 국토교통부장관으로부터 인가를 받은 항공훈련기관, 국제민간항공기구 또는 국제민간항공기구에서 인정한 교육기관에서 실시하는 항공보안 교육 과정

다. 항공보안세미나, 항공보안워크숍 또는 항공보안 관련 국제회의 등에 2일 이상 참석

(2) 정기교육을 부득이한 사유로 이수하지 못한 사람이 1년이 경과한 날부터 30일 이내에 정기교육을 이수한 경우에는 1년 이내에 정기교육을 이수한 것으로 본다.

(3) 정기교육을 받지 않은 감독관은 다음 정기교육을 이수할 때까지 감독관 자격이 정지되며, 점검활동을 수행할 수 없다. 다만, 감독관으로 지정된 사람이 항공보안 업무를 담당하지 않게 된 경우에는 제1항 및 제2항에 따른 정기교육을 이수하지 않아도 5년간 그 자격이 유지 된다.

(4) 감독관은 업무를 수행할 때에는 별지 제3호 서식의 항공보안감독관 증표를 소지하여야 하며, 이를 타인에게 대여하여서는 아니된다.

(5) 감독관은 지정이 취소되거나, 항공보안 업무를 담당하지 않을 경우에는 항공보안감독관 증표를 반납하여야 한다.

(6) 감독관은 제10조에 따라 시정조치서 등을 발부한 경우 별지 제4호의 시정조치서 관리대장에 발부 사실과 관련 내용을 기록 · 유지하여야 한다.

부록

항공 및 항공보안 용어정리

항공 및 항공보안 용어정리

ACS 출입통제시스템 (Access Control System)

시스템상의 허가된 자만 출입할 수 있도록 구성된 통제시스템

AEP 공항비상계획 (Airport Emergency Plan)

각종 비상사태 발생시 이에 대한 수습 절차 및 관련기관 임무를 명확히 하여 인명과 재산손실을 최소화하여 최단시간 내 공항운영을 정상화하기 위한 계획

AIT 원형검색기 (Advanced Imaging Technology)

인체에 방사선이나 고주파를 쪼여 옷속에 감춰진 위해물품을 탐지하는 장비

AOC 공항운영센터 (Airport Operation Center)

24시간 이벤트 발생시 관련부서 전파, 인명피해, 재산피해를 최소화하여 공항운영 정상화시키는 업무를 수행하는 상황실

AOC-I 인천공항 항공사운영위원회 (Airline Operation Committee - Inchoen Airport)

인천공항에 취항한 항공사 상호간 또는 항공사 운영에 관련된 업무협조와 개선 등을 위하여 구성된 협의체

ASC 항공보안상황실 (Aviation Security Center)

여객터미널, 외곽지역 등 공항 전지역의 보안상황을 통제하는 상황실

ASTC 국제항공보안교육기관 (ICAO Regional Aviation Security Training Center)

ICAO에서 인증받은 교육기관으로 보안전문요원을 양성하기 위한 교육체계를 제공

ATC 항공교통관제 (Aviation Traffic Controller)

항공기를 안전하게 목적지까지 유도하여 착륙시키고, 공중의 항공기 운항을 통제하는 업무

AVSEC 항공보안 (Aviation Security)

불법방해행위로 부터 민간항공을 보호하기 위한 인적·물적 요소가 결합된 대책

AVSEC PM 항공보안 국제전문가 (Aviation Security Professional Manager)

ICAO와 캐나다 Concordia 대학교의 경영대학원이 협력하여 개발한 항공보안 국제전문가 육성 프로그램을 수료한 자

BDO 행동탐지 전문요원 (Behavior Detection Officer)

승객들의 특이한 행동을 탐지하고 가려내는 교육과정을 이수한 전문 요원

BHS 수하물운송시스템 (Baggage Handling System)

수하물을 항공사 카운터에서 수하물이 항공기에 적재되는 곳까지 이동시키기 위해 공항에 설치된 컨베이어 시스템

BLS 액체 폭발물탐지기 (Bottle Liquid Scanner)

액체폭발물을 탐지·분석하는데 사용되는 폭발물탐지기

CAA 민간항공당국 (Civil Aviation Authority)

민간항공의 승인과 규제를 감독하는 각 나라의 법적권한이 있는 정부당국

CBS 위탁수하물 검색 (Checked Baggage Screening)

승객이 화물로 부치는 수하물에 대한 보안검색

CCC 탑승동 대테러상황실 (Concourse Counter-terrorism Center)

탑승동 외곽지역 경비보안 상황통제실

CIQ 세관, 출입국, 검역 (Customs, Immigration, Quarantine)

입·출국 시 필요한 기본 절차

CTX 위탁수하물 폭발물탐지시스템 (Certified EDS)

TSA, ECAC 등으로부터 폭발물탐지장비로 인증받은 컴퓨터 단층촬영(CT) 방식의 위탁수하물 폭발물탐지장비

DG 출발 보안검색장 입구 (Departure Gate)

보안검색을 받는 출국장으로 진입하기 직전의 승객신원을 확인하는 구역

ECAC 유럽민간항공위원회 (European Civil Aviation Conference)

유럽항공교통관제 통합조정프로그램(EATCHIP) 시행을 관리하고 유럽의 항공교통 관제능력을 향상시키기 위하여 설립한 국제기구

EDS 폭발물탐지시스템 (Explosive Detection System)

위탁수하물 내에 있는 폭발물을 자동으로 탐지하는 보안검색장비

EOD 폭발물처리팀 (Explosive Ordnance Disposal)

폭발물 또는 방치물품 발견시 폭발물 설치여부 등을 검사하여 신속하게 처리하여 안전을 확보하는 폭발물처리 전담조직

ETD 폭발물흔적탐지기 (Explosive Trace Detector)

가방 또는 화물 등에 묻어있는 잔여물질을 분석하여 폭발물 성분을 탐지하는 장비

FAA 미국 연방항공청 (Federal Aviation Administration)

미국 운수성 산하기관으로 항공운송의 안전업무를 총괄하는 기관

HMD (HHMD) 휴대용 금속탐지기 (Hand-held Metal Detector)

전자장의 변화를 감지하여 금속성분을 탐지하는 휴대가 가능한 장비

IATA 국제항공운송협회 (International Air Transport Association)

세계 각국의 민간항공회사 단체가 모여 결성되었으며, 국제항공 운임결정 등의 업무를 수행하는 조직

ICAO 국제민간항공기구 (International Civil Aviation Organization)

세계 항공업계의 정책과 질서를 총괄하는 UN산하 전문기구

IDS 침입감지시스템 (Intrusion Detection System)

보안지역의 건물 내·외부의 불법·무단 침입에 대한 감지 시스템

IED 사제폭발물 (Improvised Explosive Device)

규격화된 군용 또는 상용폭발물이 아닌 임의방식으로 제작 또는 조작을 통해 만든 급조된 폭발물

LEDS 액체류검색겸용 X-Ray (Liquid Explosive Detection System X-Ray)

기존 휴대용 X-Ray에 액체폭발물탐지기능이 탑재된 첨단 X-Ray 장비

MANPADS 견착식 미사일 (Man Portable Air Defence System)

어깨에 올려놓고 발사하는 휴대가 가능한 로켓방식의 미사일 무기

OOG 규격초과수하물 또는 대형수하물 (Out of Gauge / Oversize)

일정한 규격을 초과하는 크기의 위탁수하물

OTS 호주교통부 (Office of Transport Security)

호주의 항공과 해항 등 교통부분의 보안을 총괄하는 정부기관

PBB 탑승교 (Passenger Boarding Bridge)

승객이 공항건물에서 항공기에 탑승 또는 하기할 때 연결해 주는 다리 모양의 통로

PCC 외곽 대테러상황실 (Perimeter Counter-terrorism Center)

여객터미널이외에 공항 외곽울타리 또는 부대건물 등의 보안을 총괄 통제하는 상황실

PFMS 여객흐름관리시스템 (Passenger Flow Management System)

출국장입구, 보안검색대 등 특정지역을 통과할 때 탑승권 또는 여권정보를 수집하여 여객의 전체 흐름과 시간대 별로 승객처리 속도 등을 관리하는 시스템

PIDS 외곽침입감지시스템 (Perimeter Intrusion Detection System)

공항외곽 에어사이드 보안울타리를 인가받지 않고 무단으로 침입 또는 월담하는 경우에 감지하여 경보를 발생하는 시스템

RI 제한물품 (Restricted Item)

항공기 안전운항 및 여객의 생명과 재산을 보호하기 위하여 탑승객 반입반입물품 중에 휴대 및 탑재가 금지되는 물품

RI 역진입 (Reverse Inbound)

탑승객이 출국심사를 받고 에어사이드로 진입한 후 사정에 의해 랜드사이드(일반구역)로 진출하는 것

SSSS(SS) 2차 검색 대상자 (Secondary Security Screening Selection)

미국정부에서 미국행 승객 중 선별한 승객으로서, 추가보안조치 후 항공기 탑승이 가능한 선별 대상 승객

STEB 액체류 보안봉투 (Security Tamper-Evident Bag)

면세점 구입품 중 액체 및 젤류의 기내반입을 허용하게 하는 국제표준방식으로 제작 된 봉투

TCC 대테러상황실 (Terminal Counter-terrorism Center)

여객터미널·탑승동·교통센터 등의 보안을 총괄 통제하는 경비보안 상황실

TSA 미국 교통보안청 (Transportation Security Administration)

미국 국토안보부 산하 항공보안 등을 총괄 관리한 정부보안기관

USAP 항공보안평가 (Universal Security Audit Programme)

ICAO에서 각 체약을 대상으로 보안상황을 감사하는 보안평가프로그램

WMD (WTMD) 문형 금속탐지기 (Walk-through Metal Detector)

문형 모양의 통로를 통과할 때 자기장의 변화를 통해 금속물질 여부를 탐지하는 금속탐지장비

공항보안시행계획 (Airport security programme)

공항 및 항공기의 안전운항을 위해 공항운영자의 책임하에 국토교통부장관으로부터 승인을 받아 공항공사에 의해 관리 운영되는 보안계획

국가항공보안프로그램 (National Aviation security programme)

국가의 항공보안에 대한 보안대책으로 국토교통부이 지상이나 공중에서 일어나는 불법행위로부터 승객, 승무원, 지상요원, 일반대중 및 시설 등을 보호하기 위한 수립한 보안계획

권고회람 (Advisory Circular)

공항보안 책임자에 의해 발행되는 항공보안 관련정보

단위적재용기 (ULD : Unit load device)

화물 컨테이너, 항공기 컨테이너, 그물 또는 이글루에 그물이 있는 항공기 파레트

미확인 수하물 (Unidentified baggage)

승객이 수취하지 않거나 승객 확인이 불가한 수하물 꼬리표가 부착되어 있거나 부착되지 아니하고 공항 내에 방치된 수하물

방치물품 (Unaccompanied baggage)

공항 보호 및 일반구역에 주인이 없는 상태로 놓여있는 물품

보안 신원조회 (Security Vetting)

공항 보호구역 출입을 위해 정규출입증을 발급받기 전에 해당자의 범죄경력, 과거 행적 등을 조사하는 절차

보안통제(Security Control)

불법행위를 하는데 사용될 것 같은 무기 또는 물품의 반입을 방지할 수 있는 수단

보안통제지역(Security Restricted Area)

보안목적으로 출입 또는 접근이 통제되는 공항내 관제탑 등 중요보안시설

액체 · 분무 · 겔류(LAGs : Liquids, Aerosols and Gels)

액체 · 분무 · 겔류 등 항공기내 휴대반입금지물질 운영기준에서 정한 물품

위탁수하물 (Hold baggage)

승객 및 승무원이 항공운송사업자에게 운송을 맡긴 물품

통과승객 (Transit passenger)

공항도착 승객이 입국하지 않고 같은 항공기를 통해 다른 공항으로 출발하는 승객

하기승객 (Off-aircraft passenger)

승객이 항공기에 탑승 후 개인 또는 기타 사유로 해당 항공기에서 내리는 승객

항공기 보안수색 (Aircraft security search)

항공기 기내에서 수상한 무기, 폭발물, 기타 위험한 물품이 있는지를 인하기 위하여 객실 및 화물칸 등을 점검하는 것

항공기 보안점검 (Aircraft security check)

항공기 기내에서 수상한 무기, 폭발물, 기타 위험한 물품이 있는지를 확인하기 위하여 객실 및 화물칸 등을 점검하는 것

행동탐지 (Behavior detection)

민간항공에 대한 위협을 야기할 수 있는 자를 식별하기 위하여 비정상적인 행동을 나타내는 몸짓을 포함한 수상한 행동 특성을 파악하는 기법

환승승객 (Transfer passenger)

공항도착 승객이 입국하지 않고 같은 항공기를 통해 다른 공항으로 출발하는 승객

휴대물품(Cabin baggage)

승객 및 승무원의 물품중 개인 소지하고 항공기 객실 안으로 가지고 들어갈 수 있는 물품

참고문헌

- ICAO ANNEX 17 (SECURITY)
- ICAO SECURITY MANUAL (Doc 8973)
- Checkpoint Operation Guide (Air Transport Association of America and Regional Airline Association)
- IATA SECURITY MANUAL
- 항공보안(Aviation Security) (항공보안교육원, 2004)
- 항공보안론 (고광남 · 소대섭 공저, 백산출판사 2006)
- 항공보안법규 (대한민국 항공보안협회 편저, 진영사 2015)
- 보안검색론 (고광남 · 소대섭 공저, 진영사 2018)
- 항공보안법규해설 (소대섭, 진영사 2018)
- 항공보안법, 시행령, 시행규칙
- 경찰관직무집행법
- (국가정보원) 국가보안시설 및 보호장비 관리지침
- 경비업법, 시행령, 시행규칙
- 청원경찰법, 시행령, 시행규칙
- 총포 · 도검 · 화약류 등의 안전관리에 관한 법률
- (국토교통부 고시) 액체 · 분무 · 겔류 등 항공기내 휴대 반입 금지물질 운영기준
- (국토교통부 고시) 항공기 내 반입금지 위해물품
- (국토교통부 고시) 항공보안장비 종류, 운영 및 유지관리에 관한 기준
- (국토교통부 고시) 항공보안장비 시험기관 지정 및 운영 등에 관한 규정

- (국토교통부 고시) 항공보안장비 시험기관 지정 및 운영 등에 관한 규정

저자소개

■ 고광남

現 대한민국 항공보안협회 민간경비교육원 원장

現 한국항공보안교육원 상임고문

現 (사) 대한민국 항공보안협회 감사

現 (사) 한국선급 강의

前 인천국제공항공사 항공보안교육원 외래교수

前 미국 Safe Passage "Train the Trainer" Course이수

■ 장경태

現 이스타항공 항공보안팀장

現 한국항공보안협회 민간경비교육원 외래교수

現 (사) 대한민국 항공보안협회 이사

前 유스카이항공 안전보안실장

前 아시아나항공 항공보안팀장

■ 소대섭

現 한서대학교 항공융합학부 항공보안시스템전공 교수

現 (사) 대한민국 항공보안협회 이사

現 항공보안포럼 이사

現 한국액션러닝학회 / 한국액션러닝협회 이사

前 인천국제공항공사 항공보안교육원 부원장 및 전임교관

前 인천국제공항공사 부장

저서

항공보안(Aviation Security) (항공보안교육원 소대섭외 공저, 2004)

항공보안법규집 (항공보안교육원 소대섭외 편저, 2004)

보안검색(Security Screening) (항공보안교육원 소대섭외 공저, 2005)

항공보안론 (고광남 · 소대섭 공저, 백산출판사 2006)

항공보안법규 (대한민국 항공보안협회 편저, 진영사 2015)

일반경비원 신임교육(고광남외 공저, 진영사 2016)

특수경비원 신임교육(고광남외 공저, 진영사 2016)

보안검색론 (고광남 · 소대섭, 진영사 2018)

항공보안 법규해설 (소대섭, 진영사 2018)